**2014** The Capital Science and Technology
Innovation Development Report 2014

# 首都科技
## 创新发展报告

首都科技发展战略研究院

科学出版社
北京

## 内 容 简 介

本书是首都科技发展战略研究院依托国内多部门、多学科的专家团队，在研究和总结国内外科技创新发展战略的基础上，围绕北京"坚持和强化全国科技创新中心核心功能"的战略目标开展研究的部分成果汇集。全书对首都科技创新的进展情况进行动态跟踪，从指数篇、战略篇、京津冀协同创新篇、产业篇、政府治理与改革篇五个篇章进行研究，在总结北京创新发展过程中的经验和不足的基础上，提出进一步的解决思路和政策建议，对创新驱动首都经济社会发展有较好的决策支撑作用。

本书适合于政府工作人员、高等院校师和关心科技政策、创新政策的广大读者阅读。

**图书在版编目（CIP）数据**

首都科技创新发展报告.2014 / 首都科技发展战略研究院编.
—北京：科学出版社，2015
ISBN 978-7-03-044420-2

Ⅰ.①首… Ⅱ.①首… Ⅲ.①科学研究事业－发展－研究报告
－北京市－2014 Ⅳ.①G322.71

中国版本图书馆 CIP 数据核字（2015）第 103038 号

责任编辑：马 跃 魏如萍 / 责任校对：张海燕
责任印制：霍 兵 / 封面设计：蓝正设计

**科学出版社** 出版

北京东黄城根北街 16 号
邮政编码：100717
http://www.sciencep.com

**中国科学院印刷厂** 印刷

科学出版社发行 各地新华书店经销

*

2015 年 5 月第 一 版 开本：787×1092 1/16
2015 年 5 月第一次印刷 印张：22
字数：521 000

**定价：116.00 元**

（如有印装质量问题，我社负责调换）

# 首都科技发展战略研究院简介

首都科技发展战略研究院是国家科学技术部、中国科学院、中国工程院和北京市人民政府发起，以北京市科学技术委员会为秘书长单位，北京市科学技术委员会、北京师范大学和北京市科学技术研究院共同承建的首都特色新型智库，是首都推进治理体系和治理能力现代化的重要内容。首都科技发展战略研究院旨在围绕"坚持和强化首都全国政治中心、文化中心、国际交往中心、科技创新中心的核心功能，深入实施人文北京、科技北京、绿色北京战略，努力把北京建设成为国际一流的和谐宜居之都"的目标，搭建"小核心、大网络"的首都科技发展战略研究平台，探索服务和利用首都科技智力资源的体制机制，为率先实现创新驱动的发展格局、促进首都科学发展提供智力支撑。

**大事记**

2009 年 9 月，北京市人大常委会在审议"市政府推动高新技术在本市经济社会发展中应用情况报告"时，建议市政府研究建立由北京市和国家有关部门共同组成的首都科技创新协调机构。

2010 年 9 月，时任中共中央政治局委员、北京市市委书记刘淇，时任市委副书记、市长郭金龙，市人大常委会主任杜德印等北京市领导对首都科技发展战略研究院筹建工作做出重要批示，筹建工作正式启动。

2011 年 8 月 10 日，首都科技发展战略研究院正式揭牌成立。

2012 年 9 月 13 日，首都科技发展战略研究院在北京市科技创新大会期间首次发布"首都科技创新发展指数"，从创新资源、创新环境、创新服务和创新绩效四个维度为首都科技创新发展水平"画像"。同年，出版《首都科技创新发展报告 2012》。此后，每年在北京市科技创新大会期间发布"首都科技创新发展指数"和《首都科技创新发展报告》，已成为惯例。

2012 年 11 月，党的十八大提出，"坚持科学决策、民主决策、依法决策，健全决策机制和程序，发挥思想库作用"。2013 年 11 月，十八届三中全会提出建设中国特色新型智库，建立健全决策咨询制度。2014 年 10 月 27 日，中央全面深化改革领导小组第六次会议审议了《关于加强中国特色新型智库建设的意见》。首都科技发展战略研究院作为新型智库，是北京落实中央系列文件和会议精神的重要举措之一。

# 组织机构

名誉理事长

中共中央政治局委员、北京市市委书记　郭金龙

特邀顾问

北京市人大常委会主任　杜德印

理事长

中国工程院副院长　干勇

理事长单位

科学技术部、中国科学院、中国工程院、北京市人民政府

协调执行单位

北京市科学技术委员会

依托单位

北京师范大学、北京市科学技术研究院

秘书长

北京市科学技术委员会主任　闫傲霜

首任院长

北京师范大学学术委员会副主任　李晓西

专家委员会主任

国务院发展研究中心副主任　刘世锦

专家委员会顾问

国务院发展研究中心研究员　吴敬琏

北京大学光华管理学院名誉院长　厉以宁

全国政协文史和学习委员会副主任　魏礼群

全国人大常委、民建中央副主席　辜胜阻

中国国际经济交流中心常务副理事长　郑新立

北京师范大学党委书记　刘川生

理事单位

北京市科学技术委员会

北京市发展和改革委员会

北京市教育委员会

北京市经济和信息化委员会

北京市财政局

中关村科技园区管理委员会

北京市科学技术研究院

北京师范大学经济与资源管理研究院
国务院发展研究中心产业经济研究部
中国科学技术发展战略研究院
中国科学院科技政策与管理科学研究所
中国科学院北京分院
清华工业开发研究院
北京大学首都发展研究院
北京航空航天大学先进工业技术研究院
中国钢研科技集团公司
中国航天科工集团
中国核工业集团公司
国家电网公司
神华集团有限公司
中国恩菲工程技术有限公司
中国铁道科学研究院
首钢集团公司
北大方正集团公司
北京汽车工业控股有限责任公司
联想控股有限公司
时代集团公司
中星微电子有限公司
启明星辰信息技术有限公司
北京碧水源科技股份有限公司
二十一世纪空间技术应用股份有限公司
中关村发展集团

# 《首都科技创新发展报告（2014）》编委会

# 目　录

## 建设全国科技创新中心——京津冀协同创新篇

# 建设全国科技创新中心——产业篇

## 建设全国科技创新中心——政府治理与改革篇

# 总　　论

# 总 论[①]

放眼世界，全球经济已逐步复苏，全球竞争正从经济竞争、产业竞争上升到科技进步和创新能力的竞争、人才的竞争，世界将迎来新一轮科技革命和产业变革，全球科技创新呈现出新的发展态势和特征，成为世界各国发展最不确定而又必须把握的重大时代潮流。2014 年是贯彻落实党的十八届三中全会精神、全面深化改革的开局之年。党的十八大提出实施创新驱动发展战略，强调科技创新是提高社会生产力和综合国力的战略支撑，必须摆在国家发展全局的核心位置。实施创新驱动发展战略，已成为我国顺应时代趋势、把握发展机遇的必然选择。

## 一、北京建设全国科技创新中心取得的进展[②]

2014 年 2 月，习近平总书记在视察北京时明确了北京是全国政治中心、文化中心、国际交往中心、科技创新中心的城市战略定位，提出了把北京建设为国际一流的和谐宜居之都的目标，制定了京津冀协同发展的战略部署。科技创新中心是中央赋予北京的新定位，是对北京提出的新要求。这既是北京的责任所在，也是内在发展的要求。正如习近平总书记指出的"科技兴则民族兴，科技强则国家强，实施创新驱动发展战略，决定着中华民族前途命运"。

北京作为中国首都，科技智力资源丰富，有基础、有条件建设全国科技创新中心，更有责任在服务国家创新驱动战略方面有更大的担当、更大的作为。2014 年，北京加快建设全国科技创新中心步伐，并取得了一些重要进展，主要体现在以下五个方面。

一是北京在服务创新型国家建设中的作用更加突出。北京坚持"四个服务"的基本职责，与科学技术部（简称科技部）等中央部委完善部市会商工作机制，深化与中国科学院（简称中科院）的院市合作，推进与中央在京企业、高校、科研院所、驻京部队的合作，承担国家科技重大任务。2014 年北京地区共有 82 个项目获国家科学技术奖，占全国通用项目获奖总数的 32.3%，其中特等奖 1 项，一等奖 6 项。首都科技对全国创新发展的示范带动作用进一步增强[③]。

二是中关村国家自主创新示范区建设持续深化。中关村创新平台发挥了中央和地方跨层级、跨部门的协同创新组织模式的重要作用。"1+6"试点政策延长执行期限，"新

---

① 本部分由首都科技发展战略研究院院长李晓西执笔完成。
② 部分内容摘自北京市市委书记郭金龙、市长王安顺在市委市政府有关会议上的讲话。
③ 引自北京市科学技术委员会主任闫傲霜在北京市 2015 年科技工作会议上的报告。

"四条"试点政策实施细则全部出台。承担中国人民银行批准成立中关村示范区中心支行等国家层面的新改革试点。深化中关村现代服务业综合试点，打造全国首个创业服务机构的集聚区和"一城三街"科技服务品牌。截至 2014 年年底，中关村上市公司总数达257 家，总市值突破 2 万亿元（2013 年），其中境外上市企业达 98 家。

三是深化科技体制改革取得重要突破。2014 年年初，北京市成立了全面深化改革领导小组，发布实施《中共北京市委关于认真学习贯彻党的十八届三中全会精神全面深化改革的决定》，从服务国家创新体系建设、强化企业技术创新主体地位、完善技术创新市场导向机制三个方面对深化科技体制改革做了部署。2014 年，科技教育体制改革专项工作小组确定了 48 项重点工作。北京市制定出台了《中共北京市委北京市人民政府关于进一步创新体制机制加快全国科技创新中心建设的意见》，并将此作为今后一个时期全面深化改革加快全国科技创新中心建设的纲领性文件。在此基础上，加大市级层面的政策突破力度，先后出台了"京校十条"、"京科九条"、深化新技术新产品政府采购和推广应用、首都科技创新券等政策文件，促进科技成果转化和协同创新。制定实施《北京技术创新行动计划（2014—2017 年）》，首次实质性地提出将重大专项项目划分为政府直接组织开展、政府支持开展、政府鼓励开展三类，推进政府科技创新组织方式改革，着力加快构建"高精尖"的经济结构。

四是创新创业生态系统不断优化。深化科技金融改革和政策创新，搭建科技金融服务平台，推动科技和金融深度融合，初步构建了多层次资本市场有序衔接的科技金融服务体系。科技孵化服务网络不断完善，涌现出一批新型孵化器和孵化服务模式。创业活动空前活跃，中关村新创办科技型企业突破 1.3 万家。支持建设首都科技大数据平台，率先开放政府科技数据资源，服务社会公众创新需求，实现"数据活起来、信息连起来、成果用起来"。

五是科技对首都发展的贡献明显增强。2014 年，科技服务业实现增加值 1 662.6 亿元，同比增长 11.1％，高于北京市生产总值增速，已初步形成了研发、设计、工程技术服务等优势领域。中关村示范区企业总收入为 3.57 万亿元，增长 17.2％；技术合同成交额为 3 136 亿元，同比增长 10％，占全国的 36.6％；发明专利授权量超过 2 万件，位居全国首位①。战略性新兴产业对规模以上工业增长的贡献率、高端服务业对地区生产总值增长的贡献率均达到六成左右，有力地促进了产业结构优化升级。

# 二、北京建设全国科技创新中心的努力方向

建设全国科技创新中心是一项长期系统工程。北京既要为加快建立健全中国特色、首都特点、时代特征的超大型城市可持续发展体制机制提供支撑，把科技创新融入经济建设、政治建设、文化建设、社会建设和生态文明建设的全过程，积极适应新常态发展要求；又要发挥首都的引领示范和辐射带动作用，成为中国科技创新的"领头羊"；更

---

① 引自北京市科学技术委员会主任闫傲霜在北京市 2015 年科技工作会议上的报告。

要站在世界科技创新的前沿，引领新一轮科技革命浪潮，在提升国家竞争力方面有所作为和担当，具有多重使命和任务，需要将城市与国家、发展与改革统一起来，统筹全局，稳步推进。

北京建设全国科技创新中心，对北京自身科技创新发展水平和能力有较高要求，不仅要把自身的创新力量组织和动员好，而且要将科技与经济社会发展紧密结合起来。一方面，"打铁先得自身硬"，北京要巩固和强化自身创新能力，通过创新驱动实现转型升级，挖掘支撑新常态发展创新动力。另一方面，北京还要发挥科技创新产品、产业、制度、文化的辐射和带动作用，通过科技创新服务京津冀协同发展，服务"一路一带""长江经济带"等国家重大区域战略，服务全国其他地区经济社会发展。

北京建设全国科技创新中心，不仅要聚合全国和世界的优势科技创新资源和科技成果，同时还要努力将自身的科技资源和科技成果辐射到全国和全世界，成为全国乃至全世界的科技创新核心枢纽。一方面，北京要促进创新资源集聚与融合，通过不断创新体制机制，促进技术、资本、人才、市场、空间、政策等创新要素的充分流动和配置，将科教资源优势充分转化为创新竞争优势、发展优势。另一方面，北京还要建立健全区域合作发展协调机制，优化区域分工和产业布局，要引导创新主体以联合研发、技术输出、标准创制、产业链协同等模式服务和辐射全国，增强首都科技对国家创新体系建设和产业转型发展的贡献，同时还要坚持全球视野谋划和推动科技创新，参与国际科技合作和竞争，提升科技创新全球话语权。

北京建设全国科技创新中心，要以促进北京自身的经济、社会、环境、科技、民生水平的全面提升为基础，突出作为全国科技创新中心的责任和使命。一方面，北京要"有进有退"，依靠科技创新构建"高精尖"的经济结构，同时还要加大民生科技创新力度，破解交通拥堵、环境恶化等"大城市病"，提升城市发展品质。另一方面，北京还要突出建设全国科技创新中心的责任和义务，担当好科技创新引领者，在通过科技创新提升经济发展质量、改善社会民生、优化生态环境、促进绿色发展等方面做好示范和表率。

北京建设全国科技创新中心，要坚持全面深化改革，通过改革释放创新活力，激发创新动力。一方面，坚持需求导向和产业化方向，充分发挥市场在配置资源中的决定性作用，突出企业技术创新主体地位，充分调动企业的积极性和创造性。另一方面，还要推进治理体系与治理能力现代化，增强改革意识，完善体制机制，为科技创新活动"松绑加力"，真正把创新驱动发展战略落到实处。

北京建设全国科技创新中心，既要把握总体战略、做好顶层设计，也要制定并完成相应的阶段性目标，保障各项工作的有序推进。一方面，要充分把握首都定位的战略机遇，构建全国科技创新中心的坐标系与路线图。另一方面，还要明确全国科技创新中心建设的时间表，结合"十三五"规划安排，争取到 2020 年基本建成全国科技创新中心，成为全球技术创新网络的重要枢纽和有全球影响力的科技文化创新之城。

# 三、《首都科技创新发展报告 2014》主要内容

《首都科技创新发展报告 2014》在常规的首都科技创新发展指数研究之外，还针对首都科技创新发展需要重点关注和解决的问题，开展了一些专题研究，并根据研究重点，将整体研究成果分为指数篇、战略篇、京津冀协同创新篇、产业篇和政府治理与改革篇。每一篇分别围绕主题，从不同角度、不同研究层面为首都科技创新发展提供了决策支撑。

## （一）指数篇

首都科技创新发展指数研究构建了科技创新发展指数体系，连续、动态地跟踪和度量首都科技创新发展的进展情况，科学、客观、公正地评价了首都科技创新发展的成效。2014 年，首都科技创新发展指数研究主要包括首都科技创新发展指数指标体系的完善、指数测算和专栏分析等方面。总体看，2005～2013 年，首都科技创新发展水平不断提高，科技创新工作取得明显成效。首都科技创新发展指数得分从 2005 年的基准分 60.00 分，增长到 2013 年的 87.96 分，科技创新发展总体呈现出平稳上升态势。

## （二）战略篇

自 2014 年 2 月习近平总书记视察北京并明确了首都全国科技创新中心战略定位以来，首都各界高度重视对于这一战略定位的深入研究和分析。战略篇从强化全国科技创新中心建设的战略选择，把握"五个结合"，目标、路径和举措，改革思考，基础研究，科技创新贡献率，评价思路与指标体系等方面进行了深入研究，形成了一批研究成果。

## （三）京津冀协同创新篇

基于京津冀协同发展的新形势，2014 年 8 月，以首都科技发展战略研究院（简称首科院）为平台，京津冀三地共同签署战略研究和基础研究框架协议，建立定期沟通机制。三地研究机构共同针对创新发展战略高地、创新共同体、创新机制与着力点、创新网络、创新政策，以及生物医药产业协同发展、半导体照明产业协同发展、京津冀协同发展评价体系等进行了深入研究，产生的一批研究成果，既为国家层面做好京津冀协同发展顶层规划提供了支撑，更为三地凝聚共识、理清思路、整合资源、形成合力提供了决策参考。

## （四）产业篇

为促进首都加快构建"高精尖"的经济结构，打造符合首都科学发展的产业结构，产业篇从整体层面对北京战略性新兴产业集群及基地形成机制、发展现状及布局进行了研究；在具体产业发展方面，专题遴选了北京能源互联网、无人机与航空应用服务、智能机器人、大数据助推高端装备、移动通信（4G）、能源消费、生物医药及现代服务业

等新兴产业，深入开展了有关产业政策、发展路径、技术创新等方面的研究。这些研究不仅从政策层面对产业发展进行了有效探讨，还将对未来首都构建"高精尖"的经济结构起到决策支撑作用。

## （五）政府治理与改革篇

十八届四中全会提出了依法治国的发展战略，遵循依法行政的政府治理体系建设成为关键。政府治理与改革篇侧重针对政府治理和体制改革的相关研究，主要针对城市精细化管理机制、科技创新管理模式、科技法制建设、社会组织发展、大数据时代的创新资源共享、创新政策体系等进行了深入研究。这些研究成果将对更好地落实创新驱动发展战略、促进政府职能转变、提高政府治理能力和水平大有裨益。

# 建设全国科技创新中心——指数篇[①]

———————

① 本篇由首都科技发展战略研究院课题组完成。课题负责人为李晓西教授，执行负责人为范世涛，指数测算组组长为石翊龙，课题组成员包括杨仁全、吴成华、青正、杨栋、王翯、罗佳、王赫楠、胡可征、王海芸、刘芸、李成龙、张钰凤、周毅群等。

# 第一章 导 论

## 第一节 关于首都科技创新发展指数

2012 年以来，首都科技发展战略研究院组织科技、经济、产业、社会公共管理等领域专家动态分析研究首都科技创新发展状况，构建了首都科技创新发展体系图（图 1-1），提出首都科技创新发展是首都各类创新主体在特定的支撑条件下运用创新资源开展创新活动、形成创新成果并作用于经济社会发展的系统过程。首都科技创新发展指数以 2005 年为基期（基准分为 60.00 分），从创新资源、创新环境、创新服务和创新绩效四个维度对首都科技创新发展动态变化进行纵向综合比较和评价。

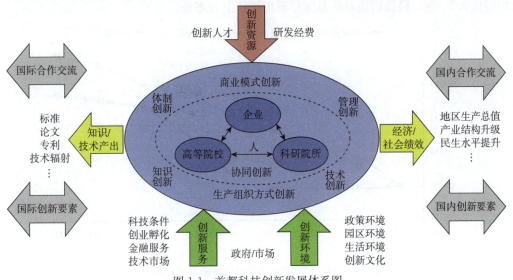

图 1-1 首都科技创新发展体系图

资料来源：首都科技创新发展指数课题组

首都科技创新发展指数旨在连续监测首都科技创新发展状况，跟踪首都科技发展新动态，总体评价首都科技创新发展的变化和特征，为首都科技创新"画像"。它是一个动态监测指标，旨在"看过去、话当前、谋未来"。通过一个较长时间维度的历史和当期数据，全面翔实地了解首都科技创新发展的水平和趋势，并从中分析问题，总结规律，谋划和指导未来科技创新发展。

2014 年，首都科技创新发展指数坚持"相对稳定持续和客观科学原则"，坚持"指数总体框架不变，部分微调"的总体思路，围绕加快建设全国科技创新中心的新形势，一级、二级指标保持不变，只是与时俱进地针对部分三级指标做了调整和完善，增加效率指标，减少规模指标，力求更好地反映创新驱动发展的内涵（见指数篇第六章）。与此同时，首科院根据北京加快建设全国科技创新中心的重大战略任务，在首都科技创新发展指数研究的基础上进行了两个专题研究，一是提出了建设全国科技创新中心的评价思路和指标体系（见战略篇第十三章），这是一个评价和引导性指标，重在"谋未来"，有助于更加明确全国科技创新中心建设的目标、方向和实施路径；二是提出了京津冀协同发展指标体系（见京津冀协同创新篇第二十一章），旨在摸清京津冀协同发展的现状和底数，把握影响京津冀协同发展的关键因素，提出京津冀协同发展的实施路径。

## 第二节　2014 年首都科技创新发展指数测算结果分析

根据 2014 年首都科技创新发展指数研究及指标体系，经测算，2005～2013 年，首都科技创新发展水平不断提高，支撑首都经济社会发展成效显著（图 1-2 和表 1-1）。首都科技创新发展指数得分从 2005 年的基准分 60.00 分，增长到 2013 年的 87.96 分，年均增长 3.50 分，科技创新发展总体呈现出平稳上升态势。

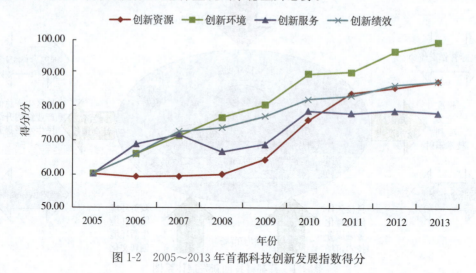

图 1-2　2005～2013 年首都科技创新发展指数得分

表 1-1　2005～2013 年首都科技创新发展指数得分情况（单位：分）

| 年份 | 总指数得分 | 一级指标指数得分 | | | |
| --- | --- | --- | --- | --- | --- |
| | | 创新资源 | 创新环境 | 创新服务 | 创新绩效 |
| 2005 | 60.00 | 60.00 | 60.00 | 60.00 | 60.00 |
| 2006 | 65.03 | 59.09 | 65.85 | 68.77 | 65.73 |
| 2007 | 69.44 | 59.23 | 71.22 | 71.65 | 72.55 |
| 2008 | 70.13 | 59.81 | 76.77 | 66.52 | 73.78 |
| 2009 | 73.51 | 64.18 | 80.52 | 68.68 | 77.08 |

| 年份 | 总指数得分 | 一级指标指数得分 | | | |
|------|-----------|------|------|------|------|
| | | 创新资源 | 创新环境 | 创新服务 | 创新绩效 |
| 2010 | 81.73 | 75.93 | 89.73 | 78.68 | 82.15 |
| 2011 | 83.73 | 84.01 | 90.28 | 78.07 | 83.15 |
| 2012 | 86.78 | 85.62 | 96.46 | 78.84 | 86.49 |
| 2013 | 87.96 | 87.45 | 99.22 | 78.16 | 87.48 |

# 一、从科技创新在国家全局中的地位<br>看首都科技创新发展的"新时代"

党的十八大以来，党中央做出了实施创新驱动发展战略的重大决策，对科技创新提出了一系列新思想、新论断、新要求。当前，世界经济仍处于金融危机后的复苏和变革期，全球科技革命和产业革命正在孕育新突破，支撑我国经济高速增长的传统产业优势正在减弱，"三期叠加"，经济发展步入新常态。在此背景下，深刻认识和把握我国经济发展新常态特征和规律，坚持首都城市性质和功能定位是当前最为紧迫的任务，必须大力认识新常态、适应新常态、引领新常态。

## （一）北京已经处于由要素驱动、投资驱动向创新驱动转变的经济发展新常态阶段

习近平总书记在 2014 年 12 月召开的中央经济工作会议上强调，我国经济发展进入新常态，经济发展的新常态意味着在发展方式、经济增速、结构优化、动力转换方面正发生重大转变，要准确理解、正确遵循"认识新常态、适应新常态、引领新常态"这一当前和今后一个时期我国经济发展的大逻辑。从 2011 年开始，北京地区生产总值呈现增速为 7%～8% 的中高速增长，2013 年增速为 7.7%，地区生产总值达到 1.95 万亿元，经济发展新常态的种种特征和趋势性变化在北京表现得尤为鲜明和突出。从表 1-2 和表 1-3 可以看出，首都经济发展的新常态与创新驱动发展阶段同步，经济发展的新常态，"新"在质量更好、结构更优，要适应首都经济社会阶段性发展特征和运行规律，坚持以提高经济发展质量和效益为中心，把转方式调结构、提质增效放在更加突出的位置。经济转入新常态的一个关键特征就是动力转换，适应新常态、引领新常态，必须加快培育经济增长新动力。这就要求必须紧紧抓住科技创新这个"牛鼻子"，更好地发挥科技创新的作用，实现经济发展动力由要素驱动、投资驱动向创新驱动的实质性转换。

表 1-2　北京市及世界主要经济体经济发展阶段

| 经济发展阶段 | 要素驱动阶段 1 | 从阶段 1 向阶段 2 过渡 | 投资驱动阶段 2 | 从阶段 2 向阶段 3 过渡 | 创新驱动阶段 3 |
|------|------|------|------|------|------|
| 人均生产总值（美元）门槛 | <2 000 | 2 000～2 999 | 3 000～8 999 | 9 000～17 000 | >17 000 |

| 经济发展阶段 | 要素驱动阶段 1 | 从阶段 1 向阶段 2 过渡 | 投资驱动阶段 2 | 从阶段 2 向阶段 3 过渡 | 创新驱动阶段 3 |
|---|---|---|---|---|---|
| 148 个经济体（2012 年） | 印度等 38 个经济体 | 菲律宾等 8 个经济体 | 中国等 36 个经济体 | 俄罗斯等 25 个经济体 | 美国等 41 个经济体 |
| 北京市（2012 年） | | | | 1.37 万美元（绝对值） | |

注：借鉴美国管理学家迈克尔·波特经济发展阶段理论进行划分，为了便于对比，并考虑数据可得性，选取 2012 年数据

资料来源：根据《北京统计年鉴 2013》《2013—2014 年全球竞争力报告》相关数据整理

**表 1-3　2012 年北京市部分创新指标与全国及发达国家平均水平对比**（单位：%）

| 比较对象 | 研发投入占 GDP 的比例 | 综合科技进步水平指数 |
|---|---|---|
| 中国 | 1.98 | 60.30 |
| 北京市 | 5.95 | 81.78 |
| 部分发达国家 | 韩国 4.36，日本 3.35，德国 2.98，美国 2.79，法国 2.26，英国 1.73，加拿大 1.69 | ＞70.00 |

资料来源：根据《北京统计年鉴 2014》、OECD《主要科技指标》相关数据整理

在经济发展新常态阶段，北京最具备脱颖而出，引领新常态的实力和基础。李克强同志指出，创新驱动根本要靠人才。中国过去 30 年的发展依靠廉价的、低知识水平的人力成本，但随着欧美等国家和地区制造业回归本土，中国的人口红利正在逐渐消失。有专家预言，在经济发展新常态阶段，"更高知识水平的人才群体＋适用技术＋金融资本"将为中国带来下一个发展高峰。北京创新人才的梯次储备完善，重大科技成果大量涌现，金融环境不断完善，只要在打破制约创新活力迸发的制度藩篱和突破体制机制障碍方面下功夫，就有可能率先实现转型、引领经济社会可持续发展。

**（二）加快建设全国科技创新中心和京津冀协同发展两大战略任务对首都科技创新工作提出了更高的要求**

从国际看，在技术成果总量方面，2013 年，中国专利申请量已占全球总量的 32.1%，超过美国和日本，总量接近于美日两国总和，中国无疑已是创新大国，但是创新层次还比较低，发明专利不足全球的 1/6。在技术层次方面，中国科技实力和水平迈入"领跑"、"并跑"和"跟跑"并存阶段。北京作为最有实力代表中国参与国际竞争的科技创新中心，对于"领跑"的领域，要进一步扩大领先优势，在重要领域抢占制高点；对于"并跑"的领域，要找到超越的突破点，加速形成领先优势；对于"跟跑"的领域，要实施非对称战略，创造新的比较优势，努力实现"弯道超车"。

从国内看，虽然北京在 R&D 投入强度、有影响力的科技成果和技术产出方面远高于国内其他省市，但是研发人员规模和专利授权方面略逊于广东和江苏。为此，北京还要在破解体制机制瓶颈上下功夫，要进一步解放思想、解放和发展科技生产力，推动科技与经济深度融合；要进一步解放和增强全社会创新活力，深化中关村先行先试改革，

强化企业技术创新主体地位，实施人才发展战略，厚植创新创业文化，加快形成大众创业、万众创新的良好局面。

从区域发展看，京津冀协同发展的基础还较为薄弱。因此，要进一步消除协同创新"隐形壁垒"，构建政策互动机制、创新资源共享机制、形成市场开放机制；要加快建设京津冀协同创新共同体，强化协同创新支撑，推动建设跨区域科技创新平台，开展联合攻关，打造产学研用结合的创新链条，构建分工合理的创新发展格局；要完善区域创新体系，联合组建产业技术创新战略联盟，健全技术交易服务体系，推进信息共享、标准统一和市场一体化；要加强科技人才联合培养，搭建人才信息交流平台，健全跨区域人才流动机制。

## 二、从 2005～2013 年首都科技创新发展指数指标变化看首都科技创新发展的"新趋势"

新常态的核心要义之一就是推进以科技创新为核心的全面创新，为经济社会发展提供新动力。首都科技创新发展指数结果显示，首都科技创新发展水平呈持续稳定增长态势，为首都经济社会发展提供了有力支撑。

从"十一五"到"十二五"中期，首都在科技创新资源、创新环境、创新服务和创新绩效四个方面，都有明显改善。其中，创新环境改善最为明显，从基准分 60.00 分增长到 99.22 分，年均增长 4.90 分；创新资源从基准分 60.00 分增长到 87.45 分，年均增长 3.43 分；创新服务从基准分 60.00 分增长到 78.16 分，年均增长 2.27 分；创新绩效从基准分 60.00 分增长到 87.48 分，年均增长 3.44 分。通过进一步分析，得出以下初步思考。

（一）四个一级指标的趋势分析显示，创新环境依然是首都科技创新发展的最大优势

（1）创新资源。数据显示，由于历史和体制原因，首都地区创新资源聚集度高，基数大，禀赋好，虽从 2009 年以来表现了高企的增长态势，但得分增速不如创新环境明显。通过进一步分析（见指数篇第二章），创新资源得分的增长主要得益于创新人才指标得分的增长，这也反映了近年来首都高度重视人才工作，实现了科技管理从主要关注项目向关注人才团队与项目结合、创新投入从单纯资金投入向围绕人才搭建平台部署项目和资金相结合的转变。

（2）创新环境。2006～2013 年，创新环境得分相对较高，对总指数起到很好的拉动作用。通过进一步分析（见指数篇第三章），创新环境得分的增长主要得益于政策环境指标得分的增长，中关村先行先试政策的实施、"1+N"政策体系的构建是首都科技创新环境最为醒目的标签。

（3）创新服务。值得特别关注的是，近年来创新服务相较于其他几个指标对总指数的拉动作用相对较弱，这也反映了首都地区创新服务水平还有较大提升空间。通过进一步分析（见指数篇第四章），科技条件指标对创新服务得分的增长贡献最大，从侧面反映了首都科技创新发展的基础设施和科研条件环境较为完善。

（4）创新绩效。在该一级指标下，科技成果的优异表现远远好于其他几项指标（见

指数篇第五章），科技成果和辐射引领二级指标综合得分反映了首都作为全国科技创新中心的内涵，一方面产出大量的科技成果，在全国范围内落地转化，另一方面在国家创新驱动发展战略中发挥示范引领作用。结构优化二级指标表现相对较弱，这也是北京提出着力打造"高精尖"经济结构的出发点。

## （二）首都科技创新从"十二五"时期已经提前进入新常态发展阶段

数据显示，从 2010 年开始，首都科技创新发展指数得分首次突破 80 分，进入了一个平稳增长的时期，体现创新效果的创新绩效指标同样也反映了该规律。

科技创新适应经济发展新常态需要有新的作为。所谓新常态，"新"在质量更好、结构更优，要适应首都经济社会阶段性发展特征和运行规律，坚持以提高经济发展质量和效益为中心，将要素驱动、投资驱动转为创新驱动，并不意味着少作为甚至不作为，而意味着在创新的组织形式和效益上花更大气力、有更大作为。

从首都科技创新发展指数的测算结果看，首都科技创新新常态体现出以下四个特征。

一是创新资源、创新环境、创新服务和创新绩效协同推动创新驱动发展。四大要素有机结合，互为一体。从 2010 年开始，四个一级指标得分差距有减小的趋势，创新资源、创新环境、创新服务和创新绩效的动态变化趋于均衡，表现出创新资源、创新环境与创新服务协同发力促进创新绩效，创新驱动的整体格局更加完善。

二是北京正在成为创新环境最优、创新活力最足、创新成果最多、辐射带动最强的科技创新高地。

（1）创新环境最优。首都创新政策环境不断完善，具有首都特色的"广覆盖、全主体、多层次、分阶段"的创新政策法规体系日益完善。创新政策指标从 2005 年到 2013 年实现了大幅增长，得分从基准分 60.00 分增长到 126.14 分，年均增长 8.27 分。

（2）创新活力最足。截至 2013 年年底，北京地区国家级高新技术企业 9 300 家，占全国的 20%；拥有科技型企业近 24 万家，占北京企业总数的 30%。法人金融机构当年新增 22 家，累计达 652 家，位居全国首位；"新三板"挂牌企业总数达 356 家，其中北京地区企业挂牌 248 家，占全部挂牌企业总数的 69.7%。拥有科技孵化机构 130 家，总面积近 400 万平方米；在孵企业 8 500 家，入驻企业总收入超过 1 200 亿元，涌现出一批创新型孵化器和孵化服务新兴业态[①]。

（3）创新成果最多。2005~2013 年，科技成果指标得分由基准分 60.00 分上升到 121.15 分，年均增长达到 7.64 分。该指标得分也是创新绩效中唯一突破 100.00 分的二级指标。每万人发明专利拥有量 40.40 件，每亿元 R&D 经费《专利合作条约》（Patent Cooperation Treaty，PCT）专利数 2.52 件，位居全国首位。北京地区共有 75 个项目获国家科学技术奖，占全国通用项目获奖总数的 30.5%，显示出北京作为全国科技创新中心的强大优势和创新实力。

（4）辐射带动最强。2005~2013 年，辐射引领指标得分呈稳步增长趋势。2013 年

---

① 引自北京市科学技术委员会主任闫傲霜在北京市 2014 年科技工作会议上的报告。

该指标得分达到 80.10 分，年均增长 2.51 分。技术交易实现增加值占地区生产总值的比重达到 9.40％；其中流向京外技术合同成交金额占北京技术合同成交总额比重为 79.60％。全球 500 强企业在京总部数量为 48 家，我国 212 家活跃智库中北京占 70 家，数量位列各省市第一，占全国三成左右。

三是激活首都丰富的创新资源，将首都科技创新的潜在资源优势转变为创新绩效和发展优势，要加强体制机制创新，打破资源分散化、政策碎片化和聚焦不够的局面，积极探索充分利用首都科技资源的组织模式和运行机制，全面深化财政科技投入的统筹协调，进一步探索如何用产业、市场、财税、金融、人才、国有资产管理等方面的政策推动科技创新。归根结底，全面深化改革，加快推进以科技创新为核心的全面创新，这是首都经济发展新常态下，依靠科技创新实现经济发展动力实质性切换的突破口。

四是创新服务依然是经济发展新常态下科技创新的短板。这要求政府部门应进一步加强服务意识，"往后退一步，往高站一层"，在努力营造良好的市场环境上下功夫。

通过图 1-3 的雷达图①，可以直观地得出上述特征。

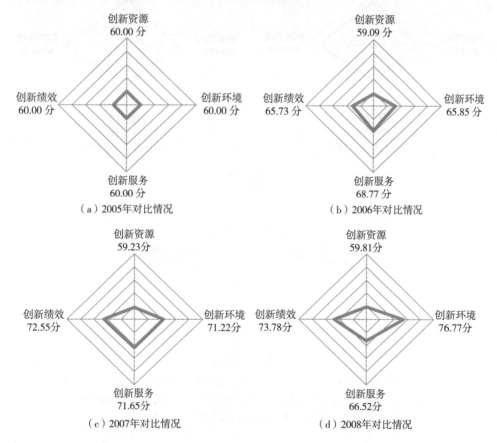

（a）2005年对比情况　　（b）2006年对比情况

（c）2007年对比情况　　（d）2008年对比情况

---

① 雷达图，又可称为戴布拉图，是以各维度轴的焦点为中心，在四个一级指标对应的数轴上标注各自的得分点，借助雷达网，可以直观地看出各个一级指标的对比关系。

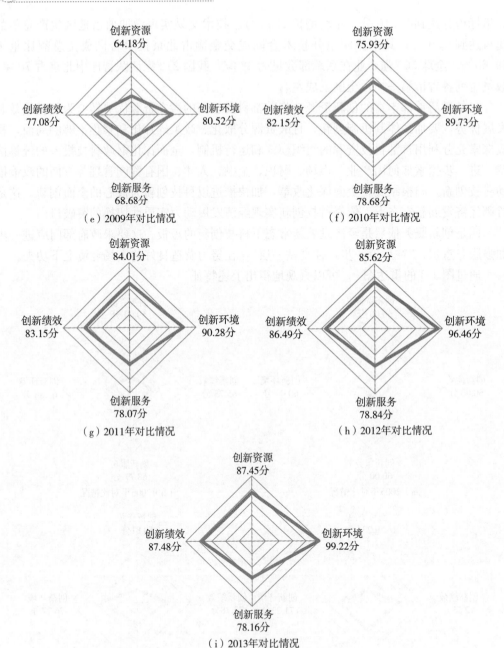

图 1-3　首都科技创新发展指数四个一级指标得分对比情况（2005～2013 年）

注：测算采用"均值-标准差法"进行无量纲化处理，并设定 2005 年为基准年，

将 2005 年四个一级指标得分均设定为基准分 60.00 分

# 三、从 2013 年部分统计和测算数据看首都科技创新发展的"新亮点"

北京作为全国科技创新中心的作用和影响力进一步增强，2013 年北京地区综合科技进步水平位居全国首位，指数得分达到 83.12 分①，如图 1-4 所示。北京人均地区生产总值位列全国第二，仅次于天津。

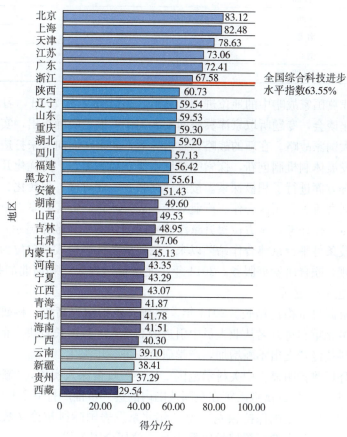

图 1-4　2013 年地区综合科技进步水平指数得分
资料来源：根据 2013 年数据测算获得

经济全球化使北京作为世界城市网络的重要枢纽和中国国际交往的中心，有更多的机会和可能在更高层次上参与全球科技创新分工，分享全球科技创新成果。北京已建立了链接全球各地区的国际技术转移协作网络（International Technology Transfer Network，ITTN）（表 1-4）。

① 数据来源于《全国科技进步统计监测报告》，该报告于 1993 年由国家科学技术委员会启动，1997 年对外正式发布，18 年来在科技部的指导下连续对外发布，成为各级政府和地方科技管理部门的重点参考数据。

表 1-4　北京与全球各地区国际技术转移协作网络合作机构数（单位：个）

| 地区 | 数量 |
| --- | --- |
| 西欧 | 119 |
| 北欧 | 45 |
| 东亚 | 36 |
| 北美 | 82 |
| 东欧 | 9 |
| 大洋洲 | 7 |
| 非洲 | 2 |
| 南美 | 1 |
| 南亚 | 1 |
| 东南亚 | 4 |

首都在京津冀国家战略中的地位进一步突出。2014 年 2 月 26 日，习近平总书记在北京主持召开座谈会，专题听取京津冀协同发展工作汇报，明确指出，实现京津冀协同发展是一个重大国家战略。在新的战略思想指导下，北京在面向未来打造新的首都经济圈、推进区域发展体制机制创新，探索完善城市群布局和形态、为优化开发区域发展提供示范和样板等方面进行了积极探索。按照"促联合、促对接、促转化、促市场"四条工作主线，在联合攻关、园区合作、产业对接、成果转化、资源共享、市场一体化等方面落实六项重点工作任务，全方位提升京津冀协同创新水平。数据显示，2013 年 12 月成立"首都科技条件平台京津合作站"以来，已促成条件平台成员单位为天津 241 家企业提供测试检测、联合研发等服务。2014 年，北京输出到天津和河北的技术合同 3 500余项，成交额超过 80 亿元。

首都创新资源总量稳定增长。2013 年，创新人才指标中高校、科研院所 R&D 人员占其从业人员比重和每万名从业人员中引进的高端人才数增长较快。企业对高校、科研院所的外部科技经费支出不断增加，产学研合作进一步深化。

首都创新环境改善明显。中关村示范区"1＋6"政策深入实施，"新四条"政策颁布，都为 2014 年先行先试试点政策在全国范围内的进一步推广打下了坚实的基础。

首都知识创造能力全国保持领先。2013 年北京发表国际科技论文数量继续保持全国第一，国内发明专利占专利授权量比重 33％，位居全国首位。

首都科技服务经济社会发展的能力不断增强。北京科技进步贡献率稳步提升，2013 年达到 60.11％；R&D 经费投入强度达到 6.08％，远高于全国其他省市和地区。高技术产业和知识服务业蓬勃发展，产业结构进一步优化，2013 年，三次产业结构分别为 0.8％、22.3％、76.9％，服务业比重全国最高。技术交易增加值占地区生产总值的比例达到 9.4％。战略性新兴产业对规模以上工业增长的贡献率、高端服务业对地区生产总值增长的贡献率均达到 60％左右。

首都高新技术转移和产业化的各项指标全国领先。高新技术产业园区收入、国家级高新技术企业数量、技术合同成交额、国家级创新平台数量均居全国首位。

# 第二章　创 新 资 源

　　创新资源是一个地区持续开展创新活动的基本保障，反映了全社会对创新的投入、创新人才资源的储备状况及创新资源配置结构。创新资源下设创新人才和研发经费两个二级指标。

　　创新人才是从科技人才的数量、结构、层次等方面来衡量地区对人才和智力资源的投入，该指标反映一个地区的科技、教育和智力资源情况；研发经费是指在产品、技术、材料、工艺和标准的研究、开发过程中发生的各项费用，该指标反映地区科技经费投入强度。

　　从测算结果来看，2013 年首都创新资源得分 87.45 分，相比 2012 年增长 1.83 分，继续引领全国。具体到各二级指标来看，创新人才建设在梯队完备、高端人才聚集等方面的特征更加突出，2005～2013 年创新人才得分由基准分 60.00 分增长到 106.08 分，年均增长 5.76 分，2013 年增幅达到了 9.42 分，几乎是 2012 年增幅的 4 倍。研发经费得分稳中有升，态势较为平稳，高技术产业 R&D 投入强度明显增长。2005～2013 年研发经费得分由基准分 60.00 分变化到 64.68 分，如图 2-1 所示。

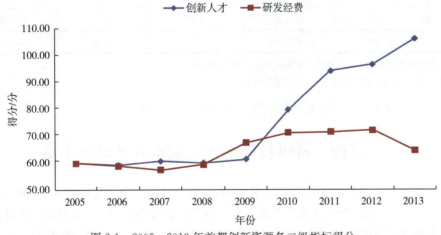

图 2-1　2005～2013 年首都创新资源各二级指标得分

## 第一节　创新人才

近年来，北京对人才工作的重视程度不断提高，制定出台了《首都中长期人才发展规划纲要（2010—2020 年）》《关于中关村国家自主创新示范区建设人才特区的若干意见》等政策，大力实施"北京市海外人才聚集工程"（简称"海聚工程"）、"科技北京百名领军人才培养工程"、"北京市科技新星计划"和"中关村高端领军人才聚集工程"（简称"高聚工程"）等人才发展计划，对人才总量和结构的优化产生了积极的影响，进一步提升了首都创新核心竞争力，为首都可持续发展奠定了坚实基础。2005～2013年首都创新人才三级指标情况如表 2-1 所示。

**表 2-1　2005～2013 年首都创新人才三级指标情况**

| 年份 | 万名人口中本科及以上学历人数/人 | 万名从业人口中从事 R&D 人员数/人 | 企业 R&D 人员数占其从业人员比重/% | 高校、科研机构 R&D 人员占其从业人员比重/% | 每万名从业人员中高端人才数/人 |
|---|---|---|---|---|---|
| 2005 | 1 325 | 197.50 | 3.52 | 61.42 | — |
| 2006 | — | 187.35 | 2.77 | 65.44 | — |
| 2007 | 1 804 | 201.44 | 3.51 | 46.41 | — |
| 2008 | 1 641 | 197.08 | 3.84 | 46.07 | — |
| 2009 | 1 787 | 193.79 | 3.92 | 47.65 | 0.07 |
| 2010 | 2 020 | 190.86 | 3.92 | 50.70 | 0.19 |
| 2011 | 1 837 | 206.78 | 4.53 | 53.74 | 0.38 |
| 2012 | 1 932 | 216.35 | 4.77 | 56.71 | 0.48 |
| 2013 | 2 139 | 215.43 | 5.34 | 87.89 | 0.60 |

注：表中缺失数据用"—"标注，实际测算时进行补数处理

资料来源：《中国科技统计年鉴》《北京统计年鉴》等

从整体情况来看，北京近些年创新人才方面有以下特点。

# 一、高校、科研机构密集，创新人才储备丰富

北京拥有全日制普通高校 91 所，其中国家"211 工程"重点建设高校 26 所，占全国总数的 22.4%；国家"985 工程"高校 8 所，占全国总数的 20.5%，数量居全国首位；中央和地方各类科研机构 288 家，其中中央级科研机构 238 家，占全国总数的 34.5%。密集的高校、科研机构成为北京科技创新人才的源泉。2013 年，北京本科以上学历在校学生74.78 万人，本科以上学历毕业生 18.53 万人。万名人口中本科及以上学历人数达到 2 139人（图 2-2），值得一提的是，北京高校、科研机构 R&D 人员占其从业人员比重在 2013年飞速增长，由 2012 年的 56.71% 跃升到 2013 年的 87.89%（图 2-3）。

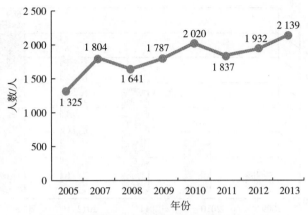

图 2-2 北京万名人口中本科及以上学历人数

注：2006 年数据为缺失值

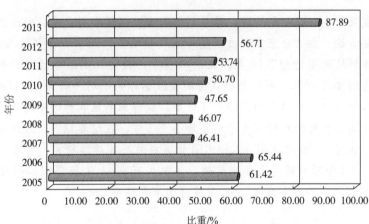

图 2-3 北京高校、科研机构 R&D 人员占其从业人员比重

## 二、创新人才梯队完备，高端人才数量位居全国首位

截至 2013 年年底，北京地区累计 904 人入选"海外高层次人才引进计划"（简称"千人计划"），占全国 27%；留学回国人才累计达 10 万人，占全国 1/4；累计 514 人入选"海聚工程"；"科技北京百名领军人才培养工程"累计支持 90 名高端科技领军人才及其团队；累计 1 820 名青年科技骨干入选"北京市科技新星计划"。近年来高端人才引进数有了突飞猛进的增长（图 2-4）。

专栏 2-1 "北京市科技新星计划"助推青年科技人才培养

"北京市科技新星计划"始于 1993 年，重点培养和资助 35 岁以下的青年科技人员，被誉为资助青年科技人才的"第一桶金"。截至 2013 年 12 月，共有 21 批累计 1 820 人入选并获得资助，市财政累计投入 2.6 亿元。20 年来，"北京市科技新星计划"根据国家创新战略和首都经济社会发展需求，培养和造就了一大批青年科技人才，取得了一系

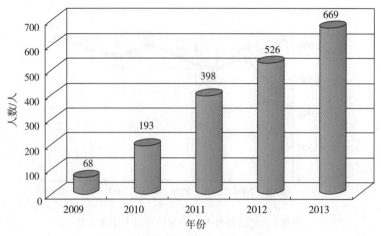

图 2-4　北京地区高端人才引进情况

列重大创新成果，在活跃创新资源、培养创新人才、促进学科发展、营造创新氛围等方面做出了重要贡献。在"北京市科技新星计划"推动下，北京青年科技人才快速成长。入选"北京市科技新星计划"10 年以上的人员中，获得正高级职称的比例超过 88%，博士生导师比例接近 60%。科技新星获得副高级职称的平均年龄为 33.1 岁，比北京获得副高级职称的科研人员的平均年龄小 2.2 岁，获得正高级职称的平均年龄为 37.1 岁，比北京获得正高级职称的科研人员平均年龄小 4.3 岁。在培养期内，入选人员共发表论文 3.5 万篇，获得 4 356 项专利。入选人员优秀成果及其后续研究，共有 246 个项目获得国家奖励，304 个项目获得省部级奖励，其中共有 93 人次获得国家科技进步一二三等奖、18 人获得国家自然科学奖、14 人获得国家发明奖。

# 三、加快建设中关村人才特区

中关村人才特区建设加快推进落实 90 天中关村"绿卡"审批的特殊政策，首批 13 名外籍高端人才"绿卡"启动办理。截至 2013 年年底，中关村示范区集聚海外归国人才 1.8 万人，外籍从业人员近 9 000 人，入选"千人计划"和"海聚工程"人才分别占到全市的 80% 和 70%（图 2-5）。

**专栏 2-2　中关村人才特区建设取得新进展**

2011 年，中共中央组织部（简称中组部）等 15 家中央单位和北京联合启动建设中关村人才特区，在中关村国家自主创新示范区实行特殊政策、构建特殊机制、打造特殊平台、引进特需人才。自 2011 年年中启动建设以来，中关村人才特区建设取得积极进展，突出表现在以下几个方面：一是人才政策资源上实现了集成。落地实施了中央支持北京在中关村实行的"重大项目布局""科技经费使用"等 13 项特殊政策，在人才的引进、培养，创新创业，管理服务等方面构建了比较完整的人才政策体系。二是以政策创新带动体制机制改革。依托北京生命科学研究所、北京纳米能源与系统研究所等新型科

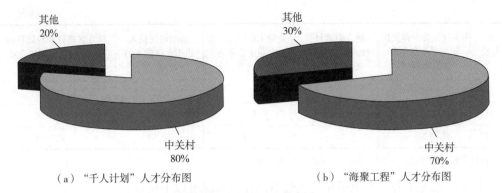

（a）"千人计划"人才分布图　　　　　　（b）"海聚工程"人才分布图

图 2-5　2013 年北京地区"千人计划"和"海聚工程"人才分布图

研机构，试行以科学家为本的经费管理制度及促进创新成果产业化的制度设计；支持车库咖啡、创新工场、36 氪等创新型孵化器建设，实现创业助力创新。三是多渠道吸引和集聚高端人才。依托高校、科研机构引进"千人计划"顶尖专家；依托行业领军企业面向全球吸引顶尖人才。四是充分发挥和依靠人才智力优势推动创新发展。加快建设未来科技城，在低碳清洁能源等领域打造了一批前沿科研机构，先后引进 100 多名"千人计划"入选者，培育了"太阳能薄膜电池"等前沿技术项目；依托全市统筹资金，采取股权投资等方式，在大数据、生物、节能环保等领域支持人才转化落地创新成果。

# 第二节　研发经费

相对于创新人才，研发经费的变化态势较为平稳。从 2005 年到 2013 年，研发经费得分从基准分 60.00 分发展到 64.68 分，年均增长 0.59 分。其中 2012 年得分最高，为 72.13 分，2013 年出现了一定程度的下滑。从具体数据来看，2013 年每万名高校和科研机构 R&D 人员使用的企业科技经费额的减少是造成当年研发经费得分下降的主要原因。2005～2013 年首都研发经费三级指标情况如表 2-2 所示。

表 2-2　2005～2013 年首都研发经费三级指标情况

| 年份 | R&D 经费内部支出相当于地区生产总值比例/% | 地方财政科技投入占地方财政支出比重/% | 企业 R&D 投入占企业主营业务收入比重/% | 基础研究投入占 R&D 投入的比重/% | 每万名高校和科研机构 R&D 人员使用的企业科技经费额/万元 |
|---|---|---|---|---|---|
| 2005 | 5.45 | — | 0.73 | 7.90 | — |
| 2006 | 5.33 | 5.41 | 0.86 | 6.29 | — |
| 2007 | 5.35 | 5.50 | 0.76 | 6.16 | — |
| 2008 | 5.58 | 5.73 | 0.83 | 6.24 | — |
| 2009 | 5.50 | 5.45 | 0.94 | 10.54 | 9 356.84 |
| 2010 | 5.82 | 6.58 | 0.93 | 11.63 | 9 009.34 |

续表

| 年份 | R&D经费内部支出相当于地区生产总值比例/% | 地方财政科技投入占地方财政支出比重/% | 企业R&D投入占企业主营业务收入比重/% | 基础研究投入占R&D投入的比重/% | 每万名高校和科研机构R&D人员使用的企业科技经费额/万元 |
|---|---|---|---|---|---|
| 2011 | 5.76 | 5.64 | 1.05 | 11.59 | 10 067.14 |
| 2012 | 5.95 | 5.43 | 1.17 | 11.83 | 10 610.26 |
| 2013 | 6.08 | 5.62 | 1.14 | 11.58 | 4 137.01 |

资料来源：《中国科技统计年鉴》《北京统计年鉴》等

从实际情况来看，北京近年研发经费的投入情况有以下特点。

# 一、区域 R&D 经费投入情况

2013 年，北京地方财政科技投入占地方财政支出比重较 2012 年有小幅提升，达到 5.62%（图 2-6），R&D 经费支出达到 1 185 亿元，R&D 经费支出占地区生产总值比重首次突破 6%，达到 6.08%（图 2-7）。其中，企业 R&D 经费支出 428.3 亿元，占到地区 R&D 经费投入的 36.1%；工业企业、非工业企业 R&D 经费支出分别为 213.1 亿元、215.2 亿元，分别占到地区企业 R&D 经费支出的 49.8%、50.2%。

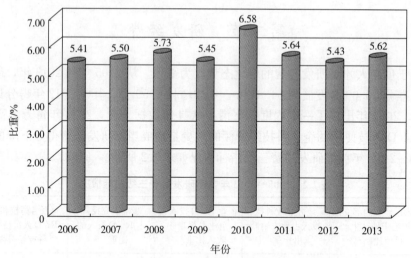

图 2-6　北京地方财政科技投入占地方财政支出比重

# 二、企业 R&D 经费投入情况

规模以上工业企业研发投入主要依靠自有资金。从 2013 年北京地区规模以上工业企业 R&D 经费投入来源看，政府资金为 22.8 亿元，企业自有资金为 182 亿元，国外资金为 1.7 亿元，其他资金为 6.7 亿元，分别占到经费总额的 10.7%、85.4%、

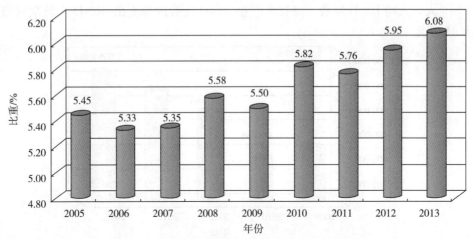

图 2-7　北京 R&D 经费支出占地区生产总值比重

0.8%、3.1%。

大中型工业企业 R&D 经费支出稳定增长。2013 年，北京地区大中型工业企业 R&D 经费支出保持了连续增长，达到了 173.4 亿元，较 2012 年增长 5.9%。同时，R&D 经费投入强度达到 1.14%，较 2012 年略有下降，但也保持了近年来的高位（图 2-8）。

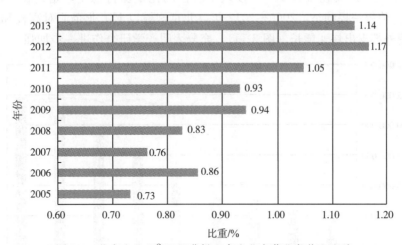

图 2-8　北京企业 R&D 经费投入占企业主营业务收入比重

# 三、高技术产业 R&D 经费投入情况

高技术产业 R&D 经费投入强度明显增长。2013 年，北京高技术产业 R&D 经费内部支出约 106.54 亿元（图 2-9），高技术产业企业办研发机构数达 250 个，技术引进经费支出达 7.89 亿元，消化吸收经费支出达到 975 万元。高技术产业 R&D 人员数达

到 31 646 人，人均 R&D 经费（高技术产业 R&D 经费内部支出/R&D 人员全时当量）为 44.94 万元。

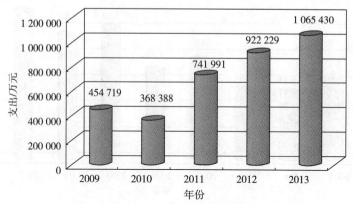

图 2-9　北京高技术产业 R&D 经费内部支出

# 四、高校、科研机构 R&D 经费投入和使用情况

由于近些年来，北京地区 R&D 经费投入始终保持稳定增长，基础研究经费投入力度虽有所加大，但其在整体 R&D 投入中所占的比重保持稳定，始终在 10%～12%（图 2-10）。值得一提的是，2009～2012 年，北京规模以上工业企业对高校和科研机构 R&D 经费外部支出快速增长（图 2-11），充分表明产学研合作进一步加强。

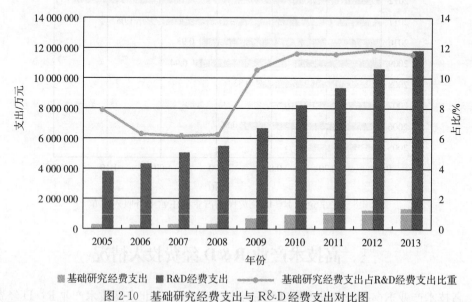

图 2-10　基础研究经费支出与 R&D 经费支出对比图

**专栏 2-3　北京地区科研经费投入强度居全国首位**

科研经费投入强度是指科研经费在国内或地区生产总值中的占比，是衡量主体自主

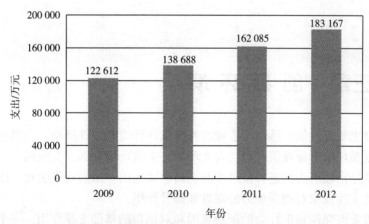

图 2-11 规模以上工业企业对高校和科研机构 R&D 经费外部支出情况

创新、研发投入力度的一个重要指标。2014 年 12 月 16 日，第三次全国经济普查结果显示，2013 年北京地区科研经费支出 1 185 亿元，比 2009 年增长 77.2%，其中科研经费投入强度达到了 6.08%，位列全国第一，达到了全国平均水平的近 3 倍。

# 第三章 创新环境

创新环境主要反映创新活动所依赖的外部软件环境和硬件环境，为科技进步与创新提供保障。创新环境下设政策环境、人文环境、生活环境和国际交流四个二级指标。

政策环境是指政府为促进科技进步与创新而实施的一系列政策法规，以及这些政策法规所产生的实际效果对创新能力的促进和提升作用。

人文环境重点强调整个社会的创新氛围和对创新的基础支撑作用。一个地区人口科学文化素养越高，表明这个地区创新的基础越强，创新的氛围也越浓厚。

生活环境主要评测一个地区的民生状况和自然环境。良好的生活水平和宜居的生活环境将为人们提供更加舒适的工作环境，从而有助于激发人的创造活力。

国际交流主要评测一个地区与全球其他地区进行交流合作的积极程度，是全球视野下科技创新程度的一个评测维度。

从测算结果看，首都创新环境指数有了显著改善。2005~2013年，首都创新环境指数得分从基准分60.00分增长到了99.22分，年均增长4.90。其中2012年增幅最大，达到了6.18分。具体到各二级指标，政策环境得分增幅最大，2005~2013年增长了66.14分；人文环境增长了41.24分；生活环境增长了22.09分；国际交流相对最低，增长了18.58分，如图3-1所示。

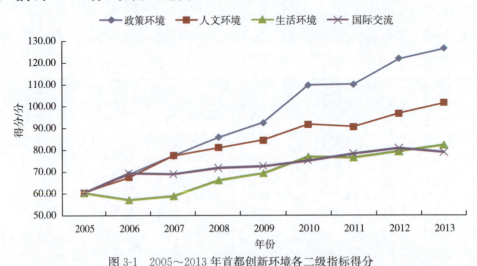

图 3-1　2005~2013年首都创新环境各二级指标得分

# 第一节　政策环境

　　根据 2014 年首都科技创新发展指数体系的测算结果，首都政策环境建设从 2005 年到 2013 年实现了大幅增长，得分从基准分 60.00 分增长到 126.14 分，年均增长 8.27 分。特别是 2009 年后，创新环境的改善程度整体上呈现加速增长的态势。这与北京高度重视科技创新的顶层设计，注重营造政策环境和发挥政策引导作用密不可分。2005～2013 年首都政策环境部分三级指标情况如表 3-1 所示。

表 3-1　2005～2013 年首都政策环境部分三级指标情况（单位：%）

| 年份 | 政府采购新技术新产品支出占<br>地区公共财政预算支出比重 | 企业税收减免额占<br>其缴税额的比例 |
| --- | --- | --- |
| 2005 | 0.80 | 0.55 |
| 2006 | 0.90 | 0.62 |
| 2007 | 1.10 | 0.71 |
| 2008 | 1.20 | 0.81 |
| 2009 | 1.43 | 0.85 |
| 2010 | 1.90 | 1.21 |
| 2011 | 1.90 | 1.19 |
| 2012 | 2.17 | 1.37 |
| 2013 | 2.50 | 1.56 |

资料来源：《中国科技统计年鉴》《北京统计年鉴》等

　　近年来，北京着力优化促进创新的政策环境，统筹构建创新政策体系，用政策创新破解改革发展难题，营造创新创业环境。

## 一、创新的需求侧政策进一步强化

　　制定实施《关于在中关村国家自主创新示范区深入开展新技术新产品政府采购和推广应用工作的意见》，实施领域主要包括政府行政办公、环保和资源循环利用、公共安全、医疗卫生、交通管理、市政基础设施建设，以及市政府确定的其他重点领域。制定出台了《北京市新技术新产品（服务）认定管理办法》，探索建立面向全国的新技术新产品（服务）采购平台，形成技术领域与应用领域结合的采购目录，2013 年政府采购新技术新产品支出占地区公共财政预算支出比重达到了 2.50%（图 3-2）。

## 二、政府资金统筹和引导机制进一步完善

　　建立了央地联动的市统筹资金联席会议统筹机制，明确了统筹资金规模和投向，每

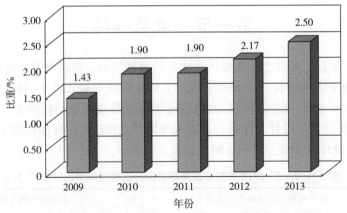

图 3-2　政府采购新技术新产品支出占地区公共财政预算支出比重

年100亿元统筹资金主要用于支持对国家科技重大专项、国家重大科技基础设施进行配套、市级重大科技成果转化和产业化项目、公共平台和园区基础设施建设项目、重大示范应用类项目、政府引导的创业投资基金和产业投资基金等。2013年100亿元重大科技成果转化和产业统筹资金主要投向全市重点发展领域，助力构建"高精尖"的经济结构（图3-3）。

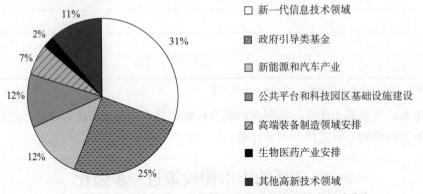

图例：
□ 新一代信息技术领域
▣ 政府引导类基金
▨ 新能源和汽车产业
▦ 公共平台和科技园区基础设施建设
▧ 高端装备制造领域安排
■ 生物医药产业安排
■ 其他高新技术领域

图 3-3　2013年重大科技成果转化和产业统筹资金投向领域分布

# 三、中关村先行先试政策深入实施

从2010年起，国家在中关村示范区先行先试了金融、财税、人才激励、科研经费等促进科技创新的一系列政策，取得了积极成效。2013年，中关村示范区共有1690家企业享受研发费用加计扣除试点政策，研发费用归集项目可加计扣除额超过120亿元，享受所得税优惠超过30亿元；北京地区中央和市属高校、科研院所技术转让（科技成果处置）项目累计1500余项，收入超过100亿元；北京市所有科研项目均纳入改革试点，列支间接费用9400万元，科研项目列支间接费用已形成常态化制度。2014年，中关村示范区新认定高新技术企业 3 500 家，累计认定高新技术企业 7 700 家。

**专栏 3-1　北京加快构建"1＋N"科技创新政策体系①**

"1"是指北京市委市政府 2014 年发布实施的《中共北京市委　北京市人民政府关于进一步创新体制机制加快全国科技创新中心建设的意见》（京发〔2014〕17 号），在科技成果使用处置、科研项目和资金管理、科技金融创新、新技术新产品应用的市场环境等八个方面，提出赋予市属相关事业单位科技成果自主处置权、探索建立面向全国的新技术新产品（服务）采购平台和"首购首用"风险补偿机制等一系列突破性的改革举措。

"N"是指在高校、科研院所、财税金融、知识产权、国资国企等领域实现改革突破，推动科技体制改革和经济社会领域改革同步发力、协同推进。发布实施了《加快推进科研机构科技成果转化和产业化的若干意见（试行）》《加快推进高等学校科技成果转化和科技协同创新若干意见（试行）》，促进高校、科研院所科技成果转化和协同创新；研究制定《关于全面深化市属国资国企改革的意见》，提出优化国有资本配置、增强国有企业活力竞争力等政策措施；发布实施《北京市促进中小企业发展条例》《北京市专利保护与促进条例》等，进一步完善激励创新的法制政策环境。

# 第二节　人文环境

2005～2013 年，首都人文环境得到了显著的改善，各项有助于科技创新的人文事业得到了长足发展。人文环境得分总体上保持了较快的增长势头，8 年间人文环境得分增长了 41.24 分，年均增长 5.16 分，体现了稳步增长的势态。2005～2013 年首都人文环境三级指标情况如表 3-2 所示。

**表 3-2　2005～2013 年首都人文环境三级指标情况**

| 年份 | 全市公民科学素养达标率/% | 人均公共图书馆藏书拥有量/册 | 人均科普专项经费/元 | 人均公共财政教育支出/万元 |
|---|---|---|---|---|
| 2005 | 6.60 | 2.39 | 16.72 | 0.10 |
| 2006 | — | 2.42 | 18.98 | 0.13 |
| 2007 | 9.20 | 2.45 | 21.54 | 0.16 |
| 2008 | — | 2.46 | 24.45 | 0.19 |
| 2009 | — | 2.53 | 27.76 | 0.21 |
| 2010 | 10.00 | 2.48 | 36.42 | 0.24 |
| 2011 | — | 2.54 | 34.38 | 0.26 |
| 2012 | — | 2.72 | 40.61 | 0.31 |
| 2013 | 12.44 | 2.54 | 39.89 | 0.33 |

资料来源：《中国科技统计年鉴》《北京统计年鉴》等

---

① 引自北京市科学技术委员会主任闫傲霜在北京市 2015 年科技工作会议上的报告。

# 一、首都科普水平进一步提升

《全民科学素质行动计划纲要（2006—2010—2020 年）》深入实施，首都公民科学素养达标率再创新高（图 3-4）。2013 年举办科技周、全国科普日、科技旅游季等大型科普活动 40 余项，参加人数 1 800 万人次。科技周集中展示了 450 余项民生科技成果。240 余家科普基地和 140 余家创新型科普社区积极开展系列科普活动，科普服务水平进一步提高。支持、引导高校、科研院所和企业向社会开放科技资源。

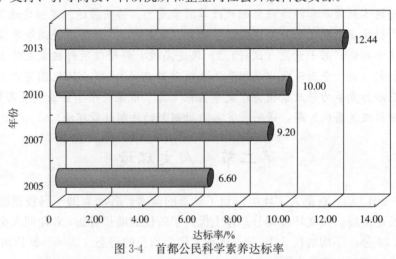

图 3-4　首都公民科学素养达标率

# 二、科普资源共享服务平台建设进一步深化

北京通过财政资金引导，吸引企业、学校、科研院所、图书馆等公开科普基地等多主体积极参与科普活动，人均科普专项经费支出始终保持高位增长（图 3-5）。充分利用电视、广播、报刊、网络"四位一体"的媒体资源，大力宣传科技体制改革、创新驱动发展、重大科技成果、科技人才和创新团队等，为科技创新营造良好的舆论氛围。

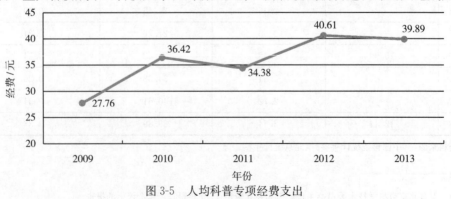

图 3-5　人均科普专项经费支出

## 第三节 生活环境

2005～2013 年，首都生活环境指标除个别年份略有波动外，总体呈现增长趋势。2005～2013 年首都生活环境指数得分从基准分 60.00 分增长到 82.09 分，年均增长 2.76 分。2005～2013 年首都生活环境三级指标情况如表 3-3 所示。

表 3-3　2005～2013 年首都生活环境三级指标情况

| 年份 | 每千人口拥有医院床位数/张 | 每百名学生拥有专任教师人数/人 | 城市人均公园绿地面积/平方米 | 地均城市轨道交通里程数/（千米/平方千米） |
|---|---|---|---|---|
| 2005 | 6.65 | 8.37 | 12.00 | 0.007 |
| 2006 | 6.77 | 6.58 | 12.00 | 0.007 |
| 2007 | 6.34 | 6.12 | 12.60 | 0.009 |
| 2008 | 6.43 | 6.21 | 13.60 | 0.012 |
| 2009 | 6.62 | 6.34 | 14.50 | 0.014 |
| 2010 | 6.83 | 6.26 | 15.00 | 0.020 |
| 2011 | 6.85 | 5.83 | 15.30 | 0.023 |
| 2012 | 7.14 | 5.74 | 15.50 | 0.027 |
| 2013 | 8.76 | 5.79 | 15.70 | 0.028 |

资料来源：《中国科技统计年鉴》《北京统计年鉴》等

# 一、绿化资源总量不断增加、质量不断提高

到 2013 年年底，首都林地总面积达到 106.2 万公顷（其中森林面积 69.1 万公顷），城市绿地面积达到 6.6 万公顷，湿地总面积为 5.1 万公顷。全市林木绿化率为 57.4%，森林覆盖率为 40%，城市绿化覆盖率为 46.8%，人均公园绿地面积 15.7 平方米（图 3-6）。森林生态服务价值达到 5 632 亿元，年固定二氧化碳 992 万吨，释放氧气 724 万吨，碳汇能力不断增强。

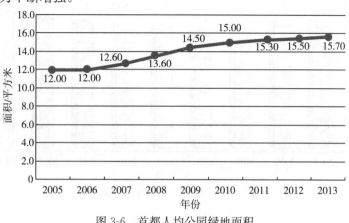

图 3-6　首都人均公园绿地面积

## 二、城市轨道交通建设发展迅速

2013 年，北京 4 条地铁新线投入运营，通车里程达到 465 千米，在建里程 208 千米，地铁运输占北京公交运输总量的比重进一步上升。2013 年地均城市轨道交通里程数达到 0.028 千米/平方千米（图 3-7）。

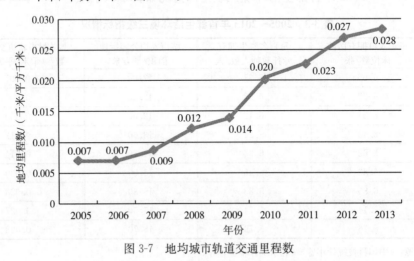

图 3-7　地均城市轨道交通里程数

## 三、加快公共教育和医疗资源优化布局

近年来，北京加快了城市公共服务基础设施建设步伐，城市公共服务水平进一步提高（图 3-8 和图 3-9）。为深入落实京津冀协同发展战略，北京着力推动教育、医疗等公共资源优化布局，打造新型首都圈。

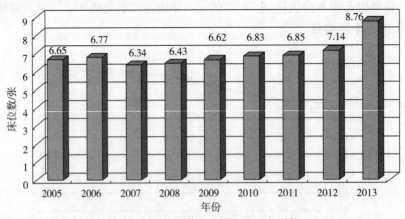

图 3-8　北京每千人口拥有医院床位数

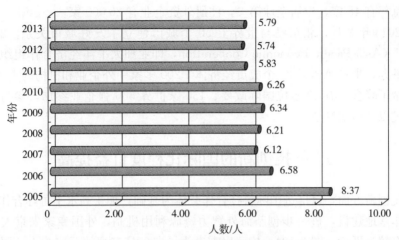

图 3-9 北京每百名学生拥有专任教师人数

# 第四节 国际交流

2005～2013 年，首都国际交流指标总体呈现出平稳增长的态势，仅 2013 年出现了小幅下滑。2005～2013 年首都国际交流三级指标情况如表 3-4 所示。

表 3-4 2005～2013 年首都国际交流三级指标情况（单位：%）

| 年份 | 企业在境外设立研发机构的增长率 | 外资研发机构数量增长率 | 高校参与国际交流合作人次与高校教学科研人员数之比 | 外国专家来京人次增长率 |
|------|------|------|------|------|
| 2005 | 1.00 | 1.00 | 23.17 | — |
| 2006 | 1.27 | 1.27 | 25.99 | 1.00 |
| 2007 | 1.17 | 1.22 | 29.14 | 1.00 |
| 2008 | 1.18 | 1.20 | 32.67 | 1.09 |
| 2009 | 1.19 | 1.16 | 36.63 | 1.07 |
| 2010 | 1.28 | 1.14 | 41.07 | 1.06 |
| 2011 | 1.25 | 1.13 | 52.00 | 1.04 |
| 2012 | 1.26 | 1.12 | 61.74 | 1.02 |
| 2013 | 1.28 | 1.12 | 57.89 | 1.04 |

注：各年增长率均以 2005 年为基准年测算而得

资料来源：《中国科技统计年鉴》《北京统计年鉴》等

# 一、国际交往十分活跃

2013 年北京地区海关进出口总值为 4 291 亿美元，实际利用外资 85.2 亿美元，世界 500 强总部有 48 家，位居全球第一，注册外资企业有 26 000 家。

截至 2014 年 2 月，北京已与世界上 50 个城市建立了友好城市关系。2014 年 11 月，APEC（Asia-Pacific Economic Cooperation，即亚洲太平洋经济合作组织）会议在北京成功举办，来自 APEC 21 个成员经济体 1 200 多家中外企业和机构的 1 500 多名注册代表出席了峰会。有 30 多位国际政要、130 家世界 500 强企业参加，参与数量和参与面均超过以往历次峰会。

## 二、科技创新的国际化程度日益提高

在科技创新方面，以推进国际科技合作载体为基础，加快高水平国际合作平台、国际科技合作基地建设，进一步创新海外智力资源利用机制，外国专家来京人次不断增加，增长率较为平稳（图 3-10）。构建以需求为导向、具有高效反应能力、服务功能健全的国际技术转移服务网络体系，增强承接国际技术转移能力。

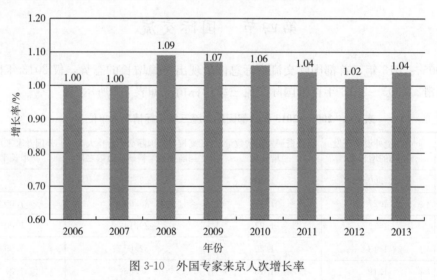

图 3-10　外国专家来京人次增长率

## 三、企业、高校、科研院所开展国际交流活动频繁

企业在境外设立的研发机构数量稳步增长，由 2005 年的 11 个增加到 2013 年的 79 个，平均每年增加 8 个（图 3-11）；外资在京设立研发机构数量保持稳定增长，2005～2013 年平均每年增加 34 个；高校参与国际交流合作人次稳步上升，其占高校教学科研人员的比重由 2010 年的 41.07% 增长到 2013 年的 57.89%（图 3-12）。

专栏 3-2　中国（北京）跨国技术转移大会链接全球创新资源

2014 年 4 月 15 日～17 日，"2014 中国（北京）跨国技术转移大会"在北京举办。大会以"智汇北京、跨界融合、互利共赢"为主题，聚焦"生态建设、节能环保"两个

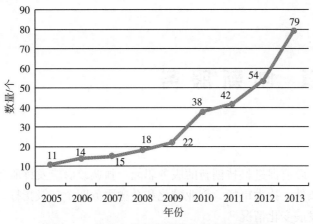

图 3-11　北京企业在境外设立研发机构数量

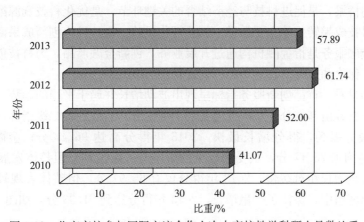

图 3-12　北京高校参与国际交流合作人次占高校教学科研人员数比重

重点，按照要素（科技外交、科技金融、科技人才、科技法律等）、领域（可穿戴医疗、绿色过滤、大数据应用、智慧城市等）、国别（中美、中加、中德、中韩等）3 个维度设立 36 场研讨论坛，围绕"美好生态、舒适生活、健康生命、智能生产"4 个方向安排 49 场次对接活动。吸引了来自国际近 40 个国家，以及我国 29 个省（自治区、直辖市）的共 3 000 多位代表参会。不仅促成中国创新主体与国外合作伙伴的合作关系，同时还促成了 56 个来自亚洲、美洲、欧洲的外国机构与外国机构之间的合作意向。大会通过 324 家北京国际科技合作基地的展览展示，体现了北京国际化科技创新的实力；通过国内外嘉宾所做的近 400 个主题发言，探讨了国际科技创新前沿，分析了国际技术转移趋势，共享了创新创业经验；通过多维度、多方向的研讨与交流，实现了近 1 400 项次的跨国项目对接。大会前和大会上共收集、梳理国内外 500 余项技术需求与供给；通过"线上-线下"预对接和大会现场面对面对接，共达成合作意向 238 项；形成签约 35 项，签约金额近 10 亿元。

# 第四章  创新服务

创新服务体现政府促进科技创新的服务职能，强调政府应发挥服务及引导作用。创新服务下设科技条件、技术市场、创业孵化和金融服务四个二级指标，以此测度和分析北京创新服务的发展变化情况。

科技条件主要是指一个区域支撑科技创新的重要物质载体或资源；技术市场是连接科技与经济的桥梁，是促进科技与经济结合的关键环节，是优化科技资源配置的重要载体，是实现科技成果转化的主要渠道；创业孵化反映一个地区为创新成果商业化提供服务的情况；金融服务是指金融机构通过开展业务，创新金融产品，为科技创新提供融资投资、信贷、保险和金融信息等服务，促进科技与金融结合。

从测算结果看，首都创新服务指标呈现出波动增长并趋于平稳的趋势。2005～2013年，创新服务指数由基准分 60.00 分增长到 78.16 分。具体到各二级指标，首都科技条件改善势头最为强劲，得分增长最快，2013 年得分高达 96.43 分；金融服务次之，2013 年得分达到了 73.17 分，虽受到政策的影响有一定波动，但整体发展环境仍不断改善；创业孵化增长相对缓慢，2013 年得分仅有 65.97 分，但整体表现较为平稳；技术市场增长幅度居中，保持了平稳增长，2013 年得分达到 71.33 分，如图 4-1 所示。

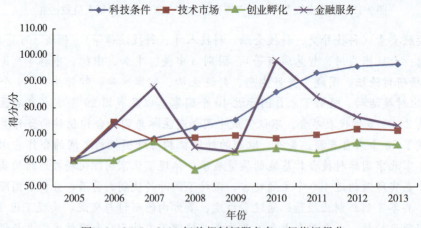

图 4-1  2005～2013 年首都创新服务各二级指标得分

# 第一节 科技条件

2005~2013 年，首都科技条件指标出现了较大势头的增长态势。从基准分 60.00 分增长到 96.43 分，年均增长 4.55 分。这表明首都科技创新条件不断改善。2005~2013 年首都科技条件三级指标情况如表 4-1 所示。

表 4-1 2005~2013 年首都科技条件三级指标情况

| 年份 | 信息化指数 | 大型科学仪器（设备）原值增长率/% | 每万名科技活动人员占有的市级及以上科技创新平台数/个 | 首都科技条件平台开发仪器资源价值增长率/% |
|---|---|---|---|---|
| 2005 | 1.84 | — | 4.88 | |
| 2006 | 2.07 | — | 6.45 | — |
| 2007 | 2.23 | | 7.08 | |
| 2008 | 2.32 | 1.00 | 9.00 | |
| 2009 | 2.50 | 1.13 | 9.26 | 1.00 |
| 2010 | 2.48 | 1.18 | 11.93 | 1.42 |
| 2011 | 2.79 | 1.20 | 16.72 | 1.38 |
| 2012 | 3.18 | 1.15 | 20.05 | 1.30 |
| 2013 | — | — | 23.57 | 1.25 |

资料来源：《北京统计年鉴》《中国统计年鉴》等

## 一、首都信息基础设施持续完善

截至 2014 年 9 月，北京已有 697 万户具备光纤接入能力家庭，其中 10 兆及以上宽带接入互联网用户比例达到 54%，建设并开通 4G 基站 1 000 多个，实现主城区、郊区县及 187 个乡镇的覆盖。升级信息消费产品，云计算、北斗导航与位置服务、大数据等加速推广应用，"北京健康云"发布，服务内容多样化。电子商务示范城市建设继续向商品交易、中小企业、社区便民服务等领域推进，2014 年电子商务交易额达到 1 万亿元，信息化指数 2012 年达到了 3.18（图 4-2）。

## 二、大力推进科技创新基地建设

加强重点实验室、工程实验室、工程（技术）研究中心、企业技术中心等科技创新基地在经济社会发展重点领域和关键环节的布局，促进 300 余家国家级和 1 400 家市级科技创新基地协同创新。北京每万名科技活动人员占有的市级及以上科技创新平台数大幅增长，由 2005 年的 4.88 个增加到 2013 年的 23.57 个，年均增长 2.34 个（图 4-3）。

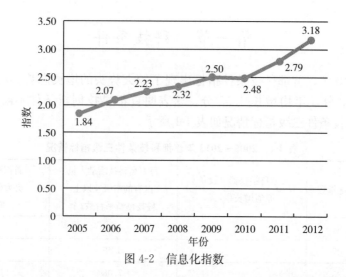

图 4-2　信息化指数

北京地区高校获批牵头组建 4 个国家级协同创新中心，市属高校正在建设 15 个市级协同创新中心。建设首都科技大数据平台，促进政府和社会的数据资源开放共享，让"数据活起来、信息连起来、成果用起来"，更好地为发展经济、改善民生服务。

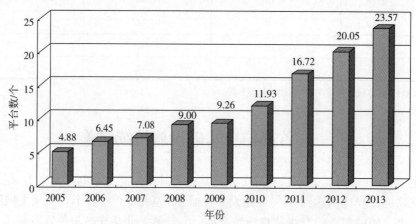

图 4-3　每万名科技活动人员占有的市级及以上科技创新平台数

## 专栏 4-1　首都科技大数据平台推进资源共享

2014 年，北京启动建设首都科技大数据平台。该平台旨在整合首都科技资源数据，充分利用互联网、大数据等新一代信息技术手段，依托互联网龙头企业，调动全社会力量，深入挖掘科技大数据的经济社会价值，提升科技公共服务能力。在推动科技产业发展的同时，也用于破解空气污染、水环境治理、交通拥堵等城市发展难题。首都科技大数据平台建设工作围绕"数据活起来、信息连起来、成果用起来"三个"起来"的目标开展。以智能化的增值服务、商业活动中的增信服务及线上线下的供需对接为解决路径。截至 2014 年年底，首都科技大数据平台已与 10 余家现有的数据平台进行了链接，实现数据资源共享，同时还向社会开放了多项科技数据资源。

# 三、深化首都科技条件平台建设

截至 2013 年年底，首都科技条件平台实现服务合同额 22 亿元，逐年稳步增长；共引导 615 个国家级、北京市级重点实验室（工程技术研究中心）价值 186 亿元的 3.64 万台（套）仪器设备开放共享，聚集了包括两院院士、长江学者等高端人才在内的 8 700 位专家，形成了仪器设备、数据资料、科技成果和研发服务人才队伍面向中小企业开放的大格局。首都科技条件平台开发仪器资源价值平稳上升，增长率从 2009 年的 1.00% 变化到 2013 年的 1.25%（图 4-4）。

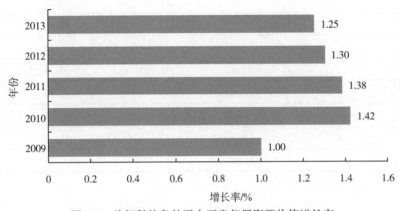

图 4-4　首都科技条件平台开发仪器资源价值增长率

**专栏 4-2　北京协同创新研究院搭建校地协同创新平台**

2014 年 8 月，作为校地联合探索产学研协同创新的重要举措，北京协同创新研究院正式揭牌。该研究院首批建立了计算与仿真、智能机器人、智能材料与微机电系统（先进制造）、大气治理及水处理、信息安全 5 大协同创新中心，已有近 40 项高校科技成果进入中心开展成果转化产业化，多家高校联合中国商飞、潍柴集团、启明星辰等 20 余家企业参与其中；设立了由政府、高校等多方出资，按照市场化方式运作，总规模达 10 亿元的协同创新母基金，同时引导和鼓励其他高校、科研院所、社会资本，围绕特定领域建立协同创新子基金。未来几年，北京协同创新研究院将以创新体系建设为核心，采取开放式、集团式的方式，"整合一批国内外一流大学，聚集一批世界一流高端人才，创造一批世界一流科技成果，培育一批世界一流高科技企业"。预计将吸引聚集国内外著名高校（院所）10 所以上，各类高端精英人才 800 人左右，其中领军人才 100 人左右。每年培养高端创业人才 100 人以上，创造具有核心竞争能力的重大技术 50 项以上，新增创新创业企业 10 家以上；为北京 100 家左右的企业提供技术支撑，支持产业规模 500 亿元以上。

## 第二节 技术市场

2005～2013 年，首都技术市场指标增长较为平稳，到 2013 年得分达到 71.33 分。2005～2013 年北京技术市场三级指标情况如表 4-2 所示。

表 4-2　2005～2013 年北京技术市场三级指标情况（单位：％）

| 年份 | 技术交易额增长率 | 吸纳全国技术合同成交额增长率 |
|---|---|---|
| 2005 | 1.00 | — |
| 2006 | 1.63 | 1.00 |
| 2007 | 1.37 | 0.97 |
| 2008 | 1.30 | 1.06 |
| 2009 | 1.27 | 1.11 |
| 2010 | 1.25 | 1.09 |
| 2011 | 1.24 | 1.14 |
| 2012 | 1.29 | 1.19 |
| 2013 | 1.26 | 1.19 |

资料来源：《北京技术市场统计年报》等

## 一、技术市场实现跨越式发展

北京技术合同成交额突破 500 亿元经历了 18 年，从 500 亿元增长到 1 500 亿元经历了 4 年，从 1 500 亿元增长到 2 851 亿元只经历了 3 年，北京已成为全国最大的技术商品和信息集散地。2013 年，全市认定登记技术合同成交额为 2 851.2 亿元，比 2012 年增长 16.0％，是"十一五"初期（2006 年）的 4.1 倍，占全国的 38.2％；成交项数首次突破 60 000 项，达 62 743 项；技术交易额为 2 252.4 亿元，比 2005 年增长 9.9％，占技术合同成交额的 79.0％；平均单项技术合同成交额为 454.4 万元，比 2005 年增长 10.8％。

## 二、技术交易对经济发展的贡献日益凸显

技术交易对经济发展贡献稳步提升，支撑了首都产业结构调整。2013 年，北京技术交易增加值占地区生产总值的比重由 2009 年的 8.7％提高到 9.4％（图 4-5）；电子信息、新能源、航空航天、先进制造、生物医药和新材料等战略性新兴产业领域技术合同成交额为 2 189.8 亿元，比 2009 年增长 138.5％，占全市输出全国技术的 76.8％。北京输出新兴产业技术合同成交额及占全市比重如图 4-6 所示。

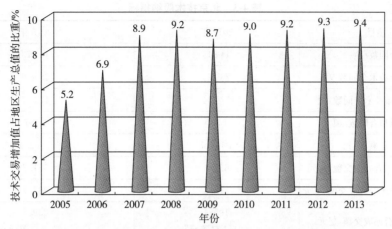

图 4-5　2005～2013 年北京实现技术交易增加值占地区生产总值的比重

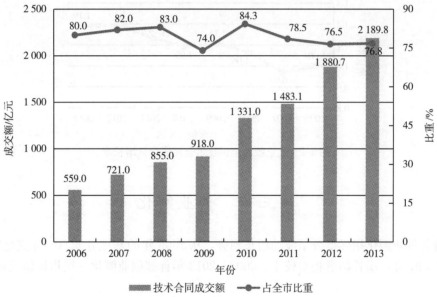

技术合同成交额　占全市比重

图 4-6　北京输出新兴产业技术合同成交额及占全市比重

# 三、承接全国科技成果在京落地转化能力进一步增强

如表 4-3 和图 4-7 所示，2013 年，北京吸纳技术合同 46 473 项，成交总额 1 185.1 亿元，比 2012 年增长 1.3%，增长率为 1.19%。其中，吸纳本市技术合同 28 059 项，成交额为 581.7 亿元；吸纳外省市技术合同 17 347 项，成交额为 363.7 亿元；技术进口合同为 1 067 项，成交额为 39.3 亿美元。

表 4-3　北京技术吸纳指标

| 项目 | 2012 年 | 2013 年 |
|---|---|---|
| 合同数/项 | 44 843 | 46 473 |
| 吸纳本市技术合同数/项 | 26 259 | 28 059 |
| 吸纳外省市技术合同数/项 | 17 254 | 17 347 |
| 技术进口合同数/项 | 1 330 | 1 067 |
| 成交总额/亿元 | 1 169.7 | 1 185.1 |
| 吸纳本市技术合同成交额/亿元 | 655.5 | 581.7 |
| 吸纳外省市技术合同成交额/亿元 | 318.8 | 363.7 |
| 技术进口合同成交额/亿元 | 195.4<br>（31.1 亿美元） | 239.7<br>（39.3 亿美元） |

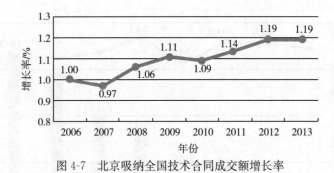

图 4-7　北京吸纳全国技术合同成交额增长率

## 第三节　创业孵化

首都创业孵化指标得分呈波动增长趋势，从 2005 年的基准分 60.00 分变化到 2013 年的 65.97 分，增长幅度相对较小。2005～2013 年首都创业孵化三级指标情况如表 4-4 所示。

表 4-4　2005～2013 年首都创业孵化三级指标情况（单位：%）

| 年份 | 孵化器在孵企业数量增长率 | 孵化面积增长率 |
|---|---|---|
| 2005 | — | — |
| 2006 | 1.00 | 1.00 |
| 2007 | 1.09 | 1.15 |
| 2008 | 0.90 | 0.97 |
| 2009 | 1.00 | 1.10 |
| 2010 | 1.03 | 1.12 |
| 2011 | 1.03 | 1.05 |

| 年份 | 孵化器在孵企业数量增长率 | 孵化面积增长率 |
| --- | --- | --- |
| 2012 | 1.09 | 1.14 |
| 2013 | 1.09 | 1.12 |

注：表中缺失数据用"—"标注，实际测算时进行补数处理

资料来源：北京市科学技术委员会及相关委办局

# 一、科技孵化能力进一步提升

2009 年以来，全市孵化器在孵企业数量增长率保持平稳增长（图 4-8）。截至 2013 年年底，全市拥有科技孵化机构 130 家，总面积近 400 万平方米，在孵企业 8 500 家，向社会提供就业岗位 17 万个，涌现出一批创新型孵化器和孵化服务新兴业态。其中，国家级科技企业孵化器 30 家，国家级大学科技园 14 家，市级科技企业孵化器 51 家，市级大学科技园 29 家，在促进中小企业成长、加快科技成果转化和产业化、发展高新技术产业和科技服务业、优化创新创业环境、推动经济增长和增加就业等方面，都发挥了重要作用。

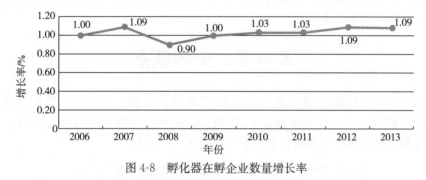

图 4-8 孵化器在孵企业数量增长率

# 二、孵化器结构持续优化

投资主体日益多元化，成功企业家、天使投资人等社会资本成为北京孵化器发展的新生力量，国有企业、民营企业、高校、科研院所、事业单位都作为投资主体设立了孵化器。运营机制有所改善，企业法人、事业单位法人和民办非企业法人运营的孵化器中，大部分为企业法人运营（图 4-9）。科技企业孵化机构通过搭建公共技术平台，提供投融资、知识产权、技术转移等各项服务，有效支撑了创业者向企业家、在孵企业向上市公司的跨越发展。

**专栏 4-3 北京创新型孵化器蓬勃发展**

近年来，北京科技企业孵化器以服务创新创业为"第一要务"，取得了长足的发展，

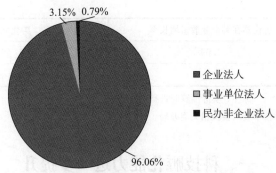

图4-9　2013年首都不同运营主体孵化机构组成

成为营造创新创业环境的重要载体。在中关村示范区丰富的科技智力资源和先行先试政策的带动下，涌现出了创新工场、车库咖啡、36氪等一批创业服务资源集聚化和服务模式多元化的创新型孵化器。2013年年底，科技部将创新工场、车库咖啡、AAMA亚杰商会、3W咖啡、《创业家》杂志社、创业邦、联想之星、云计算产业孵化器、36氪、微软云加速器、中关村数字设计中心、厚德创新谷、创客空间、天使汇等17家创新型孵化器纳入国家科技企业孵化器的管理体系及相关科技计划项目支持范围。2014年6月12日，"中关村创业大街"在海淀区中关村西区正式开街，首批10家创业孵化器、创投平台和创业媒体入驻。

## 第四节　金融服务

2005～2013年首都金融服务呈现出较大波动的态势。总体上，金融服务得分从2005年的基准分60.00分变化到2013年的73.17分，平均每年增长1.65分。2005～2013年首都金融服务三级指标情况如表4-5所示。

表4-5　2005～2013年首都金融服务三级指标情况（单位：%）

| 年份 | 境内上市公司股票筹资额增长率 | 创业投资金额增长率 | 创业板上市企业数增长率 |
|---|---|---|---|
| 2005 | — | 1.00 | — |
| 2006 | 1.00 | 1.99 | — |
| 2007 | 2.41 | 1.66 | — |
| 2008 | 0.88 | 1.51 | — |
| 2009 | 1.10 | 1.12 | 1.00 |
| 2010 | 1.21 | 1.32 | 3.00 |
| 2011 | 1.03 | 1.50 | 2.21 |
| 2012 | 1.10 | 1.23 | 1.88 |
| 2013 | — | 1.25 | 1.60 |

资料来源：《北京统计年鉴》《北京市金融运行与金融工作情况报告》《中国创业风险投资发展报告》等

# 一、首都金融发展环境不断优化

北京对金融机构的吸引力不断增强。截至 2013 年年底，北京地区法人金融机构当年新增 22 家，累计达 652 家，位居全国首位，"新三板"挂牌企业总数达 356 家，总股本 97.2 亿股，其中北京地区企业挂牌 248 家，占全部挂牌企业总数的 69.7%。2013 年 12 月 28 日，区域性股权交易市场（"四板"）——北京股权交易中心正式启动，成为全市中小企业融资、交易、孵化、改制、宣传、创新的"六大平台"。

北京地区股权投资基金发展继续领先全国。截至 2013 年年底，北京地区共有创业投资和私募股权投资管理机构 852 家，管理资本总量为 11 057.8 亿元。2013 年北京新募基金 170 只，新增可投资本 475.5 亿元，居全国首位。北京地区境内上市公司股票筹资额增长率由 2006 年的 1.00% 变化到 2012 年的 1.10%，境内上市公司股票筹资实现稳步上涨（图 4-10）。

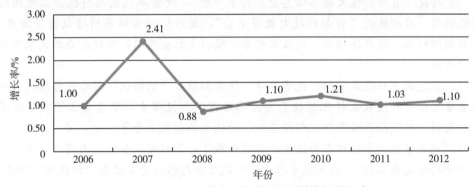

图 4-10　北京地区境内上市公司股票筹资额增长率

# 二、国家科技金融创新中心建设有序推进

针对企业不同发展阶段的融资需求特点，出台了多项科技金融公共政策。以"新三板"为标志的"新资本市场板块"加速形成，科技保险、租赁、信托等领域不断开拓。创业投资金额增长率由 2005 年的 1.00% 变化到 2013 年的 1.25%（图 4-11），互联网金融聚集态势逐步显现，初步构建互联网金融全产业链体系，第三方支付、网络借贷（peer to peer lending，简称 P2P）、众筹融资、征信、金融互联网、网络金融超市、网络金融大数据挖掘、商业保理等互联网金融各种业态形成集聚态势。

**专栏 4-4　北京打造科技金融综合服务平台**

近年来，北京通过实施无偿资助、贷款贴息、风险补偿、股权投资、资本金注入等多种举措，打造"科技金融综合服务平台"，探索出一条符合首都特色的促进重大科技成果转化和助力企业发展的科技金融工作模式，包括以下几个方面。

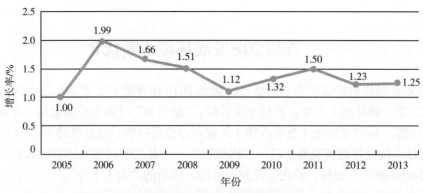

图 4-11　北京创业投资金额增长率

（1）与中国人民银行营业管理部联合实施"风险备偿金"政策，建立首都科技信贷的新型工作平台。通过多方协同组织体系的构建和风险备偿资金池的建设，引导银行、担保公司等科技信贷金融机构支持企业的科技创新和成果转化。

（2）搭建"首都科技大数据信息金融共享平台"，使金融机构与科技企业之间的信息渠道畅通。启动建设"首都科技大数据平台"，提出从开放政府科技数据资源开始，围绕数据活起来、信息连起来、成果用起来，吸引全社会参与，实现公众的需求与创新主体的互动。

（3）组建新型科技成果转化投资载体，探索和推广"前孵化"综合服务模式。在引导社会资金设立科技成果转化创投基金方面进行了积极探索，陆续成立了农业投资基金、航天科工军民融合成果转化创投基金、崇德生物创投基金等。

（4）与北京银行等机构在科技金融领域开展了一系列深入合作，共同推动了"生物医药产业跨越发展工程"、共同探索推出了财政资金与银行资本配套"科技贷"等产品。

# 第五章 创 新 绩 效

创新绩效反映创新活动产生的效果和影响，是评价科技创新发展目标实现程度的重要指标。创新绩效下设科技成果、经济产出、结构优化、绿色发展和辐射引领五个二级指标。

科技成果是科技创新活动的直接产出成果，主要包括科技论文、专利、技术标准及技术交易等；经济产出是直接体现科技与经济结合的指标，表征和体现科技创新绩效促进地区经济发展的作用和程度；结构优化体现科技创新和技术进步促进城市转型发展的作用和程度，是加快转变经济发展方式的重要内容；绿色发展体现科技创新促进可持续发展的作用和程度，表征正确处理经济增长与资源、生态、环境之间的关系，是实现资源节约和环境友好的重要内容；辐射引领是体现首都科技创新对国家创新战略和区域协调发展贡献程度的指标。

从测算结果来看，首都创新绩效改善较快，在四个一级指标中仅次于创新环境，年均增长 3.44 分。具体到各二级指标，科技成果增幅较大，得分最高，2013 年得分高达121.15 分；经济产出增幅次之，总体呈现稳中有升的趋势，2013 年得分达 86.27 分；绿色发展和辐射引领均稳步改善，2013 年得分分别达到 82.67 分、80.10 分；结构优化增幅相对较小，2013 年得分为 69.27 分，如图 5-1 所示。

图 5-1　2005～2013 年首都创新绩效各二级指标得分

# 第一节 科技成果

科技成果得分在所有的二级指标中位于第一，保持较强的增长态势。2005～2013年，首都科技成果得分由基准分 60.00 分上升到 121.15 分，年均增长达到 7.64 分。科技成果指标得分也是创新绩效中唯一突破 100.00 分的二级指标，这充分表现出科技成果在创新绩效方面的贡献和引领作用。2005～2013 年首都科技成果部分三级指标情况如表 5-1 所示。

表 5-1 2005～2013 年首都科技成果部分三级指标情况

| 年份 | 每万人口的 SCI/EI/CPCI-S 论文产出数/篇 | 每亿元 R&D 经费 PCT 专利数/件 | 每万人发明专利拥有量/件 | 每万家企业拥有的国家或行业技术标准数/项 |
|------|------|------|------|------|
| 2005 | — | 0.75 | — | 2.97 |
| 2006 | 18.34 | 0.95 | 8.42 | 3.49 |
| 2007 | 19.65 | 1.11 | 11.28 | 4.09 |
| 2008 | 21.14 | 1.14 | 11.99 | 4.81 |
| 2009 | 21.97 | 1.04 | 16.40 | 5.64 |
| 2010 | 31.26 | 1.55 | 23.87 | 7.76 |
| 2011 | 28.24 | 1.99 | 26.02 | 7.78 |
| 2012 | — | 2.54 | 33.61 | 9.14 |
| 2013 | | 2.52 | 40.40 | 10.74 |

资料来源：《中国科技统计年鉴》《专利统计年报》《北京统计年鉴》等

北京地区科技成果产出的整体情况概括如下。

## 一、大力实施知识产权战略

深入落实《北京市人民政府关于实施首都知识产权战略的意见》，谋划和推动首都知识产权的全面改革，首都知识产权创造水平大幅提升。2011～2013 年，北京地区每万人发明专利拥有量年均增长 20％（图 5-2），每亿元 R&D 经费 PCT 专利数从 2012 年起突破了两件（图 5-3）。2014 年 11 月 6 日，北京市知识产权法院挂牌成立，成为全国首家知识产权审判专业机构。

**专栏 5-1 北京打造全国知识产权保护和服务的首善之区**

2014 年 11 月 6 日，全国首家知识产权审判专业机构——北京知识产权法院正式挂牌成立，开始受理案件。与此同时，北京市各中级人民法院将不再受理知识产权民事和行政案件。新成立的北京知识产权法院内设 4 个审判庭，集中管辖原由北京市各中级人民法院管辖的知识产权民事和行政案件。该院管辖的第一审案件的范围包括专利、植物

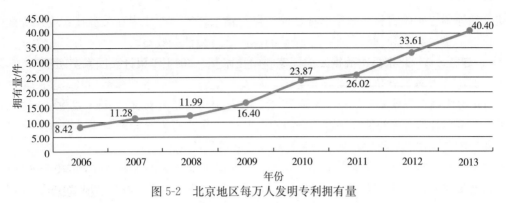

图 5-2 北京地区每万人发明专利拥有量

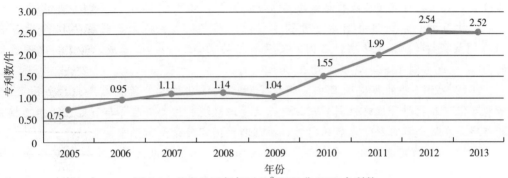

图 5-3 北京地区每亿元 R&D 经费 PCT 专利数

新品种、集成电路布图设计、技术秘密、计算机软件等技术类民事和行政案件；对国务院部门或县级以上地方人民政府所做的涉及著作权、商标、不正当竞争等行政行为提起诉讼的行政案件；涉及驰名商标认定的民事案件。此外，该院还专属管辖第一审授权确权类行政案件，主要包括以下案件：不服国务院部门授权确权类裁定或决定的知识产权授权确权类行政案件；与知识产权强制许可有关的行政案件；与知识产权授权确权有关的其他行政行为引发的行政案件。同时，还将审理当事人对北京市基层人民法院做出的第一审著作权、商标、技术合同、不正当竞争等知识产权民事和行政判决、裁定提起的上诉案件。截至 2014 年 12 月 5 日，北京知识产权法院共受理案件 221 件，其中一审案件 219 件，二审案件 2 件，一审案件中知识产权行政类案件 138 件，知识产权民事类案件 81 件。在率先成立知识产权法院的基础上，北京正在积极争取和推进知识产权司法改革和服务机构准入试点，打造全国知识产权保护和服务的首善之区。

## 二、首都高水平科研成果不断涌现

2013 年度北京市科学技术奖共有 233 项成果获奖，其中，一等奖 26 项，二等奖 66 项，三等奖 141 项。获奖成果中，共有 166 项是由国家、北京市等各级政府资金支持形成的成果，占获奖项目总数的 71.2%，这些获奖成果集中体现了北京作为全国科技创新中心的"战略高度"，充分反映了首都科技创新的水平与特点。深腾 7000 高效能计算机、超强稀土永磁材料、数字电视地面广播传输系统等科技成果在关键技术或系统集成上取得了重大突破和创新，产生了显著的经济效益和社会效益。

**专栏5-2　北京再次摘得三成国家科学技术奖　2014年累计获国家奖超千项**

2014年度国家科学技术奖励大会上，北京共有82个项目获国家科学技术奖。其中包括特等奖1项、一等奖6项、二等奖75项，占全国通用项目获奖总数的32.3%。这也是北京获奖项目数量连续第三年占总数的比例超过30%。代表原始创新能力和水平的国家自然科学奖和技术发明奖，北京的获奖总数占全国授奖总数的1/3，显示出北京作为全国科技创新中心的强大资源优势和创新实力。此番北京获国家科学技术奖的82个项目中，分别包括国家自然科学奖18项、国家技术发明奖15项、国家科技进步奖49项。2012～2014年，北京连续3年占获奖总数的比例超过30%，分别为33.8%、30.5%、32.3%。

统计显示，自2001年首次召开国家科学技术奖励大会以来，截至2014年北京在14年间共获得1 003个奖项，占国家奖项总数的29.2%，接近三成。其中，比例最低的2007年也占到23.7%，其余均在26%以上。

2012～2014年的获奖项目中，涵盖了新一代信息技术、新能源产业、生物产业、节能环保、新材料等战略性新兴产业，以及资源环境、医疗卫生等与百姓生活息息相关的领域。在促进首都科学发展的同时，为创新型国家建设做出了重要贡献。

2014年度的获奖项目"含金量"很高。例如，北京邮电大学、中卫星空移动多媒体公司等联合完成的"星地融合广域高精度位置服务关键技术"获国家科技进步奖二等奖，突破了现有卫星定位系统在室内定位的"盲区"，其核心技术打破全球定位系统（global positioning system，GPS）垄断，构建了北斗天地一体无缝深度融合定位新体系，率先解决了北斗和GPS室内"最后一公里"瓶颈，实现了楼层房间精确定位，水平精度1～3米、垂直精度小于1米，相关产值已达上百亿元。

# 三、首都标准化战略稳步实施

首都创制标准的能力明显增强。主导或参与制定的国际标准、国家标准、行业标准数量稳居全国前列，形成一批国际标准和国内先进标准，每万家企业拥有的国家或行业技术标准数保持稳步增长（图5-4）。战略性新兴产业、现代服务业、文化创意产业和都市型现代农业的标准化工作进一步加强，以标准创新推动产业结构调整和优化升级，促进产业向高端化发展。

**专栏5-3　自主创新成为北京APEC会议的亮点**

首都科技在北京APEC会议筹办和举办中发挥了重要作用，自主创新的高新技术产品在会议上得到广泛应用，并成为这次会议的亮点。

碧水源公司开发的"E60"超级纳滤机在净化处理过程中废水比率低，能够保留原水中各种有益的微量矿物质，且无须耗电，净节能环保效果突出。中科纳通电子技术公司开发的智能门票用材为全环保材料，票面印刷采用纳米银的油墨，可抗菌抑菌，成功用在专题展中心区刷卡识别中。北汽新能源公司开发的绅宝纯电动汽车成为会议指定用

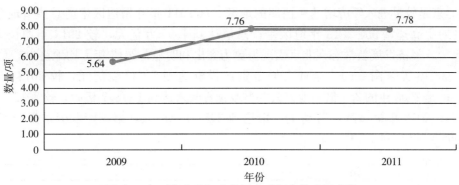

图 5-4　每万家企业拥有的国家或行业技术标准数

车，采用三元体系锂离子电池，最高时速达 150 千米以上，在稳定性、操控性能、过弯精准性上均有不俗表现。大会投入运营的锂离子电动游船，成功解决了尾气排放、燃油泄漏、铅酸电池重金属污染等问题，其锂离子电池体积仅为传统铅酸电池的 1/3，使用寿命却是传统电池的 10～15 倍，运行噪声从原来的 100 分贝降低至 50 分贝。此外，APEC 领导人服装体现了传统工艺与现代科技、传统文化与现代时尚相结合的特点，并荣获"中国设计红星奖"特别奖。雁栖湖示范区在节能、可再生与清洁能源使用、低碳管理等方面先后采用 70 多项生态技术，实现了智能建筑与自然生态、中国元素与绿色景观、科技创新与低碳环保的有机融合。

## 第二节　经济产出

2005～2013 年，首都经济产出总体保持稳中有升的趋势。经济产出在 5 个二级指标中位于中游，其得分低于科技创新绩效总分，但未来增长潜力较大。2005～2013 年，首都经济产出指标得分由基准分 60.00 分变化到 86.27 分。2005～2013 年首都经济产出三级指标情况如表 5-2 所示。

表 5-2　2005～2013 年首都经济产出三级指标情况

| 年份 | 人均地区生产总值/元 | 地区生产总值增长率/% | 第二产业劳动生产率/（元/人） | 第三产业劳动生产率/（元/人） |
|------|------|------|------|------|
| 2005 | 45 993 | 12.1 | 87 368 | 84 828 |
| 2006 | 52 054 | 13.0 | 96 009 | 91 586 |
| 2007 | 61 274 | 14.5 | 110 668 | 112 388 |
| 2008 | 66 797 | 9.1 | 120 615 | 122 794 |
| 2009 | 70 452 | 10.2 | 140 319 | 126 872 |
| 2010 | 75 943 | 10.3 | 168 451 | 140 968 |
| 2011 | 81 658 | 8.1 | 177 886 | 158 603 |
| 2012 | 87 475 | 7.7 | 188 018 | 167 852 |
| 2013 | 93 213 | 7.7 | 205 540 | 175 066 |

资料来源：《中国科技统计年鉴》《北京统计年鉴》等

北京是较早进入经济增速换挡期的地区，从 2011 年开始地区生产总值呈现 7％～8.1％的中高速增长，2013 年地区生产总值达到 1.95 万亿元，较 2012 年增长 7.7％（图 5-5），经济发展新常态在北京表现得更为突出和明显；2013 年人均地区生产总值提高到 93 213 元（图 5-6）。全社会固定资产投资达到 7 032.2 亿元，较 2012 年增长 8.8％；是 2005 年的 2.5 倍。地方公共财政预算收入达到 4 173.7 亿元，较 2012 年增长 13.3％。2013 年第二产业劳动生产率达到 205 540 元/人，第三产业劳动生产率达到 175 066 元/人（图 5-7）。

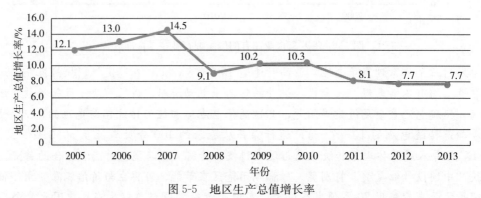

图 5-5　地区生产总值增长率

图 5-6　人均地区生产总值

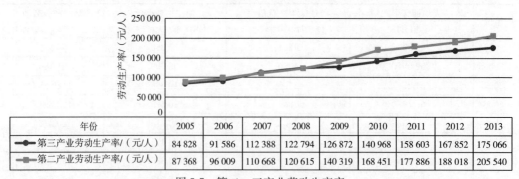

| 年份 | 2005 | 2006 | 2007 | 2008 | 2009 | 2010 | 2011 | 2012 | 2013 |
|---|---|---|---|---|---|---|---|---|---|
| 第三产业劳动生产率/（元/人） | 84 828 | 91 586 | 112 388 | 122 794 | 126 872 | 140 968 | 158 603 | 167 852 | 175 066 |
| 第二产业劳动生产率/（元/人） | 87 368 | 96 009 | 110 668 | 120 615 | 140 319 | 168 451 | 177 886 | 188 018 | 205 540 |

图 5-7　第二、三产业劳动生产率

## 第三节　结构优化

　　首都结构优化指标整体得分相对较低，基本维持在 70.00 分左右，低于科技创新绩效总分，主要原因在于结构优化的指标基数均较高，每增长 1 百分点都非常不容易。从具体得分看，2009 年以前该指标呈稳步上升趋势，受金融危机影响，2010 年该指标有所下降，随后各年趋于稳定。2005～2013 年首都结构优化部分三级指标情况如表 5-3 所示。

表 5-3　2005～2013 年首都结构优化部分三级指标情况（单位：%）

| 年份 | 高新技术企业认定数增长率 | 企业中有科技活动企业比重 | 第三产业增加值占地区生产总值比重 | 现代服务业增加值占第三产业增加值比重 |
|---|---|---|---|---|
| 2005 | — | 37.96 | 69.6 | 66 |
| 2006 | — | 38.41 | 71.9 | 66 |
| 2007 | | 39.04 | 73.5 | 68 |
| 2008 | 1.00 | 39.63 | 75.4 | 68 |
| 2009 | 1.97 | 41.96 | 75.5 | 68 |
| 2010 | 1.56 | 41.97 | 75.1 | 66 |
| 2011 | 1.43 | 44.49 | 76.1 | 67 |
| 2012 | 1.36 | 46.39 | 76.5 | 69 |
| 2013 | 1.29 | 49.03 | 76.9 | — |

资料来源：《中国科技统计年鉴》《北京统计年鉴》等

## 一、"高精尖"经济结构特征初步显现

　　首都突出创新驱动，明确差异化、特色化的产业调控和引导方向，促进结构调整和优化升级，提高经济增长的质量和效益。根据 2014 年 12 月公布的第三次经济普查数据，2013 年北京市第二、三产业资产总量达到 122.1 万亿元，实现了新的突破（图 5-8）。北京地区国家高新技术企业认定数大幅增长，由 2008 年的 2 608 家增加到 2013 年的 9 316 家，增长了两倍多（图 5-9）。北京地区高新技术产品出口额稳中有升，由 2005 年的 970 942 万美元变化到 2013 年的 2 035 695 万美元，年均增长 133 094 万美元（图 5-10）。

## 二、战略性新兴产业加快发展

　　2014 年 1～11 月[①]，首都规模以上战略性新兴产业完成地方一般公共预算收入 687.6

---

① 2014 年起开始统计战略性新兴产业相关数据。

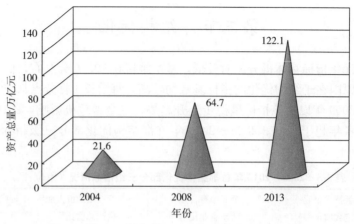

图 5-8　北京第二、三产业资产总量

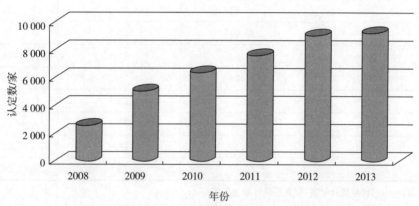

图 5-9　北京地区国家高新技术企业认定数

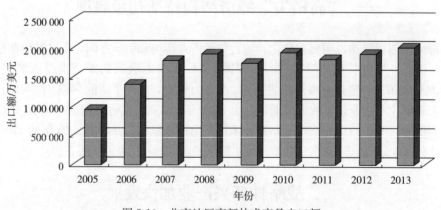

图 5-10　北京地区高新技术产品出口额

亿元，占全市地方一般公共预算收入的 18.1%，排名前三的产业贡献收入占全部产业收入的近七成，其中，节能环保产业完成收入 192.9 亿元，占比 28.1%；新一代信息技术产业完成收入 190.8 亿元，占比 27.7%；新能源汽车完成收入 95.7 亿元，占比 13.9%。

"4G 工程"产生了以 4G 标准、基带芯片、射频芯片、应用处理器芯片、基站设备、测试仪表为代表的一批国产化成果，基于移动通信和互联网的应用服务快速发展。2013 年，软件和信息服务业实现收入 4 900 亿元，同比增长 15%。

生物医药产业快速发展，北京生物医药产业跨越发展工程（简称 G20 工程）二期有序推进，与 2009 年相比，2013 年年销售收入 10 亿元以上的生物医药企业新增 3 家，总数达到 9 家；5 亿元以上的医药品种新增 11 个、总数达到 19 个，大兴（亦庄）和海淀、昌平"一南一北、功能互补"的产业空间布局初步形成。

北京高端数控装备产业技术跨越发展工程（简称"精机工程"）深入实施。北京轨道交通相关企业 2 000 余家，主要集中在研发、设计、测试和系统集成等产业链高端环节，涵盖规划设计、工程施工、装备制造、投资运营和技术服务五个行业，产业规模持续扩大，空间集聚效应进一步显现。

新能源汽车研发应用步伐加快，形成了以整车为龙头，涵盖动力电池、电机等高端环节的产业链。核能、生物燃气、量子点太阳能电池、高效聚合物太阳能电池等一批前沿技术研发取得重大进展。

新材料产业在研发高端环节引领技术创新。新型功能材料、先进结构材料、稀土材料、纳米材料等前沿领域达到国际领先水平。

## 三、重点功能区和重大产业对经济发展贡献显著增加

2013 年，六大高端产业功能区（简称"六高"）规模以上工业企业中开展研发活动的比例为 53.9%，较 2011 年提高 7 百分点，且高于全市平均水平 24.8 百分点。研发投入稳步增加。2013 年，"六高"规模以上工业和重点服务业企业 R&D 经费支出 268.2 亿元，占全市的 80.5%，与 2011 年相比，增长 23.3%，高于全市平均水平 1.7 百分点。R&D 人员折合全时当量为 7.4 万人年，与 2011 年相比，增长 20.6%，高于全市平均水平 8 百分点。

2013 年，"六高"规模以上工业战略性新兴产业实现增加值 594.1 亿元，占全市的 84.7%；规模以上高技术制造业、科技服务业和信息服务业分别实现收入 3 657.4 亿元、3 910.1 亿元和 4 265.6 亿元，分别占全市的 96.8%、63.8% 和 84.4%；分别较 2012 年增长 9.7%、24.3% 和 9.9%，分别比 2013 年全市平均增速高 2.4 百分点、15.8 百分点和 0.7 百分点。

## 四、促进服务业提质增效

2013 年，北京金融业、科技服务业、商务服务业增加值分别较 2012 年增长 11%、11.2% 和 9.5%，规模以上文化创意产业收入较 2012 年增长 7.5% 左右，服务业企业利润较 2012 年增长 20% 左右。

**专栏 5-4　《北京技术创新行动计划（2014—2017 年）》助力首都"高精尖"经济结构**

2014 年 4 月，北京发布实施《北京技术创新行动计划（2014—2017 年）》，以国家重大战略、首都经济社会发展重大需求和技术创新导向为引领，通过组织实施 12 个重大专项，重点解决科技创新与城市发展、科技创新与民生需求等重大问题，进而带动技术创新和产业发展。重大专项分为以下两类：一类是紧密围绕大气污染治理、交通管理、应急管理，着力以技术创新支撑解决首都可持续发展的重大问题和人民群众关心的热点难点问题，同时培育和带动相关产业发展，具体包括首都蓝天行动、首都生态环境建设与环保产业发展、城市精细化管理与应急保障、首都食品质量安全保障、重大疾病科技攻关与管理 5 个专项；另一类是紧密围绕产业发展的高端化、服务化、集聚化、融合化、低碳化，着力以技术创新引领产业转型升级、高端发展，构建"高精尖"的产业格局，具体包括新一代移动通信技术突破及产业发展、数字化制造技术创新及产业培育、生物医药产业跨越发展、轨道交通产业发展、面向未来的能源结构技术创新与辐射带动、先导与优势材料创新发展、现代服务业创新发展 7 个专项。

# 第四节　绿色发展

首都绿色发展状况相对较好，得分总体上呈直线增长，从 2005 年基准分 60.00 分变化到 2013 年的 82.67 分，年均增长 2.83 分。2005～2013 年首都绿色发展三级指标情况如表 5-4 所示。

表 5-4　2005～2013 年首都绿色发展三级指标情况

| 年份 | 万元地区生产总值水耗/立方米 | 万元地区生产总值能耗/吨标准煤 | 城市污水处理率/% | 生活垃圾无害化处理率/% | 环境污染治理指数/% |
|---|---|---|---|---|---|
| 2005 | 49.50 | 0.79 | 62.4 | 96.0 | 74.41 |
| 2006 | 42.25 | 0.73 | 73.8 | 92.5 | 86.69 |
| 2007 | 35.34 | 0.64 | 76.2 | 95.7 | 85.80 |
| 2008 | 31.58 | 0.57 | 78.9 | 97.7 | 83.52 |
| 2009 | 29.92 | 0.54 | 80.3 | 98.2 | 84.25 |
| 2010 | 24.94 | 0.49 | 81.0 | 96.9 | 82.82 |
| 2011 | 22.13 | 0.43 | 81.7 | 98.2 | — |
| 2012 | 20.07 | 0.44 | 83.0 | 99.1 | — |
| 2013 | 18.66 | — | 84.6 | 99.3 | — |

资料来源：《北京统计年鉴》等

**专栏 5-5　北京发布《北京市新增产业的禁止和限制目录（2014 年版）》**

2014 年 7 月，北京发布《北京市新增产业的禁止和限制目录（2014 年版）》，以严控不符合首都城市战略定位的新增产业，为"高精尖"产业腾出发展空间。

《北京市新增产业的禁止和限制目录（2014年版）》按《国民经济行业分类标准》编制，保障规范性和可操作性，便于项目审批、企业登记及统计、税务等有关部门共同遵循，也便于市场主体使用。这个标准与国际通行的分类标准基本一致，涵盖了国民经济20个门类、96个大类、432个行业中类、1 094个小类。

管理措施分禁止性和限制性两类。禁止性是指不允许新增固定资产投资项目或新设立市场主体，主要是一些明显不符合首都城市战略定位的行业；限制性是指对一些行业做出区域限制、规模限制，以及产业环节、工艺及产品限制，主要从北京现阶段发展实际出发，有区别地加以限制。《北京市新增产业的禁止和限制目录（2014年版）》考虑了首都四类功能区（首都功能核心区、城市功能拓展区、城市发展新区、生态涵养发展区）的差异性，管理措施分为全市层面和四类功能区域层面。

《北京市新增产业的禁止和限制目录（2014年版）》的出台充分体现了北京转变发展方式的坚定决心，是北京加强产业调控的创新举措，也是北京产业结构深度调整的第一步。因此，《北京市新增产业的禁止和限制目录（2014年版）》会与时俱进，根据相关法律法规和发展需要适时修订。

# 一、节能降耗水平全国领先

北京能源利用效率大幅提高，万元地区生产总值能耗持续下降。水资源利用效率大幅提升，2013年北京万元地区生产总值水耗降至18.66立方米（图5-11），化学需氧量、氨氮排放总量持续下降。积极调整能源结构，西南热电中心、陕京三线、大唐煤制气一期等重点工程建成投用，优质能源比重提高到77%。

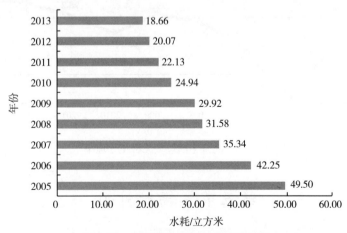

图5-11 北京万元地区生产总值水耗

## 二、下决心治理大气污染，努力改善城乡环境

北京制订实施了《北京市 2013—2017 年清洁空气行动计划》，2013 年完成 3 428 蒸吨燃煤锅炉清洁能源改造，实施核心区 4.4 万户煤改电工程，更新老旧机动车 36.6 万辆，退出污染企业 288 家，压缩水泥产能 150 万吨。

## 三、城市垃圾和污水处理能力进一步提升

发挥政府投资杠杆作用，2013 年吸引社会投资 18 亿元，新建续建污水处理、再生水利用设施 29 个，城市污水处理率达到 84.6%（图 5-12），中心城达到 96.5%、郊区达到 61% 以上，再生水利用量 8 亿立方米。新增垃圾日处理能力 3 000 吨，2013 年生活垃圾无害化处理率达到 99.3%（图 5-13）。

图 5-12  北京城市污水处理率

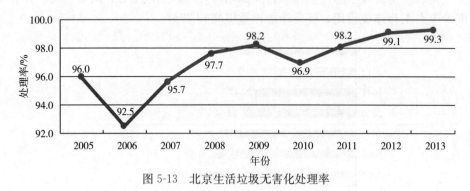

图 5-13  北京生活垃圾无害化处理率

## 第五节  辐射引领

2005～2013 年，首都辐射引领得分呈稳步增长趋势。2013 年该指标得分达到 80.10 分，年均增长 2.51 分。2005～2013 年首都辐射引领部分三级指标情况如表 5-5 所示。

表5-5 2005～2013年首都辐射引领部分三级指标情况

| 年份 | 流向京外技术合同成交金额占北京市技术合同成交总额比重/% | 全球500强企业在京总部数量增长率/% | 技术交易增加值占地区生产总值的比例/% | 企业拥有的驰名商标数/件 | 每亿元R&D经费发明专利授权量/件 |
|---|---|---|---|---|---|
| 2005 | 66.50 | 1.00 | 5.20 | — | 9.10 |
| 2006 | 61.09 | 1.25 | 6.90 | — | 8.92 |
| 2007 | 70.06 | 1.19 | 8.90 | — | 9.55 |
| 2008 | 70.32 | 1.21 | 9.20 | — | 11.77 |
| 2009 | 70.42 | 1.21 | 8.70 | — | 13.70 |
| 2010 | 78.47 | 1.20 | 9.20 | — | 13.64 |
| 2011 | 75.07 | 1.23 | 9.20 | 157 | 16.95 |
| 2012 | 73.33 | 1.20 | 9.30 | 172 | 18.94 |
| 2013 | 79.60 | 1.19 | 9.40 | 192 | 17.46 |

资料来源：《中国科技统计年鉴》《北京统计年鉴》等

# 一、首都技术输出水平进一步增强，技术服务仍是主要形式

2013年首都输出到外省市技术合同为33 538项，成交额为1 615.9亿元，比2012年增长16.7%，占技术合同成交总额的56.7%（图5-14）。其中，成交额超过50亿元的有13个省市。2013年首都输出到外省市的技术服务合同成交额为1 352.1亿元，占输出到外省市技术合同成交额的83.7%（图5-15）。现代交通、电子信息、环境保护领域是技术交易集中领域，成交额为1 711.0亿元，占60.0%（图5-16）。

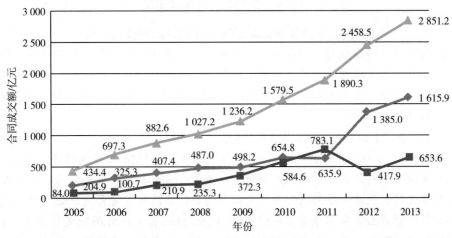

图5-14 北京地区技术输出水平

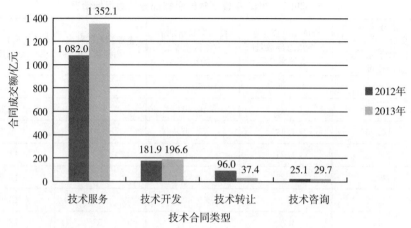

图 5-15　北京输出到外省市的技术合同类型构成

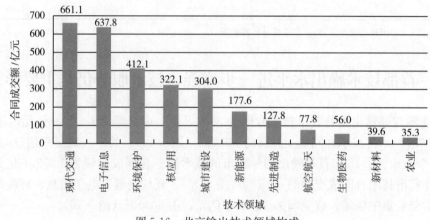

图 5-16　北京输出技术领域构成

## 专栏 5-6　京津冀推进多层次、宽领域的科技创新合作

京津冀是我国科技创新资源最聚集、创新成果最丰富、创新活力和综合实力最强的区域之一。京津冀三地在促进科技资源开放共享、建设科技企业孵化器、共建科技园区和产业基地、加快科技成果转移转化等方面，深入推进科技交流合作，建立了多层次、宽领域的协作关系。

（1）在《京津冀协同创新发展战略研究和基础研究合作框架协议》下，联合开展协同创新发展战略研究、基础研究和区域大气污染防治技术研发，促进科技成果的转化应用。

（2）共同主办科技专题展，展示三地重大部署、重大行动和重要成果，以及大气污染防治技术支撑、能源资源高效利用、新能源与新能源汽车等方面先进适用技术成果。

（3）引导创新主体在京津冀布局研发合作和产业链分工，鼓励和支持企业、高校、科研院所和科技服务机构在天津和河北建立孵化基地、科技园区分园、科技成果中试和转化基地等。

（4）首都科技条件平台和北京技术市场在天津和河北建立合作站、服务平台，促进首都科技资源面向京津冀开放共享。北京向天津和河北输出的技术合同项数连年增加（图 5-17）。科技人才、专家资源、技术市场、科技条件等创新要素开放共享程度进一步提高，首都科技对天津和河北创新发展的服务作用持续增强。

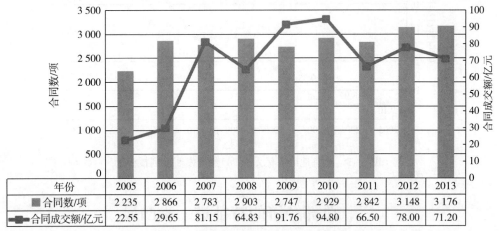

| 年份 | 2005 | 2006 | 2007 | 2008 | 2009 | 2010 | 2011 | 2012 | 2013 |
|---|---|---|---|---|---|---|---|---|---|
| 合同数/项 | 2 235 | 2 866 | 2 783 | 2 903 | 2 747 | 2 929 | 2 842 | 3 148 | 3 176 |
| 合同成交额/亿元 | 22.55 | 29.65 | 81.15 | 64.83 | 91.76 | 94.80 | 66.50 | 78.00 | 71.20 |

图 5-17　北京输出到津冀技术合同概况

## 二、首都知识创造水平在全国保持引领地位

2013 年北京地区新增驰名商标 20 件，达到 192 件（图 5-18）。2013 年北京地区专利申请达到 12.33 万件，授权达到 6.26 万件，同比分别增长 33.6％和 24.1％。其中发明专利申请量为 6.76 万件，同比增长 28.1％，占专利申请总量的 54.8％，结构全国最优；发明专利授权量为 2.07 万件，超过广东居全国首位；有效发明专利量为 8.54 万件。2011～2013 年北京地区每亿元 R&D 经费发明专利授权量保持在 16 件以上（图 5-19）。

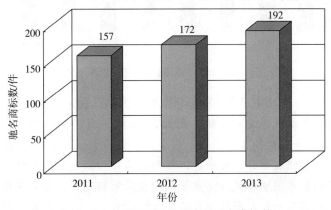

图 5-18　北京地区企业拥有的驰名商标数

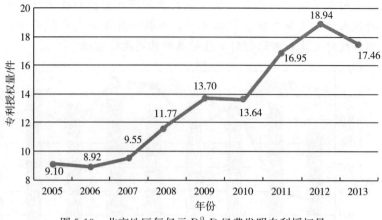

图 5-19　北京地区每亿元 R&D 经费发明专利授权量

# 三、总部经济的特征进一步凸显

北京发布实施《北京市人民政府关于印发加快总部企业在京发展工作意见的通知》（京政发〔2013〕29 号），建立总部企业统计监测和财政收入监控制度。税收监管和服务模式不断优化，2013 年北京吸引世界 500 强企业总部数量达到了 48 家，见图 5-20。

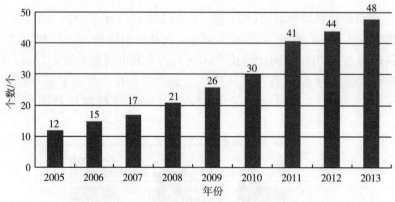

图 5-20　世界 500 强公司北京总部个数

**专栏 5-7　首都新型智库体系日益完善**

近年来，首都高端智库发展活跃。截至 2013 年年底，我国 212 家活跃智库中，北京达到了 70 家，数量位列各省市第一，占全国三成以上（图 5-21）。这些智库已经成为科学决策制度的有机组成部分。其中，以首科院为核心搭建的战略研究平台，采用"小核心、大网络"的智库网络模式，汇聚了集中央政策研究室、国务院研究室、国务院发展研究中心、科技部调研室、科技部战略院等官方机构，中科院政策所、中国工程院战略研究中心、北京大学首都发展研究院、北京清华工业开发研究院等学术机构，北京协同创新研究院、北京先进产业技术研究院等产业机构，北京国际城市发展战略研究院、北京方迪经济发展研究院、长城战略研究所等民办机构，首都创新大联盟、中关村企业家协会等社会组织于一体的集体智慧思想库，成为党政部门、中国社会科学院、高校、科研院所、企业、社会组织和社会智库相结合的战略研究大平台。

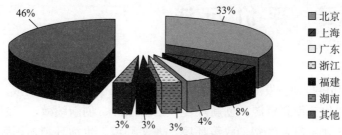

图 5-21 全国智库数量分布比例

# 第六章 评价方法

2014年首都科技创新发展指数指标体系主要由三个层次指标构成。其中，一级指标共4个，主要包括创新资源、创新环境、创新服务、创新绩效。二级指标共15个，主要包括创新人才、研发经费、政策环境、人文环境、生活环境、国际交流、科技条件、技术市场、创业孵化、金融服务、科技成果、经济产出、结构优化、绿色发展、辐射引领。三级指标共64个，主要包括创新资源三级指标10个，创新环境三级指标15个，创新服务三级指标11个，创新绩效三级指标28个。2014年首都科技创新发展指标体系如表6-1所示。以此指标架构来反映首都科技创新发展的动态变化。

**表6-1 2014年首都科技创新发展指标体系**（单位：%）

| 一级指标 | 权重 | 二级指标 | 权重 | 三级指标 | 正逆 | 权重 |
|---|---|---|---|---|---|---|
| 创新资源 | 20 | 创新人才 | 11 | 万名人口中本科及以上学历人数 | 正 | 2.20 |
| | | | | 万名从业人口中从事R&D人员数 | 正 | 2.20 |
| | | | | 企业R&D人员数占其从业人员比重 | 正 | 2.20 |
| | | | | 高校、科研机构R&D人员占其从业人员比重 | 正 | 2.20 |
| | | | | 每万名从业人员中高端人才数 | 正 | 2.20 |
| | | 研发经费 | 9 | R&D经费内部支出相当于地区生产总值比例 | 正 | 1.80 |
| | | | | 地方财政科技投入占地方财政支出比重 | 正 | 1.80 |
| | | | | 企业R&D投入占企业主营业务收入比重 | 正 | 1.80 |
| | | | | 基础研究投入占R&D投入的比重 | 正 | 1.80 |
| | | | | 每万名高校和科研机构R&D人员使用的企业科技经费额 | 正 | 1.80 |
| 创新环境 | 20 | 政策环境 | 6 | 政府采购新技术新产品支出占地区公共财政预算支出比重 | 正 | 2.00 |
| | | | | 企业税收减免额占其缴税额的比例 | 正 | 2.00 |
| | | | | 中关村示范区试点政策效果 | 正 | 2.00 |
| | | 人文环境 | 5 | 全市公民科学素养达标率 | 正 | 1.25 |
| | | | | 人均公共图书馆藏书拥有量 | 正 | 1.25 |
| | | | | 人均科普专项经费 | 正 | 1.25 |
| | | | | 人均公共财政教育支出 | 正 | 1.25 |

| 一级指标 | 权重 | 二级指标 | 权重 | 三级指标 | 正逆 | 权重 |
|---|---|---|---|---|---|---|
| 创新环境 | 20 | 生活环境 | 4 | 每千人口拥有医院床位数 | 正 | 1.00 |
| | | | | 每百名学生拥有专任教师人数 | 正 | 1.00 |
| | | | | 城市人均公园绿地面积 | 正 | 1.00 |
| | | | | 地均城市轨道交通里程数 | 正 | 1.00 |
| | | 国际交流 | 5 | 企业在境外设立研发机构数量增长率 | 正 | 1.25 |
| | | | | 外资研发机构数量增长率 | 正 | 1.25 |
| | | | | 高校参与国际交流合作人次与高校教学科研人员数之比 | 正 | 1.25 |
| | | | | 外国专家来京人次增长率 | 正 | 1.25 |
| 创新服务 | 20 | 科技条件 | 6 | 信息化指数 | 正 | 1.50 |
| | | | | 大型科学仪器（设备）原值增长率 | 正 | 1.50 |
| | | | | 每万名科技活动人员占有的市级及以上科技创新平台数 | 正 | 1.50 |
| | | | | 首都科技条件平台开发仪器资源价值增长率 | 正 | 1.50 |
| | | 技术市场 | 6 | 技术交易额增长率 | 正 | 3.00 |
| | | | | 吸纳全国技术合同成交额增长率 | 正 | 3.00 |
| | | 创业孵化 | 4 | 孵化器在孵企业数量增长率 | 正 | 2.00 |
| | | | | 孵化面积增长率 | 正 | 2.00 |
| | | 金融服务 | 4 | 境内上市公司股票筹资额增长率 | 正 | 1.33 |
| | | | | 创业投资金额增长率 | 正 | 1.33 |
| | | | | 创业板上市企业数增长率 | 正 | 1.33 |
| 创新绩效 | 40 | 科技成果 | 8 | 每万人口的 SCI/EI/CPCI-S 论文产出数 | 正 | 1.60 |
| | | | | 每亿元 R&D 经费 PCT 专利数 | 正 | 1.60 |
| | | | | 每万人发明专利拥有量 | 正 | 1.60 |
| | | | | 每万家企业拥有的国家或行业技术标准数 | 正 | 1.60 |
| | | | | 每亿元 R&D 经费技术合同成交额 | 正 | 1.60 |
| | | 经济产出 | 8 | 人均地区生产总值 | 正 | 2.00 |
| | | | | 地区生产总值增长率 | 正 | 2.00 |
| | | | | 第二产业劳动生产率 | 正 | 2.00 |
| | | | | 第三产业劳动生产率 | 正 | 2.00 |
| | | 结构优化 | 10 | 高新技术企业认定数增长率 | 正 | 1.43 |
| | | | | 企业中有科技活动企业比重 | 正 | 1.43 |
| | | | | 第三产业增加值占地区生产总值比重 | 正 | 1.43 |
| | | | | 高技术制造业增加值占工业增加值比重 | 正 | 1.43 |

续表

| 一级指标 | 权重 | 二级指标 | 权重 | 三级指标 | 正逆 | 权重 |
|---|---|---|---|---|---|---|
| 创新绩效 | 40 | 结构优化 | 10 | 现代服务业增加值占第三产业增加值比重 | 正 | 1.43 |
| | | | | 企业新产品销售收入占主营业务收入比重 | 正 | 1.43 |
| | | | | 高新技术产品出口占地区出口的比重 | 正 | 1.43 |
| | | 绿色发展 | 10 | 万元地区生产总值水耗 | 逆 | 2.00 |
| | | | | 万元地区生产总值能耗 | 逆 | 2.00 |
| | | | | 城市污水处理率 | 正 | 2.00 |
| | | | | 生活垃圾无害化处理率 | 正 | 2.00 |
| | | | | 环境污染治理指数 | 正 | 2.00 |
| | | 辐射引领 | 4 | 流向京外技术合同成交金额占北京市技术合同成交总额比重 | 正 | 0.57 |
| | | | | 技术交易增加值占地区生产总值的比例 | 正 | 0.57 |
| | | | | 企业拥有的驰名商标数 | 正 | 0.57 |
| | | | | 每亿元 R&D 经费发明专利授权量 | 正 | 0.57 |
| | | | | 技术标准制定及修订数量增长率 | 正 | 0.57 |
| | | | | 智库数量占全国比重 | 正 | 0.57 |
| | | | | 全球 500 强企业在京总部数量增长率 | 正 | 0.57 |

鉴于各指标要素的影响和作用颇不相同，为保证指数测度的客观性，课题组在认真研究国内外相关研究成果的基础上，组织专家对指标体系进行了论证和遴选，并采用类似"德尔菲法"进行权重分配，在 2013 年指数权重的基础上，修订完善了每个指标权重。

为确保测度结果的客观公正，所有指标口径概念均与国家统计局相关统计制度保持一致。具体测算数据主要来源于国家和北京市官方统计机构出版的年度统计报告、统计年鉴和国内知名研究机构的主题报告和调查数据。对于个别年份数据缺失情况，根据专家意见，依据其他年份趋势进行补值。在本报告的表和图中，凡是原始数据表均标注了出处；指标结构表和测算表均为课题组自行编列，不再一一标明出处。同时，课题组将 2014 年首都科技创新发展指数指标解释及数据来源整理成附录，供读者查阅。

首都科技创新发展指数是多个指标的合成，在各指标标准化数值的基础上，按照事先赋予的权重，加权综合而成。

首先，完成 2014 年首都科技创新发展指数数据的收集和净化处理，并对原始数据进行同向化处理。其中，在 64 个三级指标中，有 62 个指标与首都科技创新发展正相关，即为正指标；有 2 个指标负相关，即为逆指标。与首都科技创新发展指数正相关的正指标无须进行同向化处理，而对于与首都科技创新发展指数负相关的逆指标，为了防止其与正指标合成时相互抵消，采用倒数法和求补法进行了正向化处理。

其次，由于各个指标具有不同的量纲，不能直接进行合成。因此，对指标进行同度量处理（或称标准化处理）是本报告的重要环节。主要采用标准差标准化法消除指标量纲影响，标准差标准化法衡量的是各个年份之间的平均差异程度。

再次，根据指标研究的基本思想，历史序列数据的纵向测度需要确定基准得分。因此，结合 2013 年指数测算，为保证首都科技创新发展指数的延续性，根据试算和专家组建议，2014 年首都科技创新发展指数的基准年仍定为 2005 年，其基准分仍为 60.00 分。

最后，课题组在对所有测算指标进行正向化处理和标准化处理后，根据确定的权重和基准分，加权计算出各年首都科技创新发展指数的最终数值。

# 附录 首都科技创新发展指数指标解释及数据来源

**1. 万名人口中本科及以上学历人数**

常住人口是指某地区实际居住半年以上的人口。万名人口中本科及以上学历人数是指北京市每万名6岁及以上常住人口中，大学本科学历和研究生学历人口总数。

$$万名人口中本科及以上学历人数 = \frac{大学本科人口数 + 研究生人口数}{6岁及以上人口数} \times 10\,000$$

资料来源：北京市统计局编《北京统计年鉴 2014》。

**2. 万名从业人口中从事 R&D 人员数**

从业人员是指在各级国家机关、党政机关、社会团体及企业、事业单位中工作，取得工资或其他形式的劳动报酬的全部人员。

R&D 人员是指调查单位内部从事基础研究、应用研究和试验发展三类活动的人员，包括直接参加上述三类项目活动的人员，以及这三类项目的管理人员和直接服务人员。为研发活动提供直接服务的人员包括直接为研发活动提供资料文献、材料供应、设备维护等服务的人员。

$$万名从业人口中从事 R\&D 人员数 = \frac{R\&D 人员数}{(上年从业人员年末人数 + 当年从业人员年末人数)/2} \times 10\,000$$

资料来源：北京市统计局编《北京统计年鉴 2014》；国家统计局和科技部编《中国科技统计年鉴 2014》。

**3. 企业 R&D 人员数占其从业人员比重**

企业数据均为规模以上工业企业数据。规模以上是指 2000 年以前统计范围为独立核算工业企业；2000～2006 年为全部国有及年主营业务收入在 500 万元及以上的非国有企业；2007～2010 年调整为年主营业务收入在 500 万元及以上的全部法人工业企业；2011 年调整为年主营业务收入在 2 000 万元及以上的全部法人工业企业。

$$企业 R\&D 人员数占其从业人员比重 = \frac{规模以上大中型企业 R\&D 人员数}{规模以上工业企业从业人员平均人数} \times 100\%$$

资料来源：北京市统计局编《北京统计年鉴 2014》。

**4. 高校、科研机构 R&D 人员占其从业人员比重**

高校、科研机构 R&D 人员数是指北京市高校和科研机构的 R&D 人员数的总和。

$$\frac{高校、科研机构R\&D人员}{占其从业人员比重} = \frac{高校R\&D人员数＋科研机构R\&D人员数}{高等教育教职工数＋科研机构从业人员年末数} \times 100\%$$

资料来源：北京市统计局编《北京统计年鉴2014》。

**5. 每万名从业人员中高端人才数**

高端人才数是指入选"海聚工程"人才数量和"高聚工程"人才数量的总和。

$$\frac{每万名从业人员中}{高端人才数} = \frac{"海聚工程"和"高聚工程"人才总数}{(上年从业人员年末人数＋当年从业人员年末人数)/2} \times 10\,000$$

资料来源：北京市科学技术委员会及相关委办局；北京市统计局编《北京统计年鉴2014》。

**6. R&D经费内部支出相当于地区生产总值比例**

R&D经费内部支出是指调查单位在报告年度用于内部开展R&D活动的实际支出，包括用于R&D项目（课题）活动的直接支出，以及间接用于R&D活动的管理费、服务费、与R&D有关的基本建设支出和外协加工费等，不包括生产性活动支出、归还贷款支出，以及与外单位合作或委托外单位进行R&D活动而转拨给对方的经费支出。

地区生产总值是指按市场价格计算的一个地区所有常住单位在一定时期内生产活动的最终成果。

$$R\&D经费内部支出相当于地区生产总值比例 = \frac{R\&D经费内部支出}{地区生产总值} \times 100\%$$

资料来源：北京市统计局编《北京统计年鉴2014》。

**7. 地方财政科技投入占地方财政支出比重**

科学技术支出是指用于科学技术方面的支出，包括科学技术管理事务、基础研究、应用研究、技术研究与开发、科技条件与服务、社会科学、科学技术普及、科技交流与合作等。

地方财政支出包括一般预算财政支出和基金预算支出。一般预算财政支出是指各级财政部门对集中的一般预算收入有计划地分配和使用而安排的支出。基金预算支出是指各级财政部门用基金预算收入安排的支出。

$$地方财政科技投入占地方财政支出比重 = \frac{地方公共财政预算支出中科学技术支出}{地方公共财政预算支出} \times 100\%$$

资料来源：北京市统计局编《北京统计年鉴2014》。

**8. 企业R&D投入占企业主营业务收入比重**

主营业务收入是指企业确认的销售商品、提供劳务等主营业务的收入。

$$\frac{企业R\&D投入占企业}{主营业务收入比重} = \frac{规模以上工业企业R\&D经费内部支出}{规模以上工业企业主营业务收入} \times 100\%$$

资料来源：国家统计局和科技部编《中国科技统计年鉴 2014》。

### 9. 基础研究投入占 R&D 投入的比重

基础研究是指为了获得关于现象和可观察事实的基本原理的新知识（揭示客观事物的本质、运动规律、获得新发展、新学说）而进行的实验性或理论性研究，它不以任何专门或特定的应用或使用为目的。

$$\text{基础研究投入占 R\&D 投入的比重} = \frac{\text{基础研究 R\&D 经费内部支出}}{\text{R\&D 经费内部支出总额}} \times 100\%$$

资料来源：北京市统计局编《北京统计年鉴 2014》；国家统计局和科技部编《中国科技统计年鉴 2014》。

### 10. 每万名高校和科研机构 R&D 人员使用的企业科技经费额

R&D 经费外部支出是指报告年度调查单位委托外单位或与外单位合作进行 R&D 活动而拨给对方的经费。企业对高校和科研机构科技经费投入是指大中型工业企业 R&D 经费外部支出中对高校和科研机构的支出。

$$\text{每万名高校和科研机构 R\&D 人员使用的企业科技经费额} = \frac{\text{规模以上工业企业对高校和研究机构 R\&D 经费外部支出总额}}{\text{高等院校 R\&D 人员数} + \text{科研机构 R\&D 人员数}} \times 10\,000$$

资料来源：北京市统计局编《北京统计年鉴 2014》；国家统计局和科技部编《中国科技统计年鉴 2014》。

### 11. 政府采购新技术新产品支出占地区公共财政预算支出比重

政府采购新技术新产品支出是指使用市区两级财政性资金采购中关村国家自主创新示范区新技术新产品的金额。地区公共财政预算是指各级财政部门对集中的一般预算收入有计划地分配和使用而安排的支出。

$$\text{政府采购新技术新产品支出占地区公共财政预算支出比重} = \frac{\text{政府采购新技术新产品支出}}{\text{地区公共财政预算支出}} \times 100\%$$

资料来源：北京市科学技术委员会及相关委办局；北京市统计局编《北京统计年鉴 2014》。

### 12. 企业税收减免额占其缴税额的比例

企业税收减免金额是指企业研究开发费用的加计扣除金额和技术合同减免营业税金额的总和。

$$\text{企业税收减免额占其缴税额的比例} = \frac{\text{对企业进行的税收减免金额}}{\text{企业营业税} + \text{企业所得税} + \text{增值税}} \times 100\%$$

资料来源：北京市科学技术委员会及相关委办局；北京市统计局编《北京统计年鉴 2014》。

### 13. 中关村示范区试点政策效果

中关村示范区试点政策效果是指中关村示范区先行先试政策，尤其是"1＋6"政策的实施效果。包括直接效果和间接效果。它由"1＋6"政策辐射全国高新技术园区数量、高新技术企业新认定数量、研发加计扣除的免税额度、股权激励方案试点批复数额、全国中小企业股份转让系统中挂牌的企业数量等具体指标经过平均化处理得来。

资料来源：北京市科学技术委员会及相关委办局。

### 14. 全市公民科学素养达标率

全市公民科学素养达标率是指全市公民中达到国际公认科学素养标准的比例。主要通过问卷调查了解公民对科学技术知识的了解程度、对科学技术感兴趣的程度、对科学技术的态度和看法，以及公众获得科学技术信息的渠道等方面的概况。

资料来源：北京市科学技术委员会及相关委办局。

### 15. 人均公共图书馆藏书拥有量

$$人均公共图书馆藏书拥有量 = \frac{公共图书馆总藏数}{(上年常住人口年末数 + 当年常住人口年末数)/2}$$

资料来源：北京市统计局编《北京统计年鉴2014》。

### 16. 人均科普专项经费

$$人均科普专项经费 = \frac{北京地区科普专项经费}{常住人口数}$$

资料来源：北京市科学技术委员会及相关委办局。

### 17. 人均公共财政教育支出

公共财政教育支出是指政府教育事务支出，包括教育行政管理、学前教育、小学教育、初中教育、普通高中教育、普通高等教育、初等职业教育、中专教育、技校教育、职业高中教育、高等职业教育、广播电视教育、留学生教育、特殊教育、干部继续教育、教育机关服务等。

$$人均公共财政教育支出 = \frac{地方财政教育支出}{(上年常住人口年末数 + 当年常住人口年末数)/2}$$

资料来源：北京市统计局编《北京统计年鉴2014》。

### 18. 每千人口拥有医院床位数

$$每千人口拥有医院床位数 = \frac{全市医院床位数}{当年平均户籍人口} \times 1\,000$$

资料来源：北京市统计局编《北京统计年鉴2014》。

### 19. 每百名学生拥有专任教师人数

在校学生数是指学年初开学以后具有学籍的注册学生数。

专任教师是指主要从事教育工作的人员，包括临时（一年以内）调去帮助做其他工作的教学人员，不包括调离教学岗位，担任行政领导工作或其他工作的原教学人员；不包括兼任教师和代课教师。

$$每百名学生拥有专任教师人数 = \frac{专任教师数}{各类学校在校生数} \times 100$$

资料来源：北京市统计局编《北京统计年鉴 2014》。

### 20. 城市人均公园绿地面积

城市人均公园绿地面积是指市辖区常住人口的人均公园绿地面积。

$$城市人均公园绿地面积 = \frac{城市公园绿地面积}{当年常住人口年末数}$$

资料来源：北京市统计局编《北京统计年鉴 2014》。

### 21. 地均城市轨道交通里程数

城市轨道交通是指具有固定线路、铺设固定轨道、配备运输车辆及服务设施等的公共交通设施。

$$地均城市轨道交通里程数 = \frac{城市轨道交通里程数}{城市面积}$$

资料来源：北京市统计局编《北京统计年鉴 2014》。

### 22. 企业在境外设立研发机构数量增长率

企业在境外设立研发机构数量是指北京市企业在境外设立的带有研发功能的机构数量。

$$企业在境外设立研发机构数量增长率 = \sqrt[(当年年份-2005)]{当年数据/2005 年数据}$$

资料来源：根据商务部政府网站《境外投资企业（机构）名录》数据整合。

### 23. 外资研发机构数量增长率

外资研发机构是指外商在北京市设立的以研发功能为主的法人企业数量。

$$外资研发机构数量增长率 = \sqrt[(当年年份-2005)]{当年数据/2005 年数据}$$

资料来源：北京市科学技术委员会及相关委办局。

### 24. 高校参与国际交流合作人次与高校教学科研人员数之比

$$\frac{高校参与国际交流合作人次与}{高校教学科研人员数之比} = \frac{高校参与国际交流合作人次}{高校教学科研人员数}$$

资料来源：国家统计局和科技部编《中国科技统计年鉴 2014》。

### 25. 外国专家来京人次增长率

外国专家来京人次是指报告期内外国专家来京的人次数，计算时引用北京市持有外国专家证的实有人数。

$$外国专家来京人次增长率 = \sqrt[(当年年份-2005)]{当年数据/2005\ 年数据}$$

资料来源：北京市科学技术委员会及相关委办局。

### 26. 信息化指数

信息化指数是指国家信息化规划用于测量区域信息化发展总体水平的综合指标，借助信息化指数可以很好地反映区域的创新网络发展环境。信息化指数用每人固定电话用户、移动电话数、互联网上网人数、互联网宽带接入端口的总量来衡量。

资料来源：国家统计局编《中国统计年鉴 2014》；北京市统计局编《北京市统计年鉴 2014》。

### 27. 大型科学仪器（设备）原值增长率

大型科学仪器（设备）原值是指价格在 50 万元以上，在科学研究、技术开发及其他科技活动中使用的单台或成套仪器、设备等固定资产的原值。

$$大型科学仪器（设备）原值增长率 = \sqrt[(当年年份-2005)]{当年数据/2005\ 年数据}$$

资料来源：北京市科学技术委员会及相关委办局。

### 28. 每万名科技活动人员占有的市级及以上科技创新平台数

市级及以上科技创新平台包括国家重点实验室、国家工程技术研究中心、北京市重点实验室、北京市工程技术研究中心、北京市工程实验室、北京市工程研究中心、企业研发机构和北京市企业技术中心。

$$\begin{matrix}每万名科技活动人员占有的市级\\及以上科技创新平台数\end{matrix} = \frac{市级及以上科技创新平台数}{北京市科技活动人员} \times 10\ 000$$

资料来源：北京市科学技术委员会及相关委办局。

### 29. 首都科技条件平台开发仪器资源价值增长率

$$首都科技条件平台开发仪器资源价值增长率 = \sqrt[(当年年份-2005)]{当年数据/2005\ 年数据}$$

资料来源：北京市科学技术委员会及相关委办局。

### 30. 技术交易额增长率

技术交易额是指登记合同成交总额中，明确规定属于技术交易的金额。

$$技术交易额增长率 = \sqrt[(当年年份-2005)]{当年数据/2005\ 年数据}$$

资料来源：北京技术市场管理办公室；北京市科学技术委员会及相关委办局。

### 31. 吸纳全国技术合同成交额增长率

吸纳全国技术合同成交额是指北京市吸纳的本市技术合同成交额和外省市技术合同成交额（不包括进口）的总和。

$$吸纳全国技术合同成交额增长率 = \sqrt[(当年年份-2005)]{当年数据/2005年数据}$$

资料来源：北京技术市场管理办公室；北京市科学技术委员会。

### 32. 孵化器在孵企业数量增长率

$$孵化器在孵企业数量增长率 = \sqrt[(当年年份-2005)]{当年数据/2005年数据}$$

资料来源：北京市科学技术委员会及相关委办局。

### 33. 孵化面积增长率

根据科技部《科技企业孵化器评价指标体系（试行）》，孵化器孵化场地面积包括孵化器办公用房、孵化企业用房及中介机构用房等实用建筑面积总额。

$$孵化面积增长率 = \sqrt[(当年年份-2005)]{当年数据/2005年数据}$$

资料来源：北京市科学技术委员会及相关委办局。

### 34. 境内上市公司股票筹资额增长率

上市公司是指所发行的股票经过国务院或者国务院授权的证券管理部门批准在证券交易所上市交易的股份有限公司。

$$境内上市公司股票筹资额增长率 = \sqrt[(当年年份-2005)]{当年数据/2005年数据}$$

资料来源：北京市统计局编《北京统计年鉴 2014》。

### 35. 创业投资金额增长率

$$创业投资金额增长率 = \sqrt[(当年年份-2005)]{当年数据/2005年数据}$$

资料来源：北京市科学技术委员会及相关委办局；清科数据库。

### 36. 创业板上市企业数增长率

创业板市场（growth enterprises market，GEM）是地位次于主板市场的二级证券市场，主要针对创业型企业、中小型企业及高科技产业企业等融资和发展而设立。

$$创业板上市企业数增长率 = \sqrt[(当年年份-2005)]{当年数据/2005年数据}$$

资料来源：北京市金融工作局。

### 37. 每万人口的 SCI/EI/CPCI-S 论文产出数

SCI/EI/CPCI-S 论文是指发表在 SCI、EI、CPCI-S 期刊上的科学研究成果。其应具备以下三个条件：①首次发表的研究成果；②作者的结论和试验能被同行重复并验证；③发表后科技界能引用。

$$每万人口的\frac{SCI/EI/}{CPCI\text{-}S论文产出数}=\frac{发表在SCI、EI、CPCI\text{-}S期刊上的论文数}{(上年常住人口年末数＋当年常住人口年末数)/2}×10\,000$$

资料来源：国家统计局编《中国统计年鉴 2014》；国家统计局和科技部编《中国科技统计年鉴 2014》。

### 38. 每亿元 R&D 经费 PCT 专利数

PCT 是《专利合作条约》（Patent Cooperation Treaty）的英文缩写，是有关专利的国际条约。根据 PCT 的规定，专利申请人可以通过 PCT 途径递交国际专利申请，向多个国家申请专利。

$$每亿元R\&D经费PCT专利数=\frac{国际PCT专利申请数}{R\&D经费内部支出}×亿元$$

资料来源：国家统计局和科技部编《中国科技统计年鉴 2014》；国家知识产权局编《专利统计年报》。

### 39. 每万人发明专利拥有量

专利拥有量是指经国内外知识产权行政部门授权且在有效期内的发明专利件数。

$$每万人发明专利拥有量=\frac{发明专利有效量}{当年常住人口年末数}×10\,000$$

资料来源：国家统计局和科技部编《中国科技统计年鉴 2014》；国家知识产权局编《专利统计年报》。

### 40. 每万家企业拥有的国家或行业技术标准数

$$每万家企业拥有的国家或行业技术标准数=\frac{企业形成的国家或行业标准数}{企业法人单位}×10\,000$$

资料来源：国家统计局和科技部编《中国科技统计年鉴 2014》；国家统计局普查中心编《中国基本单位普查年鉴 2014》。

### 41. 每亿元 R&D 经费技术合同成交额

技术合同成交额是指在北京技术市场管理办公室认定登记的技术合同（技术开发、技术转让、技术咨询、技术服务）的合同标的金额的总和。

$$每亿元R\&D经费技术合同成交额=\frac{技术合同成交总额}{R\&D经费内部支出}×亿元$$

资料来源：国家统计局和科技部编《中国科技统计年鉴 2014》；北京市统计局编《北京统计年鉴 2014》。

### 42. 人均地区生产总值

人均地区生产总值是指同一核算期（通常为一年）内地区生产总值与平均常住人口的比值。

$$人均地区生产总值 = \frac{地区生产总值}{当年平均人口}$$

资料来源：北京市统计局编《北京统计年鉴 2014》。

### 43. 地区生产总值增长率

$$地区生产总值增长率 = \frac{本年地区生产总值 - 上年地区生产总值}{上年地区生产总值} \times 100\%$$

地区生产总值绝对值按现价计算，发展速度按可比价格计算。
资料来源：北京市统计局编《北京统计年鉴 2014》。

### 44. 第二产业劳动生产率

根据《国民经济行业分类》（GB/T4754—2002），第二产业是指工业和建筑业。

$$第二产业劳动生产率 = \frac{第二产业增加值}{第二产业就业人数} \times 100\%$$

资料来源：北京市统计局编《北京统计年鉴 2014》。

### 45. 第三产业劳动生产率

为生产和消费提供各种服务的部门称为第三产业。根据《国民经济行业分类》（GB/T4754—2002），第一产业是指农、林、牧、渔业；第二产业是指工业和建筑业；第三产业是指除第一、第二产业以外的其他各业。

$$第三产业劳动生产率 = \frac{第三产业增加值}{第三产业就业人数} \times 100\%$$

资料来源：北京市统计局编《北京统计年鉴 2014》。

### 46. 高新技术企业认定数增长率

高新技术企业认定数是指依据《高新技术企业认定管理办法》认定的具有国家高新技术企业资质的企业数量。

$$高新技术企业认定数增长率 = \sqrt[(当年年份-2005)]{当年数据/2005年数据}$$

资料来源：北京市科学技术委员会及相关委办局。

### 47. 企业中有科技活动企业比重

R&D 活动即研究与试验发展活动，是指在科学技术领域，为增加知识总量，以及运用这些知识去创造新的应用而进行的系统的、创造性的活动，包括基础研究、应用研究、试验发展三类活动。

大中型工业企业：2010 年以前企业大中小型划分执行《统计上大中小型企业划分办法（暂行）》（国统字〔2003〕17 号）标准；自 2011 年开始，大中小微型企业划分执行《国家统计局关于印发统计上大中小微型企业划分办法的通知》（国统字〔2011〕75 号）标准。

企业中有科技活动企业比重是指有 R&D 活动的大中型工业企业数占大中型工业企业数的比重。

$$企业中有科技活动企业比重 = \frac{有 R\&D 活动的大中型工业企业数}{大中型工业企业数} \times 100\%$$

资料来源：北京市统计局编《北京统计年鉴 2014》。

### 48. 第三产业增加值占地区生产总值比重

$$第三产业增加值占地区生产总值比重 = \frac{第三产业增加值}{地区生产总值} \times 100\%$$

资料来源：北京市统计局编《北京统计年鉴 2014》。

### 49. 高技术制造业增加值占工业增加值比重

根据《国民经济行业分类》（GB/T4754—2002）标准，高技术制造业属于高技术产业统计范畴。高技术产业主要是指与高技术产品相关联的各种活动的集合。

$$高技术制造业增加值占工业增加值比重 = \frac{高技术制造业增加值}{工业增加值} \times 100\%$$

计算时，高技术制造业增加值用高技术产业增加值代替，原因是根据《高技术产业统计分类目录》，高技术产业仅统计相关制造业数据。

资料来源：北京市统计局编《北京统计年鉴 2014》。

### 50. 现代服务业增加值占第三产业增加值比重

现代服务业是相对于传统服务业而言的，是为适应现代人和现代城市发展的需求，而产生和发展起来的具有高技术含量和高文化含量的服务业。

$$现代服务业增加值占第三产业增加值比重 = \frac{现代服务业增加值}{第三产业增加值} \times 100\%$$

资料来源：北京市统计局编《北京统计年鉴 2014》。

### 51. 企业新产品销售收入占主营业务收入比重

新产品是指采用新技术原理、新设计构思研制、生产的全新产品，或在结构、材质、工艺等某一方面比原有产品有明显改进，从而显著提高了产品性能或扩大了使用功能的产品。

$$企业新产品销售收入占主营业务收入比重 = \frac{规模以上工业企业新产品销售收入}{规模以上工业企业主营业务收入} \times 100\%$$

资料来源：国家统计局和科技部编《中国科技统计年鉴 2014》。

### 52. 高新技术产品出口占地区出口的比重

高新技术产品是指以新原理、新技术、新工艺、新材料生产出来的，具有较高科技含量和较高附加价值的产品。

$$高新技术产品出口占地区出口的比重 = \frac{高新技术产品出口额}{地区出口总额} \times 100\%$$

资料来源：北京市统计局编《北京统计年鉴 2014》。

### 53. 万元地区生产总值水耗

单位地区生产总值水耗是指一定时期内该地区每生产一个单位的地区生产总值所消耗的水量。万元地区生产总值水耗是指以万元为单位的地区生产总值所消耗的水量。

资料来源：北京市统计局编《北京统计年鉴 2014》。

### 54. 万元地区生产总值能耗

单位地区生产总值能耗是指一定时期内该地区每生产一个单位的地区生产总值所消耗的能源。万元地区生产总值能耗是指以万元为单位的地区生产总值所消耗的能源。

资料来源：北京市统计局编《北京统计年鉴 2014》。

### 55. 城市污水处理率

污水处理率是指报告期内污水处理量与污水排放总量的比率。

$$城市污水处理率 = \frac{污水处理量}{污水排放总量} \times 100\%$$

资料来源：北京市统计局编《北京统计年鉴 2014》。

### 56. 生活垃圾无害化处理率

生活垃圾无害化处理率是指报告期内生活垃圾无害化处理量与生活垃圾产生量比率。在统计上，由于生活垃圾产生量不易取得，可用清运量代替。

$$生活垃圾无害化处理率 = \frac{生活垃圾无害化处理量}{生活垃圾产生量} \times 100\%$$

资料来源：北京市统计局编《北京统计年鉴 2014》。

### 57. 环境污染治理指数

环境污染治理指数反映科技进步在促进环境保护方面的作用，用以综合反映区域治理环境污染的力度和效果。环境污染治理指数采用工业废水排放达标率、工业废气治理率、固定废物综合治理率的平均值来衡量。

$$环境污染治理指数 = \frac{工业废水排放达标率 + 工业废气治理率 + 固定废物综合治理率}{3}$$

资料来源：北京市统计局编《北京统计年鉴 2014》；国家统计局和科技部编《中国统计年鉴 2014》。

### 58. 流向京外技术合同成交金额占北京市技术合同成交总额比重

根据《中华人民共和国合同法》第 322 条规定，技术合同是指当事人就技术开发、转让、咨询或者服务订立的确立相互之间权利和义务的合同。技术合同成交额是指在北京技术市场管理办公室认定登记的技术合同（技术开发、技术转让、技术咨询、技术服务）的合同标的金额的总和。

$$\frac{流向京外技术合同成交金额占}{北京市技术合同成交总额比重}=\frac{流向京外技术合同成交金额}{北京地区技术合同成交总额}\times100\%$$

资料来源：北京市统计局编《北京统计年鉴 2014》。

### 59. 技术交易增加值占地区生产总值的比例

技术交易增加值是指技术交易额中扣除原材料费、燃料及动力费、专用业务费和一二级管理费四份成本后的部分。

$$技术交易增加值占地区生产总值的比例=\frac{技术交易增加值}{地区生产总值}\times100\%$$

资料来源：北京技术市场管理办公室；北京市科学技术委员会及相关委办局。

### 60. 企业拥有的驰名商标数

驰名商标是指在中国为相关公众广为知晓并享有较高声誉的商标。

资料来源：北京市科学技术委员会及相关委办局。

### 61. 每亿元 R&D 经费发明专利授权量

发明专利是指对产品、方法或者其改进所提出的新的技术方案。专利授权量是指报告期内由专利行政部门授予专利权的件数。

$$每亿元 R\&D 经费发明专利授权量=\frac{发明专利授权量}{R\&D 经费内部支出}\times亿元$$

资料来源：国家统计局和科技部编《中国科技统计年鉴 2014》；国家知识产权局编《专利统计年报》。

### 62. 技术标准制定及修订数量增长率

技术标准制定、修订数量是指北京市当年所制定的新技术标准或者对已有技术标准进行修订的数量。

$$技术标准制定及修订数量增长率={}^{(当年年份-2005)}\!\sqrt{当年数据/2005 年数据}$$

资料来源：北京市科学技术委员会及相关委办局。

### 63. 智库数量占全国比重

据上海社会科学院智库研究中心定义，智库主要是指以公共政策为研究对象，以影响政府决策为研究目标，以公共利益为研究导向，以社会责任为研究准则的专业研究机构。

$$智库数量占全国比重＝\frac{北京地区智库数}{全国智库数}×100\%$$

资料来源：上海社会科学院智库研究中心编《2013 年中国智库报告》。

### 64. 全球 500 强企业在京总部数量增长率

全球 500 强企业在京总部数是指美国《财富》杂志评选的全球最大 500 家公司中，总部位于北京的企业数。

资料来源：美国《财富》杂志。

# 建设全国科技创新中心
## ——战略篇

# 第七章　首都创新 2020：面向未来的战略选择[①]

**内容概要：**建设全国科技创新中心，不仅是中央对北京的要求，也是北京面向未来的战略选择。北京建设全国科技创新中心不仅要在我国科技发展中处于领先地位，引导全国创新发展的方向，引领国家创新发展的进程，同时也要在国际科技竞争中有话语权、有主导权，成为全球科技创新中心，对全球科技发展具有重要影响。本报告分析了建设全国科技创新中心面临的历史机遇，以及必须应对的重大挑战，提出了建设全国科技创新中心必须树立领先全国的创新发展目标、打造先发的战略能力、拓展开放与协同的创新空间。

2014 年 2 月 26 日，习近平总书记在北京视察工作时强调，北京要坚持和强化全国政治中心、文化中心、国际交往中心、科技创新中心的核心功能，深入实施人文北京、科技北京、绿色北京战略，努力把北京建设成为国际一流的和谐宜居之都。"全国科技创新中心"成为北京新的城市战略定位，也是北京作为首都的一项核心功能。9 月 24日，北京发布了《中共北京市委　北京市人民政府关于进一步创新体制机制加快全国科技创新中心建设的意见》，吹响了全面加快全国科技创新中心建设的号角。当前，我国正处于创新驱动发展的关键时期，北京建设全国科技创新中心，不仅仅是北京转型发展的现实需要，更是引领全国创新驱动的战略要求。

## 第一节　建设全国科技创新中心必须抓住历史机遇

进入 21 世纪以来，技术革命与产业革命推动国际科技创新格局发生重大变化，为北京建设具有全球影响力的科技创新中心带来历史性机遇。

一是全球创新要素的系统性东移，为亚洲及太平洋地区（简称亚太地区）孕育全球科技创新中心提供了历史性机遇。随着中国、印度等金砖国家的快速发展，全球高端生产要素和创新要素正加速向亚太板块转移。在全球高级要素呈现系统性东移的趋势下，亚洲必将诞生一批世界级的科技创新中心，从而重构世界政治、经济和科技版图。

二是产业发展式和盈利格局发生了颠覆性改变，为首都创新实现赶超提供了机会。新一轮科技革命和产业变革正在孕育兴起，全球科技呈现出快速发展、交叉融合、群体

---

① 本章由中国科学技术发展战略研究院课题组完成。王元研究员担任课题负责人，陈宝明、彭春燕、张换兆、丁明磊、于良、杨娟、邓丽姝、杜洪亮、高秀娟、王健参加了研究工作。

突破的态势。21 世纪头 10 年，全球三方专利授权量比上一个 10 年多出近 10 万件。新的产业技术变革往往带来颠覆性创新，开拓新的技术路径，开辟新的商业模式和市场，对原有的产业发展方式和盈利格局产生根本性的变革。例如，2011 年手机鼻祖摩托罗拉被谷歌收购，2013 年手机之王诺基亚被微软收购，短短几年手机行业巨头彻底易手。诺基亚巅峰时期的市值达到约 1 450 亿美元。但目前苹果（4 400 亿美元）和三星（1 800 亿美元）的身价几乎分别等同于 31 个和 13 个诺基亚（140 亿美元）。

三是创新全球化的不断拓展，为北京打造全球协同创新中心提供了机遇。21 世纪以来，特别是金融危机之后，创新成为最活跃的要素，以创新资源配置的全球化、创新活动的全球化、创业活动的全球化和创新服务的全球化为特征的创新全球化，成为经济全球化的核心和本质。创新全球化的水平影响了各国创新能力和竞争力，加速了各国创新战略与政策的调整。人才、资本、市场和专利等将成为各国竞相争夺的战略资源，全球创新合作与竞争态势将更加复杂。开放创新带动了创新主体的协作与联盟，优秀科研力量的整合。例如，比利时建立虚拟研究中心，集成最优秀的科研院所、高校或企业，形成网络开展联合研究；法国组建研发联盟，旨在消除各创新主体之间的隔阂，增进伙伴合作关系。

四是以京津为核心的环渤海区域的创新发展，为首都发挥示范和辐射作用提供了机遇。进入 21 世纪以来，以京津为核心的环渤海地区，成为继长三角、珠三角之后我国对外开放与开发的新引擎。以北京为核心的总部经济和科研创新优势对环渤海区域的辐射与外溢功能不断增强。以京津为核心的环渤海区域将在未来时期成为我国经济增长的重要驱动力量，环渤海区域经济发展方式转型将成为我国经济发展方式转型的推动力和示范。

## 第二节　建设全国科技创新中心必须应对重大挑战

随着科技创新成为国际竞争的焦点，世界各国纷纷出台创新战略，加大对创新资源的争夺，首都建设全国科技创新中心面临前所未有的重大挑战。同时，首都自身建设面临转型发展、提质增效的内在要求，北京建设全国科技创新中心的需求更加急迫。

一是国际科技竞争日益激烈。2008 年全球金融危机以来，世界主要国家纷纷出台一系列措施重振各国经济，特别是为抢占新的科技发展制高点和新兴产业主导权做出战略部署，世界各国加大了以科技创新为中心的竞争。美国、欧洲、日本等发达国家和地区率先加快了产业变革应对步伐，新兴市场国家为实现后发优势，正集中在个别领域实现重点突破和跨越。例如，美国政府通过《复苏与再投资法》，实施"从摇篮到市场创新战略"，投巨资支持光伏、动力电池和半导体产业领域的基础研究、技术创新和市场成长。

二是战略性新兴产业发展提速。全球新技术新成果加速应用，带动了战略性新兴产业的快速崛起。全球信息产业近 30 年来生产总值年均增速是同期全球生产总值增速的两倍以上。大数据快速增长，未来 10 年全球大数据将增加 50 倍，市场规模有望达到千亿元量级。协同式机器人、无人化工厂等成为推动高端智能制造发展的重要力量。以传统能源清洁利用、可再生能源开发和智能电网为核心的新能源技术将引发以能源为基础的产业体系变革。以生命科学、生物育种、工业生物为代表的生物技术正推动健康、农业、资源环境等领域的持续发展。北京构建创新产业集群已经成为当务之急。

三是创新扁平化对创新服务水平提出更高要求。行业间分工和行业内分工逐步深化，促进了创新创业的加速发展。当前正在经历的第三次工业革命，其核心是数字化制造，新软件、新工艺、机器人和网络服务正在逐步普及，大量个性化生产、分散式就近生产将成为重要特征。3D 打印机、激光切割机等"快速制版"工具大大缩短了创新周期和创新成本，使职业化创新向创客创新转变，改变了创新的组织方式。通过创客运动，实现了扁平的创新组织方式。创新创业更加依赖于成熟的市场环境、完善的产业分工体系、宽松的政策环境。首都要成为全球创新创业中心，就必须打造全球创新创业的战略高地，不仅要加强硬件建设，更要加强相关软件建设。

四是城市发展面临前所未有的瓶颈，为北京成为民生科技的示范中心提出了挑战。随着城市人口的迅速膨胀，交通拥堵、环境污染、能源短缺、安全隐患、各类事故不断发生，城市功能面临新的挑战，未来城市发展被赋予了前所未有的"超值"功能。科技创新已经成为城市未来发展的新引擎。建设智慧城市是加快产业转型升级、推动创新型城市建设的重大战略举措，也是率先基本实现现代化，推动城市创新发展的新思路。北京作为国家政治、文化、国际交往和科技创新中心，走在城市化发展的前沿，迫切需要加大科技创新对城市发展的支撑作用。

## 第三节　建设全国科技创新中心必须树立领先全国的创新发展目标

建设具有全球影响力的科技创新中心，就必须强化北京作为全国政治中心、文化中心、国际交往中心、科技创新中心的城市战略定位，担当好科技创新引领者、高端经济增长极、创新创业首选地、文化创新先行区和生态建设示范城五种责任[①]，高端人才和各类创新要素聚集、辐射能力显著增强，突破科技创新体制机制障碍，最大限度释放首都创新效能，强化中关村龙头带动作用，推进重大技术突破和战略性新兴产业集群式发展，凝聚国际一流创新要素，建立和完善区域创新功能链，构筑京津冀协同创新体系。到 2020 年，实现"五个率先"的发展目标。

（1）率先打造全国创新驱动发展新龙头。推动科技与经济紧密结合，充分发挥科技在首都经济和社会发展中的支撑引领作用，切实打造高端经济增长极。突破一批核心、关键和共性技术，形成一批技术标准，转化一批重大科技成果，让先导技术成为发展战略性新兴产业的"源动力"。在实施创新驱动、加快经济发展方式转变方面充分发挥示范带头作用。

---

（2）率先成为全球创新资源集聚区。深化科技开放合作、增强自主创新能力，率先成为科技创新引领者。以全球视野谋划，在更高起点上推进自主创新，提高原始创新、集成创新和引进消化吸收再创新能力。产生一批标志性技术甚至颠覆性技术，实现从"跟跑者"到"领跑者"的跨越。在加强科技开放合作、建设中国特色世界城市和全球最具活力的科技创新中心方面充分发挥示范带头作用。

（3）率先成为颇具活力的全球创新活跃区。促进科技与文化融合发展，完善人才发展机制，加快构建文化创新先行区和全球创新创业的首选地。充分发挥中关村创新文化作用，营造鼓励创新、宽容失败的社会氛围。不断完善全社会参与的创新创业服务体系，鼓励公众参与创新，营造良好的创新生态环境。在打造与国际接轨的服务环境，汇聚全球高端人才方面充分发挥示范带头作用。

（4）率先成为全球创新网络的核心枢纽。抓住经济全球化和国际创新要素加快转移、重组的机遇，深化科技对外开放合作，提升北京科技创新的国际化水平，提升引进消化吸收再创新能力。围绕大气污染治理、交通管理、水环境建设、食品安全、重大疾病防治等可持续发展和重大民生需求，携手应对全球共同挑战，努力把北京建设成为经济发达、社会健康、生态良好的国际示范城市。

（5）率先打造全球一流的创新生态。城市管理的精细化、智能化水平进一步提高，防灾减灾和应急处置能力进一步增强，城市运行更加安全高效。营造良好的政策环境，形成协同创新的合力。产学研用协同创新的利益分配机制取得新突破，产业、经济、科技、消费等政策资源实现深度融合。加大金融创新力度，促进社会资本与科技创新深度对接。在深化科技体制改革、营造良好政策环境方面充分发挥示范带头作用。

## 第四节　建设全国科技创新中心必须打造先发的战略能力

先发战略能力是北京建设全国科技创新中心的前提，也是北京与国内其他城市相比所具备的最具优势的条件之一。作为中央赋予北京的新定位，全国科技创新中心要求北京成为全国顶尖乃至国际一流的科学中心、产业科技创新中心、创新创业高地及新兴产业培育基地等。重点从战略前沿高技术、基础研究和科技创新基地三个方面，打造首都的战略能力，提升首都创新基础，在国际竞争中争取主动权。

战略前沿高技术主要是面向未来的高技术竞争产业的前沿技术研发能力；基础研究主要面向开创性、探索性的新知识创造；科技创新基地主要面向前沿技术研发、高新技术开发和基础研究，提供科研基础条件和平台支撑。

首都加强基础研究，努力成为科技创新引领者，要结合首都战略需求与科学前沿，坚持服务国家目标与鼓励自由探索相结合，遵循科学发展的规律，重视科学家的探索精神，突出科学的长远价值，稳定支持，超前部署。着力培育一批高水平的高校和科研院所。积极支持首都高校和科研院所在基础研究、前沿技术研究等领域的原始创新，引导和鼓励高校和科研院所开展学科前沿探索，集成资源，培育形成若干优势学科领域。产生一批标志性甚至于领跑型的成果，储备一批前沿甚至是颠覆性技术，引进和培育一批具有世界一流水平的创新团队，努力建设全球最具活力的科技创新中心。在面向国家战略需求的同时，北京要进一步强化应用基础研究，解决首都发展瓶颈问题、关键问题，满足重点领域的科技需求。

突破战略前沿高技术产业领域重大关键、共性技术，加速战略高技术产业发展，是扩充首都经济总量、提高经济发展质量的战略选择。要成为产业科技创新中心、创新创业高地及新兴产业培育基地，就要以科技创新基地建设为主要抓手，大力搭建产业关键公共技术平台，围绕平台建设以高端人才为领军人物的人才梯队，努力瞄准世界产业前沿技术，突破产业创新的关键环节，使北京成为高端产业链条上的技术创新引领者、技术集成解决方案的提供者。

## 第五节　建设全国科技创新中心必须拓展开放与协同的创新空间

建设全国科技创新中心，就必须在创新空间上集聚形成具有特色的区域创新系统，对于京津冀地区乃至全国发挥引领和辐射作用，并成为国家区域战略的践行者，成为全球创新网络的重要枢纽和结点，为首都创新资源流动提供开放与协同的创新空间。

引领京津冀一体化发展。以"联合打造京津冀协同创新高地"为总目标，重点围绕深化体制机制改革、构建区域创新共同体、开展试点示范三个方面加快推进京津冀协同创新[①]。

一是加大改革力度，创新"政策互动、资源共享、市场开放"三个机制，消除京津冀协同创新存在的隐形壁垒，着力破解制约京津冀协同创新的深层次问题。

二是整合区域创新资源，建设"创新资源共同体、创新攻关共同体、创新成果共同体"三类共同体，形成京津冀跨区域协同创新共同体。

三是围绕"4＋N"重点合作区域，按照"成熟一个、推进一个"的原则，打造京津冀协同创新试点。将各项体制机制改革举措和"三类共同体"建设在试点内进行集中示范，形成一套区域协同创新可复制、可推广的经验，以试点示范带动京津冀协同创新整体推进。

打造首都科技在亚太地区和"一带一路"等区域经济和创新一体化中的龙头地位[②]。在区域经济和创新一体化过程中，中国积极主动参与并推动亚太地区的一体化进程，并按照次区域的特点和不同国家的情况采取不同的策略。北京作为中国首都，由于其特殊的地位和丰富的科技创新资源，应该在区域经济和创新一体化中发挥更独特的作用。

一是北京成为东北亚地区前沿基础研究的倡导者和战略高技术的策源地。倡导发起

---

① 引自北京市科学技术委员会主任闫傲霜在北京市 2015 年科技工作会议上的报告。

② 引自北京市科学技术委员会主任闫傲霜 2014 年 12 月 22 日《经济日报》上的署名文章《协同创新，全线共赢》。

基于东北亚地区的基础研究，推动以战略高技术为核心的前沿研究，促进各种首都科技创新资源的优势互补，建设首都科技创新合作网络，建立首都科技创新对话机制和联络机制。

二是北京成为推动支撑"一带一路"战略新兴产业发展的先行者和高新技术产业发展的引领者。"一带一路"沿线国家均以发展中国家为主体，与这些国家合作的重点应放在促进先进实用技术的推广应用和本地化，转移中国新兴产业的产能，为传统产业升级改造创造新的市场空间。因此，北京应依托中关村示范区，充分发挥自身具备的较强产业科技实力优势，一方面，探索与有关国家合作建设重点行业或产业的中关村国际科技园，促进首都的信息通信、核电、高铁，以及生物、农业技术在当地转化和产业化；另一方面，充分发挥首都科技创新基础设施的优势，与沿线国家开展基于产业化和技术本地化的合作开发，促进首都一些尚停留在实验室阶段、中试阶段的产品更快投向市场。

三是北京成为亚太国际科技合作交流的中枢和创新共同体建设的执行者。在 2014 年 11 月举行的 APEC 会议上，各国领导人共同发布了以"构建融合、创新、互联的亚太"为主题的《北京纲领》，强调促进经济创新发展、改革与增长，把创新作为经济发展和结构改革的重要抓手，批准《创新驱动发展倡议》。北京作为全国科技创新中心，其辐射的范围不仅仅是国内，更多的是国际，尤其是亚太地区。

扩大首都科技创新对全球的影响力，建设中国与世界创新交流的重要枢纽，需要北京利用其独特的国际资源和科技优势，以国际科技合作与技术转移为手段，源源不断地产出世界领先科技成果，并形成商品驱动经济发展。搭建国际科技创新的平台，利用首都的外交资源，推动国家间创新合作与技术转移体系建设。加强首都国际科技合作基地建设，推动形成首都机构与外国企业、高校、科研院所主体间的合作，整合银行、券商、风投等方面的社会资源，以金融服务、拨贷联动、拨投联动、企业上市、风险投资等多种方式支持基地"走出去"和"引进来"。支持园区、机构作为首都国际科技创新的着力点。建设一批国际创新示范园、国际产业孵化园、国际科技产业园，建立一批中外联合研究机构。引导跨国公司在北京设立研发机构，形成高端人才培养流通机制。

# 第八章 把握"五个结合",建设全国科技创新中心①

**内容概要:**北京建设全国科技创新中心不仅对北京率先形成创新驱动格局、实现高质量发展的新常态具有战略意义,而且对推动全国经济发展方式整体转变和中国融入全球创新体系也具有深远影响。结合国家战略和首都定位,立足自身发展实际,从战略角度看,北京建设全国科技创新中心关键是要把握好驱动与带动相结合、改革与激活相结合、权益与责任相结合、聚合与发散相结合、总体战略与阶段目标相结合"五个结合"。

建设全国科技创新中心是国家对北京发展的要求。从全球城市发展的经验来看,科技创新中心城市一般具有完善的科技创新驱动系统,创新人才聚集,创新实力雄厚,科技环境适宜,经济结构优化,是在国家乃至全球范围内具有科技领先和支配性地位的创新增长极。北京作为中国首都,科技创新资源密集、科技辐射带动能力较强,具有良好的科技影响力和较强的国际竞争力。建成全国科技创新中心,不仅对北京率先形成创新驱动格局、实现高质量增长的新常态具有战略意义,而且对推动全国经济发展方式整体转变和中国融入全球创新体系也具有深远影响。

全国科技创新中心建设包括以下三个层面:一是北京层面,即要成为支撑首都经济社会可持续发展的原动力;二是国家层面,即要成为中国科技创新的"领头羊";三是国际层面,即努力在科技创新上由"跟跑者""并行者"变为"领跑者"②。全国科技创新中心内涵包括科学中心、前沿创新中心和技术创新中心三层含义。对于科学中心,要有真正具有全球影响力的学科带头人、科学大师;对于前沿创新中心,则要更注重原创性技术的突破;对于技术创新中心,要有良好的创新创业生态环境,实现技术与经济的有机融合,形成一批在国际上有影响力的创新型企业和品牌。

要把北京建设成为全国科技创新中心,从战略上讲,关键是要把握好"五个结合",即驱动与带动相结合、改革与激活相结合、权益与责任相结合、聚合与发散相结合、总体战略与阶段目标相结合。

## 第一节 驱动与带动相结合

"驱动与带动相结合"强调的是在建设全国科技创新中心过程中,北京通过创新驱动发展战略,抓住和用好新一轮科技革命和产业变革的机遇,促进自身科学技术和经济

---

① 本章由首都科技发展战略研究院课题组完成。李晓西、赵峥、刘杨参加了研究工作。
② 引自北京市科学技术委员会主任闫傲霜关于全国科技创新中心建设的有关报告。

社会的高水平发展，全力以赴，创造未来。同时，引领创新潮流，辐射科技之光，带动其他地区科技创新水平的提升，促进各地经济社会健康发展。

北京建设全国科技创新中心要把握和积极适应经济发展新常态，主要靠创新驱动提升发展的水平和质量。特别要依靠市场的力量，把北京自身的科技创新力量组织协调好，加快建立创新驱动发展的统筹协调机制，整合政府行政资源、各类创新主体、科技资源、智力资源等，推动形成"政府服务引导、市场配置资源、突出企业主体、全社会共同参与"的创新格局。同时，创新驱动根本要靠人才。北京要保持高端创新优势，必须强化人才支撑，实行更加开放的人才政策，不唯地域引进人才、不求所有开发人才、不拘一格用好人才，打造全球创新人才的栖息地，为创新驱动发展提供持久的动力源泉。

带动也应该是北京建设全国科技创新中心的核心功能，它主要体现在六个方面。一是服务国家重大战略，特别要以京津冀协同发展为契机，以合作共赢为主线，充分利用自身强大的科技创新能力和资源，引领京津冀科技协调发展，完善京津冀科技创新生态系统，建立京津冀创新共同体，形成多渠道、多形式、网络化的协同格局，构建功能互补、分工合理的区域创新体系，同时积极参与"一路一带""长江经济带"等重点区域发展，提升北京科技创新的国家贡献率；二是充分利用重大科技创新基地、科研仪器设备、网络信息资源、科学数据、科技文献等科技基础设施为全国提供服务；三是技术、资本、人才、信息、管理等创新要素向周边地区和其他省区市辐射溢出，创新成果在周边地区和其他省区市得到转移转化和产业化；四是科技创新体系、咨询服务体系不断完善，促进区域之间研发、生产、服务、销售等方面的交流融合；五是制度机制和政策措施积极创新、大胆实验，在可全国推广的创新政策和执行机制方面走在前列，发挥示范辐射作用；六是全国科技创新中心建设应营造具有更加敢于冒险、勇于创新、宽容失败、包容开放的城市文化，以自信、多元、开放的心态参与创新交流，发挥先进的创新文化引领作用。

## 第二节　改革与激活相结合

"改革与激活相结合"是指深化体制改革，激发创新活力。具体是指北京要通过科技体制改革，充分发挥市场作用，全面调动科技人员首创精神，激活创新活力，全力建设全国科技创新中心。

科技创新不是无源之水，无本之木，科技创新发展是各类创新主体在特定的支撑条件下运用创新资源开展创新活动、形成创新成果并作用于经济社会发展的复杂过程。因此，建设全国科技创新中心，要充分创造条件，激活各类主体的积极性和创造性。激活创新活力，关键在于全面深化改革，将发挥市场在资源配置中的决定性作用与更好地发挥政府作用结合起来。一方面，应该进一步简政放权，清理阻碍创新要素合理流动的制度性障碍，营造公平竞争的市场环境，引导创新要素跨区域自由流动，推进市场驱动的技术创新和商业模式创新。坚持需求导向和产业化方向，突出企业的创新主体地位，充分调动企业的积极性和创造性，充分发挥市场在配置资源中的决定性作用。另一方面，要推进治理体系与治理能力现代化，为科技创新活动"松绑加力"，营造开放、公平和创新导向的城市创新创业环境，有计划、有重点地增加有利于科技创新的公共产品的投入和公共服务的供给，为城市企业或个人提供创新发展的稳定规则和预期良好的生产生活环境。

# 第三节　权益与责任相结合

"权益与责任相结合"是指建设全国科技创新中心必须享有权益，要以促进北京城市自身的经济、社会、环境、科技、民生水平的全面提升为动力，另外，建设全国科技创新中心必须承担责任，要为全国科技进步、经济发展做出贡献。没有权益，则动力不足、后劲不足；没有责任，则有负期待和重托。

全国科技创新中心建设需要进一步促进科技与经济的深度融合，通过科技创新，"有进有退"，促进经济发展方式的转变和经济产业结构的优化，形成"高精尖"的经济结构。同时，建设科技创新中心是实现产业发展"高端化、服务化、集聚化、融合化、低碳化"的关键，也是加快建设国际一流的和谐宜居城市的战略支撑。科技创新要围绕城市居民最关心、最直接、最现实的民生和社会发展重大需求，集中力量推广和应用一批新技术、新产品、新工艺，推动信息基础设施、食品安全、农业科技、医疗卫生与健康、科技交通、节能与新能源、新能源汽车示范、城市安全与应急保障等，解决"城市病"重点领域的技术研发与应用问题，实现科技为民、科技惠民、科技利民，提高城市生活质量，提升城市发展品质。

同时，北京需要突出建设全国科技创新中心的责任和义务，要担当好科技创新引领者责任，做好创新的表率与示范。第一，着力扩大科技开放合作、增强自主创新能力，以全球视野谋划，在更高起点上推进自主创新，提高重大科技创新能力，建设全球最具活力的科技创新中心。第二，着力推动科技与经济紧密结合，集聚在有全球比较优势的知识要素、科技要素、战略产业开发能力，实现经济"高端化、服务化、集聚化、融合化、低碳化"发展，切实打造高端经济增长极，发挥经济转型升级的示范作用。第三，着力营造鼓励创新、宽容失败的社会氛围，打造与国际接轨的服务环境，鼓励公众参与创新，打造创新生态环境示范区。第四，着力推动科技与文化融合发展，发挥全国文化中心作用，实施文化科技融合与创新工程，加强核心技术攻关和成果应用，提高重点文化领域的科技支撑水平，加快构建文化创新先行区。第五，着力建设国际一流的和谐宜居之都，围绕大气污染治理、交通管理、水环境建设、食品安全等可持续发展和重大民生需求，为破解生态环境难题提供先进理念和科技支撑，努力把北京建设成为经济发达、社会健康、生态良好的绿色示范城市。

# 第四节　聚合与发散相结合

"聚合与发散相结合"是指聚合中国乃至世界之科技智慧，建创新交往之枢纽；推广创新理念与成果于四海友邦，竖互通互联之网络。换言之，北京建设全国科技创新中心不仅要聚合全国和世界的优势科技创新资源和科技成果，同时还要努力将自身的科技资源和科技成果发散到全国和全世界，成为全球的科技创新核心枢纽。

从聚合角度来看，北京是中国智力资源最丰富、科技力量最集中的地区。截至2014 年 6 月，北京地区科技资源总量占全国的 1/3，拥有中央和地方各类科研院所 400余所，其中中央级科研院所占全国的 74.5%。拥有普通高校 91 所，其中中央在京高校38 所，市属高校 43 所。累计建设国家重点实验室 111 家，占全国的 30.9%；国家工程实验室 50 家，占全国的 36.0%；国家工程技术研究中心 66 家，占全国的 19.1%；国家工程研究中心 41 家，占全国的 31.3%。北京市级重点实验室 330 家，工程实验室 74家，工程（技术）研究中心 275 家，企业技术中心 464 家，企业研发机构 348 家。2014年 1 月 10 日颁发的 2013 年度国家科学技术奖中，北京地区共有 75 个项目获国家科技奖，其中一等奖 9 项，二等奖 66 项，占全国通用项目获奖总数的 30.5%。其中，获得9 项一等奖，占一等奖总数的 1/2，创历史新高；连续 3 年空缺后产生的国家自然科学一等奖及唯一的国家技术发明一等奖均出自北京；在 3 个创新团队奖中，北京占据两个。

融合是聚集的重要形式，创新要素、创新主体、创新成果的高度聚集，对创新资源的配置效率和效果也提出了更高的要求，要求北京具有很强的融合功能，要不断创新体制机制，促进中央和地方、国有和民营、外资和内资等不同所有制和隶属关系的科技资源实现融合发展，促进企业、高校、科研院所、金融、应用、科技服务机构等多元主体的协同，促进技术、资本、人才、市场、空间、政策等创新要素的流动和配置，建立基础研究、应用研究、市场导入、成果转化和产业化紧密结合、协调发展机制，促进"政产学研用"协同创新，加快完善知识创新体系、技术创新体系、科技服务体系、军民融合创新体系和区域创新体系，提高首都创新体系的整体效能。

发散也是扩散。从扩散角度来看，截至 2014 年 6 月，首都地区 615 个国家级、北京市级重点实验室和工程（技术）研究中心，价值 186 亿元的 3.64 万台（套）仪器设备向社会开放共享，形成了仪器设备、数据资料、科技成果和研发服务人才队伍共同开放的大格局。同时，北京正加快发展成为国际技术转移重要枢纽的步伐。以亚洲、欧洲、美洲为主的技术出口范围不断扩大，内资企业成为技术出口的主力军。2013 年出口技术合同成交额为 653.6 亿元，比 2009 年增长 75.6%。技术流向 70 多个国家和地区，领域以计算机软件、通信技术等高端技术为主。

整体而言，北京需要建立健全区域合作发展协调机制，优化区域分工和产业布局，要引导创新主体以联合研发、技术输出、标准创制、产业链协同等模式服务和辐射全国，增强首都科技对国家创新体系建设和产业转型发展的贡献。同时，要坚持全球视野谋划和推动科技创新，进一步促进中国国际技术转移中心和北京国家技术转移集聚区集聚跨国技术转移资源，建设有国际影响力的国际技术转移枢纽。加快推进国内外创新主体"引进来""走出去"，引导国际知名企业在京设立研发中心和地区研发总部，鼓励海外风险投资机构来京发展。支持有条件的创新主体积极开展境外技术和品牌收购等国际市场开拓活动，参与国际科技合作和全球产业竞争。

## 第五节　总体战略与阶段目标相结合

"总体战略与阶段目标相结合"是指在建立全国科技创新中心过程中，需要循序渐进，既要把握总体战略、做好顶层设计，也要制定并完成相应的阶段性目标。总体战略是阶段性目标的宏观指导，阶段性目标是完成总体战略的保证。

建成全国科技创新中心的总体战略是成为世界科技创新的前沿阵地、成为中国科技创新的"领头羊"，其核心功能是在创新驱动发展战略中实现示范引领和战略引领作用。应该分以下三个阶段完成这一目标。

第一阶段，建立全国科技创新中心基本雏形，实施时间为2014～2017年。此阶段，通过创新提升劳动生产效率将成为驱动北京经济社会发展的一个主要动力。北京应坚持突出创新导向，加大科技创新储备，培育先导技术和战略性新兴产业。围绕城市可持续发展和重大民生需求，突破一批关键共性技术和重大公益性技术，破解城市发展难题的同时培育具有竞争力的产业。2014年4月，北京市政府发布并实施《北京技术创新行动计划（2014—2017年）》。该计划按照"高精尖"的经济结构抓好产业提质增效升级的总要求，将组织和实施12个重大专项。行动计划的顺利完成将标志着全国科技创新中心基本雏形的建立。

第二阶段，基本建成全国科技创新中心，实施时间为2018～2020年。此阶段，北京的创新环境应更加完善，创新活力显著增强，创新效率和效益明显提高，在软件及信息服务、生物医药、新能源等领域中形成拥有技术主导权的产业集群，培育出一批国际知名品牌和具有较强国际竞争力的跨国企业，形成若干世界一流的高校和科研院所，培养和聚集一批优秀创新人才特别是产业领军人才，基本建成全国科技创新中心，成为全球科技创新研发和生产企业的主要所在地，成为全球高端科技创新资源要素的汇聚地和流动地，成为引领全球创新思想、创意行为、创业模式的主要策源地。

第三阶段，全面建成全国科技创新中心，实施时间为2021～2025年。此阶段，北京将全面完成全国科技创新中心建设，充分发挥辐射和带动功能、支撑和引领功能、集聚和融合功能及服务和示范功能，成为全球最具活力和影响力的科技创新中心。

# 第九章  北京建设全国科技创新中心的目标、路径和举措[①]

**内容概要：** 建设全国科技创新中心，是新时期中央赋予北京的发展定位。基于全球经济发展的多极化趋势，多中心、多节点组成的"全球创新网络"正在形成，北京建设全国科技创新中心，应当通过建设科技资源配置中心、科技人才聚集中心、科技专项攻关中心、科技成果转化中心、新兴业态发展中心"五个中心"，不断提升科技创新能力，服务国家创新战略，引领经济社会发展，引领和辐射京津冀、全国甚至全球，进而实现建成"全球科技创新节点式中心"的战略目标。当前，针对北京科技创新环境、知识链和产业链、产业科技园区发展方式、科技创新中介服务体系结构等方面存在的问题，北京应大力加强对产业转型升级的宏观规划与引导，优化三次产业布局，以新型政产学研机制助推产业转型升级，加快高端产业功能区建设步伐，完善京津冀产业转移机制建设，构建三地协同创新中心，通过产业转型升级加快全国科技创新中心建设步伐。

建设全国科技创新中心，是以习近平同志为总书记的党中央对北京发展提出的新要求，也是北京基于当前发展阶段和着眼于未来发展方向而明确的战略目标。近年来，凭借丰富的科技、智力资源，北京不断提升科技创新能力，一批具有全球影响力的创新型企业和国际知名品牌脱颖而出，科技创新正上升为首都经济社会发展的重要支撑。首都的示范功能、北京的资源优势、转变经济发展方式的大趋势和建设中国特色世界城市的大方向，都意味着北京有必要也有能力建成全国科技创新中心。本报告结合首都发展实际，深入研究北京市产业转型升级现状，探索北京建设全国科技创新中心的目标、路径和举措，从而更好地发挥对全国科技创新发展的示范和引领作用。

## 第一节  北京建设全国科技创新中心的战略目标

21世纪是知识经济时代，创新成为城市参与全球竞争的关键动力，建设创新型城市和科技创新中心城市成为世界各国建设创新型国家的重要内容。可以说，在全面建设创新型国家过程中，城市肩负着组织与实施创新战略的历史使命，科技创新中心已成为创新型国家建设的重要途径和重要引擎。然而，建设一个什么样的科技创新中心，在不同国家、不同城市有着不同的思路和侧重点。北京在建设全国科技创新中心的初始阶

---

① 本章由北京市委研究室课题组完成。冒小飞研究员担任课题负责人，杨文淼、汪亮、朱峰、王汝满、金旭毅、龚轶、王新、周宇超、武霏霏参加了研究工作。

段，应该先有一个比较清晰的目标。

从目前国际公认的全球创新型城市来看，科技创新中心在综合实力、交通区位、对外联系、创新人才、研发能力、科技服务、创新平台和文化氛围等方面，存在一些基本的共性特征。例如，具有较强的综合经济实力和较大的人口规模，具有便利快速的对外交通，拥有较强的对外经济联系和广泛的市场，能集聚一大批多样化高层次创新人才，能吸引大量具有高研发能力的组织机构入驻，具有发达的科技中介机构和较强的科技服务能力，具有建成国际著名创新平台和空间载体的能力，具有开放性和包容性的创新文化氛围，等等。但是，每一个科技创新中心城市又各具特色，呈现出一些其他城市所无法比拟的优势。

全球经济发展逐步走向多极化，单极的"全球科技创新中心"已经无法满足全球经济发展需求，取而代之的是由多中心、多节点组成的"全球创新网络"。全球涌现出多个在不同分工领域占据创新主导地位的科技创新中心是必然趋势，这些科技创新中心既有竞争，又有合作，共同构建成全球科技创新网络，各自在全球创新网络中处于关键位置。因此，北京在建设全国科技创新中心过程中，需要树立"全球科技创新节点式中心"的意识，经过一段时间的努力，使北京成为全球科技创新网络中最具活力的科技创新节点城市。要瞄准全球产业链分工的关键环节，积极融入全球创新网络，尽快形成具有独特优势的科技创新体系，在全球科技创新网络中占据不可或缺的重要位置。

"全球科技创新节点式中心"的战略目标蕴涵了以下内容：一是服务国家创新战略。新一轮科技革命和产业变革正在孕育兴起，中国正由"跟跑者"向"并行者""领跑者"转变。北京科技智力资源丰富，有基础、有条件、更有责任在服务国家创新战略时有更大的担当和作为，必须自觉服从和服务国家大局，积极主动整合和利用好全球创新资源，代表国家参与全球科技合作与竞争。二是引领经济社会发展。科技创新不仅是科学和技术的发明创造及其实际应用，更是与科学技术要素变化相关联的经济社会系统的改善。符合时代发展要求的科技创新中心，必须能够把科技创新成果快速转化到经济社会发展的方方面面，引领生产方式和生活方式的变革，推动人类文明的进步。三是为国内外科技创新提供示范。通过推进中关村国家自主创新示范区的先行先试政策，开展军民融合、科技金融中心、科技人才特区等一系列的试点，积极探索科技创新的有效路径，为国内其他地区和外国提供科技创新的"北京样本"，发挥好示范和表率作用。四是辐射京津冀、全国甚至全球。通过持续地鼓励支持一批高新技术企业在天津和河北建厂生产，鼓励引导高校、科研院所在河北共建产学研创新实体，共同打造创新发展的战略高地，进而将影响力进一步扩大到全国其他地区和世界其他国家。

## 第二节　北京建设全国科技创新中心的发展路径

创新驱动发展是一项系统工程，是在优越的创新环境下、借助高效的创新平台、由多类型创新要素通力合作、全方位创新服务支持、多个创新环节无缝链接共同完成的，特别是对全球性科技创新中心城市而言，城市创新体系是实现创新竞争力的重要条件。

建设"五个中心"的发展路径，将会有力推动北京全国科技创新中心建设，进而实现"全球科技创新节点式中心"的目标。

# 一、建设科技资源配置中心

充分发挥市场和政府的作用，汇聚各个领域和环节的科技创新资源，让各种创新资源充分整合、竞相释放。首先，要以市场为导向，发挥科技资源对金融资源、财政资源和民间资金的引导和带动作用，创新科技投入方式，让企业成为市场资源配置的主体。充分发挥市场机制在科技资源配置中的决定性作用，建立以企业为主体、市场为导向、产学研相结合的技术创新体系，使企业真正成为科技创新决策的主体、研究开发投入的主体、技术创新活动的主体和创新成果应用的主体。其次，要正确履行政府职能，制定有益于市场化的法律法规体系、激励体系、标准体系，优化政府服务，加强市场监管，提高科技资源的配置效率。正确履行政府职能，从深化投资体制改革、深化科技体制改革等方面入手，建设有能力、负责任、高效率的服务型政府。最后，要发挥好部市合作、院市合作、军民融合的作用，完善政产学研协同创新的机制，为在京中央企业、高校、科研院所营造更好的发展环境。

# 二、建设科技人才聚集中心

营造有利于创新创业的社会氛围和生态环境，着力加强对原始创新的支持，把北京建设成为全球高端人才创新创业的首选之地。一方面，要加大人才培养和引进的力度，抓好中关村人才特区建设及"千人计划"、"海聚工程"和"高聚工程"，努力吸引和培养更多具有世界水平的科技领军人才和创新团队。进一步加大创新人才培养力度，认真落实国家和北京市人才发展规划，坚持人才优先发展，大力培养、引进和使用人才，建设首都世界人才聚集中心。注重人才、团队、项目一体化引进，创建优良的学术环境。进一步拓宽人才引进绿色通道，积极引进拥有自主知识产权、掌握尖端高技术的专业人才，吸引海外留学人员、科技人才来京创业。切实加大对各级各类技术带头人、科技骨干、高层次的经营管理人员、企业家等创新型人才的培养力度。另一方面，要充分调动人才创新创业的积极性，落实好已经出台的各项创新政策，抓好深化科技体制机制创新意见中各项任务的落实，加大对科技人员的激励力度，优化创新创业环境。

# 三、建设科技专项攻关中心

聚焦国家重大科技专项的攻关，在国际科学前沿领域抢占制高点。一方面，要主动承接国家重大科技专项，积极服务国家重大科技基础设施建设；要支持高校、科研院所协同创新，围绕国家的重大战略需求开展科学研究工作，联合开展重大课题攻关，在承接任务中不断提升自主创新能力；要积极构建以高校、科研院所为主体的知识创新体系平台，在整合优势资源的基础上，积极承接和推进国家重大科技专项和科技基础设施，为国家布局战略性新兴产业提供科技支撑，形成更多的创新成果；要重视重要基础科学研究项目和具有重大技术成果转化前景项目的平衡发展，既保障科技成果产出效率，又保证科技研发的后续潜力。另一方面，要充分发挥政府的引导作用，聚集必要的资金和资源，为重大科技攻关提供坚实的保障；要重点建立和完善科技资源共享、科研成果转化、科技企业孵化、科技投融资、技术交易五大科技中介服务平台，为各项创新科技成果就地转化创造条件。

## 四、建设科技成果转化中心

围绕科技成果向现实生产力转化，破除制约科技成果转化和辐射的障碍，打通科技创新与经济社会发展的通道，充分发挥科技创新的支撑作用。以解决首都经济社会发展重点难点问题的科技需求为导向，聚焦群众普遍关注的大气环境、交通拥堵、垃圾污水治理等问题，通过科技创新造福社会、造福百姓。加快"智慧城市"建设步伐，用科技改变市民生活方式和生产方式，提高城市运行效率。要实施政府优先采购自主品牌等扶持政策，鼓励企业加快科技创新成果的应用和转化。突出人口、资源、环境、技术、安全等标准，推动符合首都特点和当前发展阶段的产业发展。发挥首都科技文化优势，以首都核心功能的定位为导向，促进科技、文化、创意、资本的有效对接，大力发展科技研发、文化创意、金融、商务服务等领域发展，提升首都影响力、辐射力。

## 五、建设新兴业态发展中心

通过发展具有高科技、高附加值、高成长性特征的产业，凭借高知识、高技术占据产业链的高端环节，有力促进区域自主创新能力的提升。新业态的产生主要有技术引发的创新、社会组织方式的变化引发的创新、需求引发的创新、产业价值链的分解融合引发的创新四种有效路径。近年来，北京电子商务、电子政务、远程医疗、增值电信服务、远程教育、现代物流等新兴行业快速发展，但从总体看，目前的经济体系仍然"大而全"，产业结构仍处于价值链的中低端，与全国科技创新中心的地位仍不相符。在新的发展阶段，必须坚持和强化首都核心功能，加快构建"高精尖"的经济结构，提高首都发展的质量和效益，努力在"瘦身"的同时"健体"。北京推动业态创新，要集中力量力争在以下四大产业领域取得新的突破：一是以孵化器、中小企业服务为代表的服务业；二是以社交、教育及游戏为代表的文化产业；三是以电商、移动互联网、大数据、环保和生物技术产业为代表的战略性新兴产业；四是以高端装备、汽车为代表的制造业。

## 第三节　北京建设全国科技创新中心亟待增强的薄弱环节

北京是全国总部经济中心，其第二产业以高新技术产业和现代制造业为主导，第三产业则以金融、保险、商贸、物流和创意文化产业为主体。北京产业发展和科技创新在拥有诸多优势的同时，仍然存在一些薄弱环节。

## 一、科技创新环境有待改善

尽管首都科技创新资源十分丰富，但还存在市场法律法规不健全、创新创业环境亟待完善等问题。这些都是创新主体无法通过自身去解决的，需要政府配合市场这只"看不见的手"来相互补充，充分发挥作用，侧重解决公共性问题，多研究制定一些普惠性政策。例如，首都高校资源优势明显，每年有大量的毕业生，再加上海外归国人员，以及工作经验丰富的企业人才，整个就业市场规模巨大，但是在供过于求的现实中，现有的人才体制、评价和激励机制造成大量创新人才流失。又如，部分行业垄断现象严重，中小企业难以进入市场与之抗衡，长期缺少竞争对手，也导致垄断企业科技创新动力严重不足。因此，必须营造公平有序的市场竞争环境，制定统一的行业标准和税收政策，并且加大对新技术、新产品的市场扶持，特别是针对中小企业的新技术、新产品政策支持。

## 二、知识链和产业链存在脱节，科技成果产业化不足

高校、科研院所和企业的科技成果无法根据市场的需求迅速产业化生产，导致整个市场的需求和供给不能很好地匹配，在一定程度上造成了资源浪费。科技成果产出和转化效率不足与高校、科研院所和企业对成果转化缺乏动力有直接关系。长期以来，在部分高校和科研院所中形成了重学术轻实用、重理论轻实践的风气，科研人员的绩效考核往往与论文发表数量、著作出版数量挂钩，过分强调理论水平和完成项目，缺乏对于社会经济产出效益的考量，这也加剧了大量科研成果"束之高阁"。而企业出于自身经济利益，加上科技创新投入不能产生即期收益，也导致了通常单纯依靠引进技术方式，形不成真正的创新增值体系，也存在科学技术缺乏适应性而无法真正投入生产的风险。

## 三、产业科技园区需要转变经济发展方式

产业科技园区的创新优势日益显现，以中关村示范区为例，它依靠自身的创新驱动形成了内生发展模式，不仅提高了投入要素的回报率，也通过规模报酬递增和知识经济效应促进了园区与外部企业合作。但目前仍有部分产业科技园区单纯以税收为手段，扩大招商引资来增进经济发展，忽视了科技创新的真正内涵和动力，也必然造成一些产业

科技园区出现占地过多、产业偏低端等问题。为此，产业科技园区要加强统筹规划，切实转变发展路径，增强创新发展动力；要立足于园区资源禀赋，准确定位并大力推进符合首都"高精尖"经济结构的新兴产业和新兴业态；要完善有利于创新企业集群成长的良好环境，推动产业科技园区和区域经济社会的和谐发展。

## 四、科技中介服务体系结构不合理、发展不平衡、服务能力不足

科技中介服务机构在科学技术是第一生产力的背景下迅速发展，在各创新主体之间起到纽带和桥梁的作用。科技中介服务体系是衡量技术市场成熟与否的重要标志，是整个科技创新活动必不可少的组成部分。北京地区科技中介服务机构就目前来看，科技园区、专业孵化器等发展较快，但是产权评估、创业投资、法律咨询、金融等服务发展不足，影响了市场配置资源功能的发挥，不利于向创新主体提供信息、资金等专业性服务，降低了社会资源与服务的有效配置。要建立和完善科技中介服务体系，必须营造良好的服务环境，提供更大的发展空间，引导科技中介服务机构向专业化和规范化发展，并且建立中间转化渠道，加速科技成果商业化，使科技中介服务机构早日承担起应尽的社会责任。

## 第四节　北京建设全国科技创新中心的对策建议

建设全国科技创新中心，北京应大力推动产业转型升级。要坚持有所为、有所不为，立足首都资源禀赋大力发展高端产业；要瞄准高端环节，依托总部经济、电子商务、服务外包等新兴业态，提升北京产业在价值链中的位置；要巩固并提升已有支柱产业实力，不断培育新的经济增长点；同时，要坚持绿色低碳发展，努力使产业发展融入城市生态环境建设。

## 一、加强对北京产业转型升级的宏观规划与引导

贯彻落实《中共北京市委　北京市人民政府关于进一步创新体制机制加快全国科技创新中心建设的意见》，加强对北京产业转型升级的宏观规划引导，强化科技对产业转型升级的支撑作用。一方面，要充分发挥首都"服务支撑、科技引领、产业联动"的重要作用。站在国家的高度，在宏观引导的基础上做好政策扶持工作，明确重点产业、重点领域和关键技术，通过金融财税等经济手段、行政手段和法律手段保证首都科技创新活动的迅速开展。把握好重点突出与和谐发展两个原则，重点发展支柱性产业，选择有前景的幼小产业进行扶持，定期在平台上发布对高技术产业发展有重大作用的关键性技术和共性技术，同时给予资金和政策上的支持，监督和推动高科技产业的技术进步，制定能够选择产业关键技术和共性技术的标准，定期主动淘汰市场中落后的生产工艺和设备，制定一系列配套政策措施，以实现从科技成果的开发到科技产品商业化的发展，更

好地推动和支持技术的开发与转化。另一方面，要营造良好的创新创业环境。在发挥高校、科研院所人才作用的同时，依托产业联盟、创新基地等重大项目，进一步落实国家"千人计划"、北京市"海聚工程"等高层次海外人员引进模式，健全完善人才引进机制，吸引优秀海外人员进京。建立以战略性科技人才为重点的人才信息库，完善信息共享机制，促进科技创新人才在不同创新主体中的自由流动。

## 二、深入优化北京三次产业布局

按照"优化一产、做强二产、做大三产"的产业调整思路，发挥首都资源优势，大力发展高新技术产业、文化创意产业、生产性服务业、战略性新兴产业和都市型现代农业，大力发展绿色经济、低碳经济和循环经济，抓紧实施电子信息、高端装备制造、汽车、生物和医药、新能源、都市型工业等产业振兴规划，抓住重大高端项目，通过大项目延长产业链，发展产业集群，带动产业发展。第一产业要坚持可持续发展原则，充分利用各种资源，着重发展科技含量高、节水型的现代都市型农业。第二产业要坚持走新型工业化道路，着力构建以优化升级后的传统优势产业为基础，以现代制造业、高新技术产业为主体，以都市型工业为辅的新型工业体系，并将汽车、电子信息、生物和医药等产业列为重点发展产业。第三产业要重点发展生产性服务业、文化创意产业和国际商贸中心、国际一流旅游城市、金融中心城市建设，巩固以服务业为主导的高端产业发展格局，积极打造信息服务、金融保险、文教卫体、旅游会展四个制高点。总体来说，北京应充分利用自身知识、技术和人力优势，着力发展总部经济、创意产业、科技研发、现代服务业和都市型工业，同时主动将一般制造业和重化工业向周边地区转移，实现与津冀地区的产业衔接，充分发挥其在区域经济发展中的辐射带动作用。

## 三、以新型政产学研机制助推产业转型升级

集中力量进行科技攻关，积极鼓励企业、高校、科研院所通过委托研发、联合研发、信息资源共享等多种形式进行交流合作，建立以企业为主体、政产学研相结合的技术开发模式，激活各方创新活力，共同攻克关系产业长远发展的关键技术。一方面，要增强企业对技术创新的主导性。重点关注以市场需求为导向的科技创新活动，提升科技成果产业化规模化能力。利用企业直接面对市场的特性，企业直接与消费者沟通联系，充分接触了解客户偏好，通过调查研究可以针对市场需求开发新技术，以市场竞争能力作为判断标准，避免科研和产品生产方向不一致。另一方面，要建设和完善高校、科研院所在知识创新和成果转化上的重要作用。高校、科研院所在知识创新方面有着得天独厚的优势，在技术实践和成果商业化方面也有很强的竞争力，在整个创新系统中作为强有力的主驱动力，在未来经济社会发展中的作用更是日益增强。要在强化与政府、企业的合作基础之上培育创业型高校，既秉承传统高校的使命，又与时俱进增加创业内容，利用高校本身的知识创新成果和自身培养的一批优秀的科研人才，不断开展应用性的科

研活动，通过创办衍生企业发展新兴产业，研究关键性科学技术，推动经济发展。

## 四、加快高端产业功能区建设步伐

把推动高端产业功能区建设作为推动产业转型升级的重要途径，建立健全市级统筹机制，加大统筹力度，引导高端产业继续向"六高四新"聚集，集中力量打造产业发展新区，提高园区产出效率，更大限度发挥高端功能区的作用。要继续强化中关村科技自主创新功能、北京经济技术开发区高端制造业功能、金融街国家金融中心功能、中央商务区现代国际商务功能、临空经济区国际航空中心核心区功能、奥林匹克公园重大国际活动功能，以高端产业功能区的创新发展引领首都科技创新。同时，要加快通州高端商务服务区建设，增强对东部发展带的带动作用；加快新首钢高端产业综合服务区建设，增强对西部转型发展的辐射作用；加快丽泽金融商务区建设，提高城南地区生产性服务业发展水平；加快北京新机场和新航城的规划建设，带动南部地区加快发展；加快怀柔文化科技高端产业新区建设，带动北部生态涵养发展区科学发展；推进北部研发服务和高新技术产业发展带的发展，加快建设南部高技术制造业和战略性新兴产业发展带，通过这些发展区和发展带的科技创新、产业升级，推动首都的科技创新和产业升级。

## 五、完善京津冀产业转移机制，构建三地协同创新中心

京津冀协同发展有利于推动城市间的产业协作，形成联系紧凑、分工有序的区域性产业价值链，进而为融入全球产业价值链铺平道路。同时，京津冀都市圈的成熟和发展为区域内产业发展提供了日益广阔的本地市场，由此可减少对外需的过分依赖。在充分调研论证的基础上，制定和完善京津冀都市圈产业发展规划，切实增强京津冀都市圈产业规划的科学性、连续性和前瞻性，保持各城市发展规划与京津冀都市圈整体发展规划相协调，并根据实际情况适时进行动态微调，实现局部与整体协同发展。要在京津冀都市圈发展规划中为中小城市提供充足的发展空间，鼓励中小城市发展特色产业和民营经济，增强其发展的经济支撑，并为其承接核心城市的产业转移奠定基础。在京津冀都市圈规划中融入低碳经济理念，使城市发展和产业规划符合低碳的要求，同时，构建有效的低碳生产和低碳消费政策支持体系，限制高碳产业的移入，鼓励低碳型生产模式和消费模式，并将激励政策长期化和制度化。在加强传统产业低碳化技术改造的同时，积极发展新能源、新材料、生物医药等低碳型新兴战略产业，提高对环京津冀贫困带地区的经济补偿水平，加快生态农业、新型工业和现代旅游业的发展，实现环境保护和经济发展的良性循环。

# 第十章 建设全国科技创新中心的改革思考[①]

**内容概要：**当前，建设全国科技创新中心成为北京新的战略定位，产业结构和外部环境决定了北京经济发展正进入以创新和生产效率为主要增长动力的新阶段。本报告针对北京建设全国科技创新中心的改革路径进行了研究，分析了北京在全国创新要素布局大调整下的地位和北京自身的特色，指出了现阶段的北京只是我国主要的创新要素集聚地，尚不是"完全意义的全国科技创新中心"。同时，结合北京创新创业活动的五个特点，指出北京的创新创业活动已经进入了新阶段，消除创新抑制成为北京激发创新活力的关键。在此研究基础上提出以下政策建议：一是以中关村为抓手，在全市范围深化改革；二是以科技体制改革为核心，在转变政府职能、完善创新政策体系、高度重视开放创新和加大京津冀协同创新力度等方面寻求突破。

2014 年北京被赋予了新的战略定位，"科技创新中心"成为北京要发挥的一项核心功能。实际上，创新成为增长主动力是北京经济社会发展的内在要求。当前，北京已经达到高收入国家标准，产业结构和外部环境决定了北京经济发展正进入以创新和生产效率为主要增长动力的新阶段。

## 第一节 从"创新要素集聚地"到 "科技创新中心"任重道远

科技资源高度密集一直是北京的独有优势。改革开放以来，随着经济重心从内陆向沿海开放地区转移，技术、人才和资本等创新要素也随之向发达省市集聚。在全国创新要素布局大调整的背景下，北京仍是创新要素最富集地区的"领头羊"。北京作为全国科学技术研发中心的地位没有动摇，仍是全国主要的技术输出地、科研院所和高校密集区、全国创业最活跃地区和第一智密区。北京在互联网服务业、生物医药、文化创意产业等新兴产业方面也形成了自身特色。总的来看，北京在创新创业方面的成绩有目共睹，值得肯定。

北京是不是及是什么样的"科技创新中心"，首先取决于对"科技创新中心"的界定。创新中心有多种类型，北京的政治经济地位和产业特征决定了它应致力于成为这样一种"科技创新中心"。具体表现为，不仅有很强的高端创新要素聚集能力，还具备很强的创新型企业孵化能力和加速成长能力；不仅能够吸引全国的高端要素，还对全球高

① 本章由国务院发展研究中心和北京决策咨询中心课题组共同完成。马名杰研究员担任课题负责人，国务院发展研究中心田洁棠、戴建军，北京决策咨询中心王海芸、张钰凤、王新、周毅群、李成龙参加了研究工作。

端要素有很强吸引力，尤其是对全球一流人才的吸引力。北京应形成一个自我演化、良性互动、面向全球的开放的区域创新生态系统。这样的创新中心将成为我国未来经济发展的新引擎，能为我国实现创新驱动发展提供源源不断的技术动力和创新活力。

未来我国必然是一个多中心的创新格局，但每个创新中心都将各具特色。北京应该成为向全国输出新知识、新思想、新技术的"心脏"，并通过快速和源源不断地孵化创新型企业为自身和全国发展注入活力。如果以此为目标，现阶段的北京还只是我国主要的"创新要素集聚地"，尚且不是真正意义上的"科技创新中心"。要实现以上的目标任重而道远。

## 第二节　消除创新抑制是北京激发创新活力的关键

改革开放以来，随着广东、上海、浙江、山东等地的快速发展，北京创新要素富集程度遥遥领先的局面已经一去不返。作为经济最活跃的省份，广东和江苏对创新要素的吸引力很强，已成为我国主要创新中心的有力竞争者。

当前，北京的创新创业活动具有以下特点：一是创新创业相对活跃，但高校和科研院所在京衍生创业企业的能力受到抑制，与本地企业进行人才互动的能力难以实现。知识创造机构最重要的衍生企业和扩散知识的作用难以发挥，导致北京创新创业的一个主要源头受到严重抑制。二是有较高附加值的知识密集型创新集群正在形成，生物技术产业和信息技术服务业成为最大亮点。但总的来说，数量少，创新集群效应尚不明显。三是创新的开放度和全球化程度大幅提高。在市场力量驱动下，在京机构对外提供研发服务、设立分支机构和企业相当活跃，对全国的技术外溢效应和辐射效应明显。在国际层面，跨国研发机构的设立与发展、海内外人才的对流、对海外技术和人才的投资等活动日趋活跃。四是北京在科技型企业融资环境上有相对优势，但全国和区域资本市场发展的滞后也制约了创业企业和科技型企业的快速成长，导致了风险资本对创业的加速作用未能有效发挥。五是创新创业的自我演化机制尚未完全形成。

值得强调的是，北京创新创业活动已经进入了一个新阶段。其特征是较高的知识含量和附加值、较高的社会参与、创业服务新业态的形成、创业新理念的出现等。其核心是较少受到体制束缚的市场活力开始得到更大限度的释放。

与此同时，创新创业的体制困局仍未打破。在体制束缚下，首都科技资源优势难以转化为创新优势——我们把它称之为"创新抑制"。一方面，北京虽得益于高校和科研院所密集的独有优势，却也更多地受到科技、教育、文化等体制障碍的束缚，知识创造机构的科学研究和创新活力难以迸发。另一方面，与一些沿海发达地区相比，北京体制改革步伐还有待加大。在深圳、苏州和杭州等科技资源禀赋相对不足的地区，却以市场为引领，勇于开拓，不仅改变了科技资源先天不足的劣势，还形成了基于创新的区域新优势。

## 第三节　以改革促科技创新中心建设的基本思路

释放创新活力，使创新成为主要增长动力，必须解决一系列制度问题。尽管有些体制改革主要在国家层面，但北京仍可以在优化区域创新环境上有所作为。依靠体制改革和机制创新，辅以合理的创新政策，将北京建设成为全国科技创新中心的目标可以实现。

# 一、以中关村为抓手，在全市范围深化改革

中关村有较好的创新基础和软硬件条件，但建设科技创新中心不能仅靠中关村。科技、教育、工商、经济等部门的改革任务远远超越了科技行政和示范区主管部门的权力范围。北京已进入全面创新，并在全市范围内激发出蓬勃创新活力的新阶段。因此，一方面要以中关村示范区为抓手，积极申请涉及中央权限的改革试点；另一方面要重点推进权限范围内的市级层面改革，以改革促创新。

# 二、以科技体制改革为核心，实施综合配套改革

科技领域的改革固然重要，但只聚焦于科技已不足以解决创新中心建设面临的制度壁垒。北京应按照党的十八届三中全会改革总体部署，在执政理念和政府职能上率先转变，以促进创新为导向，在科技、教育、文化、经济等相关部门综合推进改革，成为创新体系综合配套改革的先锋。

（一）转变政府职能，推进综合配套改革

（1）积极推进行政审批制度改革，放宽准入，简化流程，加强监管。将北京优势产业审批制度改革作为重点。

（2）推进和深化地方高校和科研院所事业单位改革。以市属高校为重点，探索机制灵活、有利创新、模式多样的高等教育体制。根据机构功能和岗位要求分类改革，积极探索符合教育和科研规律的人事、科研、经费、薪酬和考核等制度。包括鼓励高校探索差异化的教学科研制度，建立教授与研究员岗位分离的职称制度，建立高校与企业间的人才流动和工作制度，建设更加国际化的教职人员队伍等。

（3）深化科技管理体制改革。加大科技管理体系和科研经费管理改革力度；转变支持重点和方式，强化普惠性政策支持。

（4）深化区域资本市场改革与发展，拓展风险投资退出渠道，营造良好的区域融资环境。

（5）积极争取和推进知识产权司法改革和服务机构准入试点，率先成为全国知识产权保护和服务水平最高的城市。

（二）完善创新政策体系，强化市场导向，降低创新成本

（1）加强鼓励创新的需求政策，为新技术和新产品提供市场机会。通过法律、技术标准、安全标准、市场准入等措施促进新技术的应用和推广；对节能降耗等具有社会效

益的创新产品和技术，实施税收减免或补贴等政策。进一步细化政府采购政策，发挥政府采购对创新的激励作用。

（2）推进信息技术等新兴技术在城市管理和公共服务中的应用，打破部门分割。北京应成为新技术应用的"乐土"，为新技术应用提供市场机遇。要促进信息技术（云计算、大数据等）在交通、医疗、教育、文化等方面的应用，打破部门间在技术标准、市场准入等方面的行政障碍。

（3）重视和鼓励非盈利机构发展，落实相关税收优惠政策。发挥协会、联盟等非盈利组织在鼓励创新中的作用。

（4）完善创业鼓励政策。提升创业孵化在创新政策中的地位，建立基于绩效评价的竞争性的孵化器鼓励政策。

（5）落实税收优惠政策，减免行政事业性收费，减轻企业创新负担。争取拓展中关村"1+6"政策企业享受范围，如企业转增股本个人所得税试点政策、股权奖励个人所得税试点政策、职工教育经费税前扣除试点政策等。

### （三）高度重视开放创新，利用全球资源加快创新步伐

重点围绕人才、技术、海外技术投资等，消除吸引和利用国际创新要素过程中存在的障碍。

（1）建立有利于吸引国内外高端人才的户籍和社会保障制度。放松外籍高端创业人才签证和绿卡管制，简化其创办科技型企业的审批，鼓励国外高端人才来华创新创业。

（2）加大教育培训领域对外开放步伐。放松对科研人员参加国际交流的限制，简化审批流程。

（3）放松对收购海外技术的管制，简化企业建立海外研发机构、收购技术等技术性投资的核准程序，提高获取国际先进技术的便利性。争取中央对海外投资、购买技术、设立海外研发机构等审批权部分下放或建立绿色通道。

（4）开展中小型科技企业和创投机构的外汇管理制度改革试点，改善融资环境。重点针对国内企业使用境外风险投资及境外人员在中关村开展科技成果转化等创新创业活动，放松结汇限制。同时，强化事中和事后监管，为支持境外创业投资机构在中关村的设立和发展，简化从事早期天使投资的外资股权投资基金的结汇程序。

### （四）在京津冀协同创新中寻求新机遇，拓展创新空间

（1）大力支持中关村与津、冀科技园区合作。充分利用天津和河北的资源优势，采取异地共建、托管、飞地等多种方式，共建高新技术产业化基地、成果转移转化基地和科技企业孵化器，拓展创新空间，实现互利共赢。

（2）建立合作园区生产总值分算和税收分成机制。在此基础上，实现合作园区发展规划和政策一体化，实现区内创新资源和创新服务平台的充分共享，推进基础设施互联互通和异地公共服务便利化，统一京津冀三地各子科技园区的资质认定标准。

# 第十一章 举基础研究之力，为创新中心加速[①]

**内容概要：** 本报告结合北京全国科技创新中心建设的新定位和中国科技格局由全面"跟跑"向部分领域"并跑"甚至"领跑"不断前进的新形势，借鉴美国波士顿、法国巴黎、英国伦敦、日本东京等国际城市发展的经验，分析基础研究推动全球科技创新中心在区域辐射和全球创新中的作用机制，提出了突出区域发展主体需求，重视把握科技前沿，推动基础研究实现跨越式发展；还提出了实施首都"高精尖"产业发展支撑计划、建立高端人才引进与培养计划、加快建设国际一流基础研究基地、加快培育基础研究成果转化成优势技术的制度环境四个方面的对策建议。

"十三五"期间，北京将进一步坚持和强化首都全国政治中心、文化中心、国际交往中心、科技创新中心的核心功能。北京基础研究工作要围绕建设"四个中心"的战略目标，发挥基础研究在建设创新型国家和提高自主创新能力中的引领作用，推进知识生产与扩散，强化创新人才培养，为北京建设科技创新中心做出应有贡献。

## 第一节 北京建设全国科技创新中心的环境分析

## 一、中国基础研究发展趋势

在国际科技大格局中，中国已经由全面的"追赶者"向部分领域的同行者不断前进，并在某些领域已成为"领跑者"，总体上仍以"跟跑"为主。在科技部组织的技术预测调查工作中，参与调查的1 149项关键技术中有94％的技术与国际领先水平的差距在缩小。17％的技术已达到国际领先水平，31％的技术与国际先进水平同步或相差不大，52％的技术与国际先进水平存在差距，处于"跟跑"阶段。调查结果显示，中国基础研究成果形成优势技术的能力比美国、日本、德国等发达国家低25％～30％[②]。

党的十八大强调，要以全球视野谋划和推动创新。当前，中国原始创新能力还不强，科技创新的基础还不牢。在国际科技竞争格局中，中国基础研究实现由"追赶"到

---

① 本章由北京市自然科学基金委员会办公室和中科院科技政策与管理科学研究所课题组完成。王红、段异兵研究员主持课题研究工作。刘利等进行了编辑。

② 引自科技部部长万钢 2014 年 6 月 16 日《求是》署名文章。

"并行"的转变大体上要经历以下三个阶段：一是总量"并行"，在论文发表总量、学科发展体系、学术影响力等方面，要达到与世界主要国家水平基本相当的状况。二是过程"并行"，在主流科学推进的过程中，中国科学家应有里程碑式的贡献，做出"青出于蓝而胜于蓝"的成绩。三是源头"并行"，不仅在推动过程的演进上，而且要在源头上孕育新的学术思想，涌现出原创性的成果。无论是"并行"还是"超越"，都必须打牢根基，从源头上提供科学依据与途径。

2013 年，中国共投入 R&D（全社会研究与试验发展）经费 11 846.6 亿元，较 2012 年增长 15%；R&D 经费投入强度（与国内生产总值之比）为 2.1%，较 2012 年提高 0.1 百分点。全国用于基础研究的经费支出为 554.9 亿元，较 2012 年增长 11.3%，占 R&D 经费比重为 4.7%；按 R&D 人员（全时工作量）计算的人均经费支出为 33.5 万元，比 2012 年增加 1.8 万元。2013 年，首都 R&D 经费投入约占首都地区生产总值的 6%，北京地区基础研究经费投入约占首都 R&D 经费投入的 12%，基础研究人员全时当量为 3.6 万人年，占全国基础研究人员的 16.3%。

## 二、基础研究推动城市发展的国际经验

城市集聚了高校、科研院所，拥有众多创新人才，是基础研究的主要集聚地。美国波士顿、法国巴黎、英国伦敦、日本东京是当今最具竞争力的世界城市，也是基础研究实力雄厚、成果丰硕和引领全球创新的科学中心。总结基础研究推动这些城市发展的国际经验，对于认识基础研究对建设全国科技创新中心具有重要意义。

美国波士顿作为美国的主要科技创新中心，汇聚了包括哈佛大学、麻省理工学院等顶尖高校的科教资源，在诺贝尔奖获得者人数、世界著名科学期刊论文和《科学引文索引》（Science Citation Index，SCI）论文影响力等方面均处于世界前列。顶尖人才资源和超一流科研环境吸引了全球优秀人才的加入，产生了高端人才的聚集效应。借助于基础研究成果，形成了发达的现代服务业和高技术产业，生物医药、信息、材料、金融等产业发展迅猛，产业需求又推动了新知识的生产、传播与扩散。美国波士顿在集成利用全球智力资源方面的独特优势，为确立其科技创新中心地位奠定了基础。

法国巴黎的基础研究实力在法国乃至欧洲都处于领先地位。巴黎积极推动基础研究、人才培养和产业创新的深度融合。法国自 2006 年起实施的"高等教育与研究集群"是科学研究和人才培养深度合作与全面协同的计划，至 2012 年法国共设立了 23 个"高等教育与研究集群"，巴黎拥有 12 个。高校和科研院所也根据地理邻近准则共同创建"高等教育与研究集群"。2005 年法国实施的"竞争力集群"计划，支持特定区域的企业、公共科研院所、培训机构、创新服务机构等整合 R&D 资源，增强基础研究促进产业发展和提升区域竞争力的功能，巴黎地区现有 9 个"竞争力集群"。2012 年，巴黎"竞争力集群"的 R&D 支出占巴黎 R&D 总支出的 40%。

英国伦敦重视自然科学纯理论研究，具有世界一流的学术交流与科学研究环境，是全球领先的科学中心。近年来，伦敦积极改善科技成果转化慢、转化率低的不足，风险

投资非常活跃，创新能力较强的中小企业研发出许多创新产品并实现商业化，使伦敦创新产品、创业企业比例很高，形成了国际化的知识密集型产业集群。伦敦是吸引国际留学生最多的世界城市，伦敦高校毕业学生占据英国毕业学生总数的 40%。这些青年人才为开展基础研究提供了优质人力资源，也为伦敦源源不断地培养国际化人才。

日本东京是日本的科技创新中心。东京区域的大学占全国大学总数的 1/3，就读学生占总数的 1/2 以上，拥有全国 1/3 的科研院所。高校和科研院所的聚集为日本首都政治、文化活动和企业产品研发提供了重要支持。20 世纪 70 年代实施"工业分散"战略以来，东京在中心城区重点布局高附加值、高成长性的服务性行业、奢侈品生产和出版印刷业，其产业布局从以一般制造业、重化工业为主的产业格局，逐渐蜕变为以对外贸易、金融服务、精密机械、高新技术等高端产业为主，重化工业全面退出东京的格局。

上述世界城市的经验表明，基础研究对于城市发展的作用，一方面体现在以原始创新为源头，带动新兴技术发展，发挥科技创新的枢纽作用，促进知识创新、技术创新、产品创新的联合与贯通；另一方面体现在围绕经济社会需求开展基础研究，主动适应城市进步发展需要，为区域可持续发展提供理论依据和科学基础，形成科技创新与区域发展的良性循环。

随着中国北京地区基础研究投入的不断增加，基础研究水平和能力也在不断提升。2013 年，中国北京地区基础研究经费投入约占中国北京 R&D 投入的 12%，同期美国基础研究经费投入约占美国 R&D 投入的 19%。中国北京地区 SCI 论文总量稳步提升，已由 2010 年的 7 万余篇增长到 2013 年的 11 万篇以上，成为全球 SCI 论文产出最多的城市。北京地区论文相对影响力指数呈现快速上升趋势，已从 2000 年的 0.33 提升至2008 年的 0.63，增长近 1 倍，与美国波士顿持续 10 年维持在 2.2 左右相比，其上升态势标志着北京地区科研水平正在实现由量变到质变的飞跃。

## 第二节　北京地区基础研究的现状、特点与发展趋势

"十二五"期间，北京瞄准世界科技前沿，依托高校和科研院所，以承接落实国家重大科技基础设施为支撑，以实施国家重点基础研究发展计划、国家自然科学基金重大研究计划和中科院知识创新工程为抓手，取得了一批国际原始创新成果，显著提升了中国在世界科学研究中的地位和影响力。北京地区的高校、科研院所和产业研发机构聚集了众多高层次科研人员，学科领域分布多样化，研究成果水平高。高技术产业集群与基础研究优势领域的相互推动，显著提升了北京地区的创新水平和经济发展能力。

## 一、基础研究投入持续增长，投入强度不断增加

北京地区基础研究经费投入持续增长，约占全国的 25%，居于全国首位。2013 年，北京地区基础研究经费投入 137.2 亿元，较 2012 年增长 9.1%（图 11-1），占 R&D 总经费比重为 11.6%，达到世界主要创新型国家 10%～20% 的水平。

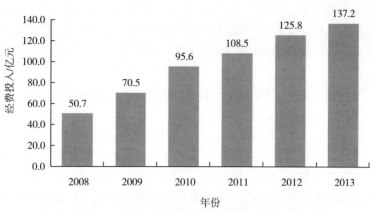

图 11-1　2008～2013 年北京地区基础研究经费投入

资料来源：《北京统计年鉴》（2009～2014 年）

## 二、基础研究人员比重逐年上升，科研人员层次较高

2013 年北京地区基础研究人员全时当量为 3.59 万人年，较 2012 年增加 2.6%。北京地区基础研究人员数量占首都 R&D 人员总量的比重呈上升趋势。

首都地区基础研究人员数量占首都 R&D 人员总量的比重总体上呈上升趋势。2008 年占比 12.82%，2012 年占比达 14.69%，2013 占比进一步提升至 14.82%，如图 11-2 所示。

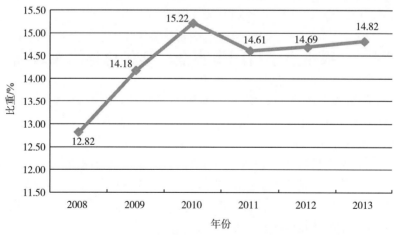

图 11-2　2008～2013 年北京地区基础研究人员全时当量占全部 R&D 人员全时当量比重

资料来源：《北京统计年鉴》（2009～2014 年）

2012 年，北京地区每万人口中从事基础研究人员全时当量为 16.7 人年，远高于 1.6 人年的全国平均水平。

2012 年全国重点科技基础条件资源调查结果显示，北京地区科研院所和高校中具有副高级及以上职称或具有博士学位的科研人员共计 6.4 万人，占全国总人数的 12.8%，居于全国首位。2013 年中国工程院新增选 51 位院士，其中北京地区新增选中国工程院院士 26 人，约占新增选院士的 51%。

## 三、科技基础设施建设不断加强，研究基地门类齐全

截至 2012 年年底，中国在位于北京的中国原子能科学研究院、中科院对地观测与数字地球科学中心、中科院高能物理研究所、中国农业科学院、北京科技大学、中科院电子所进行了国家重大科学基础设施建设，共计 7 项，占全国比重为 21.9%。另有 9 项基础设施虽建设在其他地区，但主要由北京地区的科研单位负责运行。

根据 2012 年全国重点科技基础条件资源调查，北京地区科研院所和高校中的大型科学仪器设备为 10 377 台（套），原值合计 160.5 亿元，占 2012 年调查的全国大型科研仪器设备数量的 25.7%，原值的 19.1%。

北京地区研究实验基地门类齐全。2012 年调查的北京地区 804 个研究实验基地中，国家级基地和部委所属基地 690 个，占比为 85.8%；市属研究实验基地 114 个，占比为 14.2%。北京地区实验基地中的科学仪器原值达到了全国总值的 1/5，大型科学仪器设备数量占北京地区总量的 47%。北京地区研究实验基地中，各类重点实验室 487 个，工程（技术）研究中心 125 个，分析测试中心 47 个，野外台站 55 个，研发技术中心 15 个，国家重大科学工程 6 个。

从研究实验基地所属的学科领域看，生物医药、现代农业、信息技术和地球科学领域数量较多。其中，生物医药领域研究实验基地 110 个，现代农业领域 109 个，信息技术领域 107 个，地球科学领域 103 个，如图 11-3 所示。

## 四、一级重点学科门类齐全，学科总体水平较高

2012 年教育部认定的全国一级重点学科共 286 个，北京地区为 90 个，占比达 31.5%。2012 年教育部学科评估结果显示，北京地区的高校中共有全国排名第一位的学科 46 个，占比为 63%。

图 11-4 为 2013 年北京地区进入 ESI（essential science indicators，即基本科学指标）排名的学科平均每篇论文被引用次数情况，其中临床医学学科平均每篇论文被引用次数最多。图 11-5 为 2013 年北京地区进入 ESI 排名的不同学科高校和科研院所数量情况，其中工程科学学科数量最多。

## 五、积极承担国家项目，基础研究活动活跃

北京地区是国家重点基础研究发展计划（"973"计划）主要承担者。2014 年度北京地区承担了 60 项"973"计划项目（包含重大科学研究计划），占比为 37.5%；经费

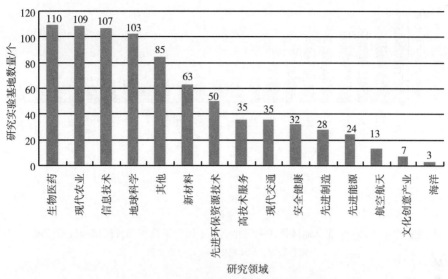

图 11-3　研究实验基地所属研究领域情况

资料来源：全国重点科技基础条件资源调查（北京地区）（2012 年）

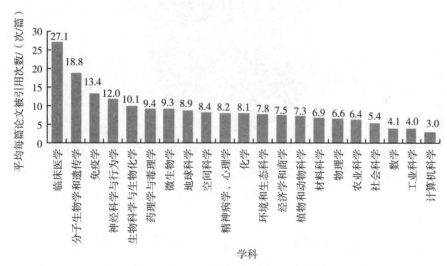

图 11-4　2013 年北京地区进入 ESI 排名的学科平均每篇论文被引用次数情况

资料来源：ESI 科学数据库

金额约 5.4 亿元，占比为 39.41%（图 11-6）。

2013 年北京地区承担国家自然科学基金项目近 7 000 项，占比约为 18%；约获资助经费近 50 亿元，占比约为 22.6%，居全国首位（图 11-7）。

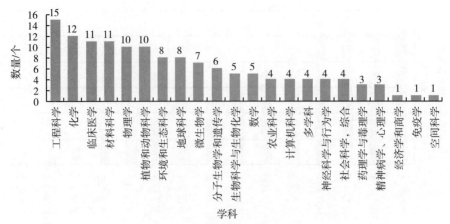

图 11-5　2013 年北京地区进入 ESI 排名的不同学科高校和科研院所数量情况

资料来源：ESI 数据库统计分析得到

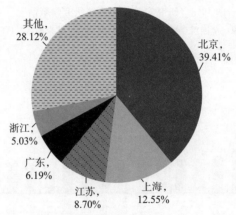

图 11-6　2014 年度国家重点基础研究发展计划（"973"计划）项目金额省市分布

资料来源：科技部网站

# 六、论文数量持续增长，基础研究产出丰硕

2012 年北京地区 SCI 收录论文数量为 3.1 万篇，占全国 SCI 论文收录总数的 18.76%（图 11-8）。

2013 年北京地区发明专利申请量与授权量分别为 67 554 件和 20 695 件（图 11-9），分别增长 28.1% 和 2.8%。从北京地区发明专利授权量占北京地区全部专利授权量的比重看，2012 年占比为 39.9%，相对 2008 年提升了 3.4 百分点。

2013 年，北京地区共有 75 个项目获得国家科学技术奖，占全国民口项目获奖总数的 23.07%。其中获国家自然科学奖 18 项，占全部自然科学奖项的 33%（图 11-10）。

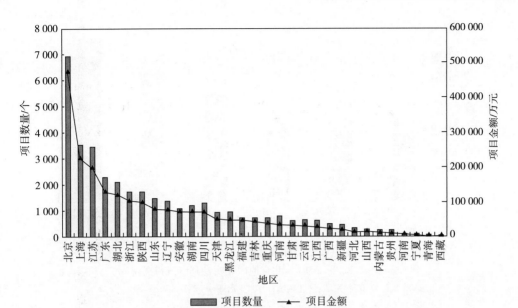

图 11-7　2013 年国家自然科学基金项目数量及金额按地区分布情况

资料来源：国家自然科学基金委员会

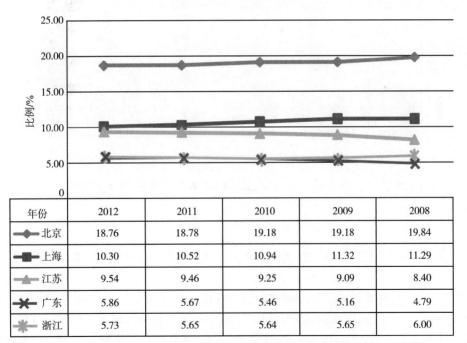

| 年份 | 2012 | 2011 | 2010 | 2009 | 2008 |
|---|---|---|---|---|---|
| 北京 | 18.76 | 18.78 | 19.18 | 19.18 | 19.84 |
| 上海 | 10.30 | 10.52 | 10.94 | 11.32 | 11.29 |
| 江苏 | 9.54 | 9.46 | 9.25 | 9.09 | 8.40 |
| 广东 | 5.86 | 5.67 | 5.46 | 5.16 | 4.79 |
| 浙江 | 5.73 | 5.65 | 5.64 | 5.65 | 6.00 |

图 11-8　2008～2012 年 SCI 论文各省市发表数量占比

资料来源：《北京统计年鉴》（2009～2013 年）

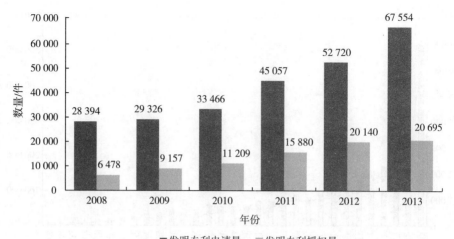

图 11-9　2008～2013 年北京地区发明专利申请和授权量

资料来源：《北京统计年鉴》（2009～2014 年）

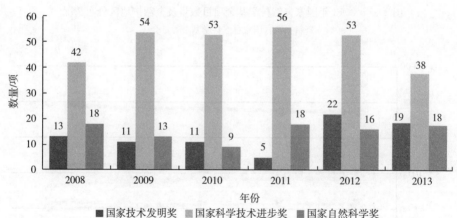

图 11-10　2008～2013 年北京地区国家技术发明和科技进步奖励数量

资料来源：《北京统计年鉴》（2009～2014 年）

## 第三节　繁荣首都基础研究的总体思路与对策建议

"十三五"时期是国家实施创新驱动战略、加快推进转变经济发展方式的关键阶段，也是世界科学变革和技术革命蓬勃兴起、国际科技创新格局深刻调整和科学研究与产业创新发展紧密结合的大变革时期。北京将大力营造良好的创新环境，着力汇聚全球创新要素，重点推进原始创新和重大集成创新，产生一批突破性创新成果，形成一批有全球影响力的创新型企业，实现一大批自主创新成果的产业化，培育若干有发展潜力的新兴业态。基础研究将为这些发展目标的最终实现提供有力支撑和先导引领。

# 一、总体思路

随着国家研发投入的增加和研究能力的提升，北京将缩小与国际先进水平的整体差距，逐步实现基础研究从"跟跑"到"整体并行"和"局部领跑"的历史性跨越，尤其要在"局部领跑"中取得重大进展。为实现这一战略目标，应按照"优化环境，双翼齐飞"的总体思路，进一步丰富首都基础研究。

优化环境是指建设基础设施、优化生态环境，提升对基础研究资源和人才的汇聚能力。文化、制度、宜居的生态环境和完善的基础设施是吸引人才和资本聚集的基础条件。高层次人才越来越注重生活品质，强调事业发展和生活配套设施的兼顾，对区域发展协调经济、社会、文化、制度和环境各方面都提出了更高的要求。

双翼齐飞是指充分发挥需求牵引的基础研究和原始创新驱动的基础研究在科技创新中心中的支撑作用。以原始创新为源头，密切跟踪和准确把握科技前沿，形成独树一帜的核心竞争力和经济发展模式，并承担起全球科技创新与转移的枢纽作用。而需求牵引的基础研究与经济社会创新发展方向紧密联系，在政策引导、制度环境优化等措施的干预下，基础研究能够与区域创新实现协同发展。后发追赶的地区可以在这两方面共同努力。

# 二、对策建议

国家自然科学基金"十三五"规划中提出，要以建成创新型国家对基础研究提出的任务为导向明确战略目标，从总体上探索基础研究发展目标"指标化"的规划手段，从总量上、发展过程上及源头创新上科学设计基础研究未来发展表征指标。

基础研究在建设全国科技创新中心过程中发挥着重要的支撑作用。"十三五"期间，北京地区应进一步提升科研实力和国际化水平，加强政策引导，立足源头创新。突出区域发展主体需求，重视把握科技前沿，推动北京基础研究实现跨越式发展。

## （一）实施首都"高精尖"产业发展支撑计划

突出需求导向的基础研究顶层设计，围绕电子信息、生物医药、能源环保、新材料、先进制造、航空航天等产业升级发展的需求，精心部署基础研究项目，设置重点重大专题研究专项，探索稳定支持机制。建立以企业为中心、高校和科研院所广泛参与的前沿技术协同创新集群，提高基础研究成果有效转化为优势技术的能力，推进地区"高精尖"产业发展。

## （二）建立高端人才引进与培养计划

建立基于国际影响力评估的高端人才引进计划，提高北京地区的国际学术影响力。加强国际科技交流合作，举办与地区基础研究优势相关的国际系列会议，搭建与北京地区基础研究优势领域密切相关的研究平台和基地，用高端产业为高层次人才提供施展才华的舞台，吸引并支持国际高端人才来京参与基础研究活动；设立北京杰出青年科学基金，重点支持学科交叉研究，吸引全球范围优秀人才来京从事研究活动，培养后备人才。

### （三）加快建设国际一流基础研究基地

瞄准若干重要科学前沿方向和战略必争领域，加强研究力量和创新资源的集成，在资金、政策等方面对基础研究基地给予扶持，推动全球基础研究资源向北京的流动。建立世界一流科学中心，引进世界顶级实验室在京建立分部。支持在京建设一批世界级的重大科学研究基地。

### （四）加快培育基础研究成果转化成优势技术的制度环境

加强企业和高校、科研院所的链接，建立基础研究成果的评价服务体系，形成与国际接轨的成果激励制度。加强知识产权保护，制定有利于基础研究成果转化的政策、法律手段等。发挥市场机制作用，完善中介服务体系，提升有利于城市建设和本地市场产品的技术标准和技术要求，通过需求端拉动基础研究成果在京转化成优势技术。

# 第十二章 基于全国科技创新中心建设的科技创新贡献率研究[①]

**内容概要**：本报告在介绍测算科技进步速度、贡献率及相关指标方法的基础上，对2006~2013年北京地区资本、劳动和科技创新影响经济增长速度，以及科技进步贡献额、科技进步贡献率及相关指标进行了测算，并与全国水平和部分省（自治区、直辖市）进行了比较分析。从测算数据看，北京地区的科技进步贡献额保持着一定规模的增长，在"十二五"期间，平均每年科技创新对地区生产总值增长量的贡献达到500亿元以上，较"十一五"期间每年对地区生产总值增长量的贡献多出100亿元。与此同时，反映经济发展质量的多要素生产率水平也较为稳定，大致保持在资本和劳动等要素投入增长1%时，地区生产总值增长5%。科技进步贡献率则达到60.11%，居全国首位。北京在创新人力资源、研发投入强度、知识产出水平及科技合作与交流等诸多方面在全国处于领先地位。北京的经济增长已摆脱主要依靠投资单纯追求地区生产总值增速的发展理念，转而依靠科技进步和创新来实现经济增长质量的提升。

自美国经济学家索洛（Solow）在技术进步贡献率研究方面做出突出贡献而获得诺贝尔经济学奖以来，测度技术进步对经济增长的贡献就成为一个持续不衰的研究课题。2006年，技术进步贡献率指标被列为《国家中长期科学和技术发展规划纲要（2006—2020年）》中的发展目标，这必将对全面落实科技发展观，建设创新型国家和地区起到积极的作用。

"十二五"以来，北京经济社会取得了显著进步，是全国经济总量增长较快的地区之一，地区生产总值已经接近两万亿元，人均地区生产总值达到9.3万元，超过上海列全国第二位。特别可喜的是，在经济增长量中，北京重创新、调结构、抓质量、促效率，依靠科技进步与创新的作用，有力地促进了经济发展方式的转变。2013年，北京市科学技术委员会委托第三方咨询机构即北京立言创新科技咨询中心，邀请科技部科技发展战略研究院、国家统计局统计科学研究所、北京市统计局、北京师范大学等多个单位的专家学者组成课题组，对北京科技进步和创新对经济发展的影响展开系统研究，对科技进步贡献率及相关指标进行了测算，并与全国和部分省（自治区、直辖市）市进行了比较分析。通过定量化分析，进一步了解科技创新对首都经济社会发展的支撑和引领作用具有十分重要的意义，进而为下一步加快推进全国科技创新中心建设提供借鉴和参考。

① 本章由北京立言创新科技咨询中心课题组完成。何平研究员担任课题负责人，王文霞、倪苹、高晓玲、成贤、杨森、贾喜越、刘晶晶、陈丹丹参加了研究工作，张生玲研究员进行了编辑。

# 第一节  关于科技进步贡献率及相关指标测算方法

测算科技进步速度、贡献率及相关指标的方法有很多，但采用最多且最为成熟、稳定的方法为索洛余值法。

## 一、科技进步速度

科技进步速度又称为多要素生产率速度，是指计算期与基期比较科技进步水平的增长速度。由于在具体测算时难以直接度量科技进步的作用，通常是在经济增长速度中扣除"资本"和"劳动"两个影响经济增长速度的生产要素后，将剩余部分看做科技进步速度，其测算方法为（索洛余值法）

$$\alpha = y - \alpha k - \beta l$$

其中，$\alpha$ 为科技进步速度；$y$ 为经济产出增长速度，通常用生产总值增长速度反映；$k$ 为资本投入增长速度，通常用资本形成存量净额增长速度反映；$l$ 为劳动投入增长速度，通常用就业人员增长速度反映；$\alpha$ 和 $\beta$ 分别为资本弹性系数和劳动弹性系数。

科技进步速度虽然是间接推算所得，但与其他速度指标具有同样的性质，即与基期水平密切相关，一般地，基期水平越低速度越快；基期水平越高速度越慢。

## 二、科技进步贡献率

科技进步贡献率又称为多要素生产率贡献率，是指科技进步速度与经济增长速度的比率，可看做经济增长速度中由于科技进步导致的增长所占的比重。测算方法为

$$\frac{\alpha}{y} \times 100\% = 100\% - \alpha \frac{k}{y} \times 100\% - \beta \frac{l}{y} \times 100\%$$

科技进步贡献率的高低直接取决于经济增长速度和科技进步速度之间的关系，在一定的经济增长速度下，科技进步速度越快则贡献率就越高；当经济增长速度超过某个值时，科技进步速度快，贡献率不一定高。

## 三、科技进步贡献额

通过科技进步速度和科技进步贡献率反映科技创新对经济增长的相对影响，并辅之以科技进步贡献额反映科技创新对经济增长的绝对影响才能够对科技创新对经济增长作用的认识更为全面。

科技进步贡献额又称为多要素生产率贡献额，指的是在经济增长量中科技进步作用导致的增长量。测算方法为

$$Y_a = \frac{a}{y} \times 100\% \times (Y_1 - Y_0)$$

其中，$Y_a$ 为因科技进步贡献而增加的经济产出（生产总值）；$Y_1$ 为计算期生产总值；$Y_0$ 为基期生产总值。由于对科技进步贡献的测算通常以五年为一周期，因此，科技进步贡献额一般为年平均贡献额。

科技进步贡献额的大小不仅取决于科技进步贡献率，还取决于经济产出的增长量。在同样的增长速度下，经济产出规模越大则增长量就越多，科技进步贡献额就越大；经济产出规模越小则增长量就越少，科技进步贡献额就越小。

## 四、多要素生产率

多要素生产率（multimedia factor productivity，MFP）测度的是在一定的要素投入（通常为资本和劳动）速度下经济产出增长的强度。根据 OECD（Organization for Economic Cooperation and Development，即经济合作与发展组织）的《生产率测算手册》，建议采用 Tornqvist 指数公式计算要素投入速度，具体测算方法为

$$MFP = \frac{y}{l^{\alpha} k^{\beta}} \times 100\%$$

其中，$y$ 为经济产出速度，通常用生产总值物量指数反映；$k$ 为资本投入物量指数，用固定资本形成存量净额物量指数反映；$l$ 为劳动投入速度，用就业人员指数反映；$\alpha$ 和 $\beta$ 分别为资本弹性系数和劳动弹性系数。

## 五、关于劳动投入量的选择

在多数研究中，选用劳动者人数作为劳动投入量的占多数。这是因为它能够简明直接地体现劳动投入量的规模，不存在价格调整的问题，统计数据也容易获得。在本项研究中使用的劳动投入量就是全社会就业人员数。

## 六、关于资本投入量的选择

本报告采用国民经济核算数据中的固定资本形成数据反映资本投入量。其优点如下：基础资料的取得相对方便；来源于政府统计机构公开发布的数据，具有较好的公信度；基础资料较为系统，已形成完整的时间序列。

要取得固定资本形成存量数据，就需要确定基年的固定资本形成存量净额。根据国民经济核算数据情况，基年确定为 1952 年。根据有关全国科技进步贡献率测算的参考文献，将 1952 年全国资本形成存量净额确定为 2 000 亿元（1952 年价），扣除当年存货 73 亿元，固定资本形成存量净额为 1 927 亿元，从而推算出 1952 年北京地区固定资本形成存量净额为 80.85 亿元（2000 年价）。

确定基年固定资本形成存量净额后，可依据各年的固定资本形成和固定资产折旧，按永续盘存法计算各年的固定资本形成存量净额：

$$STK_t = I_t + （1-\delta_t） STK_{t-1}$$

其中，$STK_t$ 为 $t$ 年固定资本形成存量净额；$I_t$ 为 $t$ 年的固定资本形成；$\delta_t$ 为 $t$ 年的折旧率。

# 七、关于 α 和 β 的确定

本报告采用比值法确定资本弹性系数和劳动弹性系数，即

$$\alpha = 1-\beta$$

$$\beta = \frac{劳动者报酬＋（1-资本形成率）\times 生产税净额}{劳动者报酬＋营业盈余＋生产税净额}$$

由于弹性系数 α 和 β 可看做对资本增长速度和劳动增长速度进行加权，增长速度又与基期和计算期水平都有关系，参考 OECD《生产率测算手册》的方法，计算期增长速度的权数取基期与计算期的平均值，即第 $t$ 期的 $\alpha_t$ 和 $\beta_t$ 为

$$\alpha_t = \frac{\alpha_t + \alpha_{t-1}}{2}, \quad \beta_t = \frac{\beta_t + \beta_{t-1}}{2}$$

## 第二节　北京地区科技进步贡献率测算

基于第二次全国经济普查后修订的国民经济核算资料，运用以上方法对北京 2006～2013 年地区资本、劳动和科技创新影响经济增长速度，以及科技进步贡献率及相关指标进行测算，测算结果见表 12-1。

表 12-1　"十一五"以来北京地区科技进步贡献率（单位：%）

| 时期 | 2006～2010 年 | 2007～2011 年 | 2008～2012 年 | 2009～2013 年 |
|---|---|---|---|---|
| 生产总值增长速度 | 11.11 | 10.17 | 9.06 | 8.80 |
| 资本影响经济增长 | 1.33 | 0.84 | 0.70 | 0.95 |
| 劳动影响经济增长 | 3.63 | 3.68 | 2.98 | 2.56 |
| 科技进步（创新）影响经济增长 | 6.15 | 5.64 | 5.39 | 5.29 |
| 科技进步贡献率 | 55.35 | 55.52 | 59.46 | 60.11 |

资料来源：《中国经济普查年鉴》及我国 GDP 核算历史资料

从"十二五"前几年的情况看，北京地区经济增长速度虽然逐年趋缓，但资本投入和劳动投入增长速度下降更快，使科技进步贡献率逐年提高，2008～2012 年已经接近 60%，2009～2013 年超过 60%，达到 60.11%，已经达到了《国家中长期科学和技术发展规划纲要（2006—2020 年）》确定的 60%的创新型国家目标。

## 第三节　北京科技进步贡献额和多要素生产率测算

科技进步贡献额是指因科技进步因素影响经济增长的绝对数量，它不仅取决于科技进步贡献率的高低，也取决于经济规模的大小。从测算数据看，北京地区的科技进步贡献额保持着一定规模的增长，在"十二五"期间，平均每年科技创新对地区生产总值增长量的贡献达到 500 亿元以上，较"十一五"期间每年对地区生产总值增长量的贡献多出 100 亿元。反映经济发展质量的重要指标——多要素生产率水平也较为稳定，大致保持在资本和劳动等要素投入增长 1% 时，地区生产总值增长 5%。与其他省（自治区、直辖市）相比也处于较高水平，详细内容见表 12-2。

**表 12-2　"十一五"以来科技进步贡献率及相关指标**

| 时期 | 2006～2010 年 | 2007～2011 年 | 2008～2012 年 | 2009～2013 年 |
|---|---|---|---|---|
| 科技进步贡献率/% | 55.35 | 55.52 | 59.46 | 60.11 |
| 资本贡献额/（亿元/年） | 92.79 | 64.63 | 59.38 | 94.98 |
| 劳动贡献额/（亿元/年） | 252.30 | 283.66 | 254.22 | 256.02 |
| 科技进步贡献额/（亿元/年） | 427.81 | 434.82 | 460.03 | 528.83 |
| 多要素生产率/% | 105.86 | 105.41 | 105.20 | 105.11 |

## 第四节　与全国水平和部分省（自治区、直辖市）的比较分析

依据科技部公开发布的数据显示，全国科技进步贡献率每年约提升 1 百分点，在 2009～2013 年达到 53.11% 的水平，北京超越上海达到 60.11%，居全国第 1 位，除京、津、沪直辖市外，江苏在各省份中居全国第 1 位，已接近 60% 的水平，见表 12-3。

**表 12-3　北京与全国和部分省（自治区、直辖市）科技进步贡献率比较（单位：%）**

| 地区 | 2006～2010 年 | 2007～2011 年 | 2008～2012 年 | 2009～2013 年 |
|---|---|---|---|---|
| 全国 | 50.68 | 51.68 | 52.19 | 53.11 |
| 北京 | 55.35 | 55.52 | 59.46 | 60.11 |
| 天津 | 51.11 | 53.15 | 53.82 | 54.11 |
| 上海 | 61.38 | 60.11 | 60.14 | 60.06 |
| 江苏 | 55.18 | 57.48 | 58.28 | 59.11 |
| 浙江 | 45.17 | 55.18 | 55.56 | 55.58 |
| 山东 | 51.17 | 52.44 | 52.92 | 53.10 |
| 广东 | 57.86 | 56.12 | 56.17 | 57.77 |

通过统计资料显示，在 2008～2010 年，为应对国际金融危机，部分省（自治区、直辖市）和全国一样，进行了较大规模的固定资产投资。但从"十二五"以来，这些地区固定资产投资速度趋缓，特别是北京，在京、津、沪三个直辖市中固定资产投资规模

已达到最小，见表 12-4。

表 12-4　北京与全国和部分省（自治区、直辖市）固定资本形成总额比较（1978 年可比价）

| 地区 | 2010 年 | 2011 年 | 2012 年 | 2013 年 |
|---|---|---|---|---|
| 北京 | 1 047.58 | 1 085.80 | 1 243.78 | 1 349.24 |
| 天津 | 961.09 | 1 127.88 | 1 286.93 | 1 454.21 |
| 上海 | 1 391.72 | 1 421.81 | 1 483.04 | 1 645.58 |
| 江苏 | 6 487.94 | 7 126.51 | 7 604.48 | 7 640.41 |
| 浙江 | 2 418.25 | 2 558.74 | 2 695.06 | 3 185.30 |
| 山东 | 4 092.81 | 4 531.80 | 4 932.07 | 5 173.82 |
| 广东 | 3 348.27 | 3 646.57 | 4 127.94 | 4 592.56 |

资料来源：《中国统计年鉴》（2010～2013 年）

　　可见，北京的经济增长已摆脱主要依靠投资单纯追求地区生产总值增速的发展理念，转而依靠科技进步和创新来实现经济增长质量的提升。

　　北京作为我国的政治、文化、国际交往和科技创新中心，近年来在建设创新型城市的进程中取得飞速的进步。在开放、包容、共赢的理念下，北京在创新人力资源、研发投入强度、知识产出水平及科技合作与交流等诸多方面在全国处于领先地位。中关村成为国内首屈一指的高新技术产业开发区，一批高校和科研院所也为北京的创新城市建设做出突出的贡献。北京积极推进与实施研发国际化战略，广泛进行基于全球价值链的高技术产品贸易合作，深化拓展国际科技合作与交流，在合作发展研究、教育培训、科学实验、协同创新等方面取得了长足的进步。

　　科技经费投入强度是创新国家和地区的重要标志。2012 年，北京的 R&D 经费内部支出为 1 063.36 亿元，虽然略低于江苏和广东，但 R&D 经费支出强度（R&D 经费内部支出与地区生产总值比值）却达到 5.95%，显著高于其他地区，位居全国首位。

　　北京是国内科技创新人力资源最为丰富的地区，是万人 R&D 人员数达到 100 人年/万人以上（113.80 人年/万人）唯一的地区，明显高于排在第 2 位的上海（64.43 人年/万人）；万人大专以上学历人数达到 3 735.03 人/万人，是位居第 2 位的上海的 1.62 倍。

　　发明专利产出是地区创新能力和创新绩效的重要体现。从专利申请来看，2012 年，北京万人发明专利申请数以 25.48 件/万人名列全国第一，且是国内 20 件/万人以上唯一的地区，显著高于排在第 2 位的上海；从专利授权来看，2012 年，北京万人发明专利授权数最高，为 9.73 件/万人，是排在第 2 位的上海的两倍多；从专利拥有量来看，2012 年，北京万人发明专利拥有量为 33.61 件/万人，排在全国首位，几乎为排在第 2 位的上海的两倍，更明显高于全国其他地区。

　　技术市场是改革开放以后出现的新生事物，它的活跃程度体现了创新的活跃度。不论在技术输出还是技术吸纳方面，北京都占有优势。从技术市场输出技术成交额看，北京高达2458.50亿元，占全国比重为38.19%，明显高于第2位的上海（占比8.06%）；从吸纳技术成交额看，2012年，北京以974.35亿元排在全国首位，几乎是排在第2位的江苏的两倍。

高技术产业的发展体现了区域创新竞争能力的强弱。2012年，北京高技术企业占规模以上工业企业的比重为20.59%，比排在第2位的广东高出7.20百分点；高技术产品出口额占商品出口额比重达到60.87%，同样排在全国首位，比排在第2位的四川高出4.76百分点。

由此可见，北京科技进步贡献率逐年提升的背后，有着不同领域创新能力建设的支撑，也有着建设全国科技创新中心理念的引领，预计在"十二五"末期和"十三五"期间，北京如能继续保持、强化资本节约和劳动节约的态势，科技进步贡献率还有进一步提升的空间。

# 第十三章　北京建设全国科技创新中心：评价思路与指标体系①

**内容概要**：北京建设全国科技创新中心是一项具有长期性、战略性和全局性的系统工程，本报告立足于北京建设全国科技创新中心的城市定位和发展内涵，探索建立分析和评价全国科技创新中心指标框架体系。在综合文献梳理和系统研究的基础上，提出北京建设全国科技创新中心，应立足超大城市、首都定位、国家使命"三大战略基点"；突出竞争力、带动力和影响力"三大动力"；强化人才竞争力、企业竞争力、环境竞争力、经济带动力、社会带动力、生态带动力、区域影响力、国家影响力和全球影响力"九项支撑力"，初步构建了具有中国特色、全球视野的科技创新中心评价指标框架体系。

北京科技创新资源密集、科技创新实力雄厚、创新文化发达、创新氛围浓郁、科技辐射带动能力较强，具有良好的科技发展潜力和人文自然环境、较强的国际竞争力和影响力，已经日益成为全国乃至全球新思想、新产品、新技术和新文化的重要创新策源地之一，具有建设全国乃至全球科技创新中心的比较优势。但是，从现有的理论文献和实践案例来看，目前国内外对"全国科技创新中心"并没有统一的标准，而且由于经济社会发展阶段不同、国情各异，如何在一个新兴市场经济大国中，建设一个以首都城市为主体，引领地区、全国和全球发展的科技创新中心，形成一整套科学合理的评价指标体系，到目前为止仍没有可供直接参考和借鉴的现实模板。在这一背景下，我们研究认为，北京建设全国科技创新中心不能简单套用国外或国内一些约定俗成的分析框架和评价思路，需要从国家对北京发展的要求、北京市自身发展条件出发来挖掘新的城市定位和发展内涵，并在此基础上归纳、梳理、分析维度并构建评价指标体系。

## 第一节　北京建设全国科技创新中心：三大战略基点

从国内外实践来看，一般被视为科技创新中心的城市往往能够通过不断创新，保持和拓展优势领域，通过自身创新能力的释放在城市内部产生规模经济效益，在城市外部产生辐射效应，引领产业和区域经济社会发展的时代潮流。但是，由于所在的国家政治经济体制不同，城市规模和发展阶段也不一致，所以世界各国的科技创新中心城市往往

① 本章由北京师范大学、首科院课题组完成。李晓西教授为课题组顾问。赵峥博士担任课题负责人及执笔人，刘杨、石翊龙、王赫楠等参加了研究工作。

具有各自不同的特点，其体现着各国创新体系和创新要素的禀赋差异及国家战略目标导向。在北京建设全国科技创新中心，也特别需要充分考虑国家宏观布局和城市发展特性，明确自身的战略基点。

## 一、北京建设全国科技创新中心需要立足于超大城市特征

北京是一个常住人口超过 2 000 万人的世界级超大城市，与全球其他进入稳定发展阶段的大都市相比，北京仍处于城市化质量提升阶段，创新需求和创新产品的市场空间仍然十分巨大。一方面，大量的科技创新产品和服务不仅能够在外部市场上获得发展机会，更能够在巨大的本地需求市场上占得先机；另一方面，超大城市人口众多、文化多元、经济发展水平高，对科技创新的需求强烈，还能够催生大量原生创新型产业的发展，推动新的技术进步和产业转型升级。超大城市特征决定了北京建设全国科技创新中心，自然与单个园区或中心城市模式不同，需要走适合自身城市体量需求的综合系统集成的城市创新道路。从 20 世纪 90 年代以来，许多国际组织关于区域创新能力比较的研究参照的对象往往是美国硅谷、日本筑波、韩国大田等。不可否认，硅谷等园区和城市的确具有全球创新中心的影响力，但此类高科技园区和中小城市的资源禀赋、功能定位、产业基础等，都与超大城市相差甚远，如果仅简单对比，很难得出具有说服力的结论。而在实践中，尽管全球范围内超大型城市在科技创新中的地位正在快速上升，但就建设科技创新中心而言，尚未出现成熟的案例。所以，北京建设全国科技创新中心，并不是简单地把北京变成美国的硅谷或者其他地方，也不能单纯地用国内外园区或中小城市的标准来评价和衡量其建设结果，而是需要结合城市自身的实际，探索超大城市科技创新中心的发展之路。

## 二、北京建设全国科技创新中心需要凸显首都定位

北京是我国的首都，这一城市定位决定了北京建设科技创新中心的国家性。一方面，北京是国家科技创新资源的集中地。北京集聚了我国科研院所和教育机构的精华，在科技创新资源方面具有不同于其他省区和城市的明显优势。另一方面，北京是国家科技创新的引领者。以中关村为例，改革开放以来，国家先后多次对中关村做出过重大决定，每一次都催生了政策创新、制度创新和技术创新。1988 年，北京市新技术产业开发试验区成立，成为第一个国家级高新技术产业开发区；1999 年，为实施科教兴国战略，国务院要求加快中关村科技园区建设；2005 年，国务院做出了支持加强中关村科技园区的八条决定，提出要把中关村建成促进技术进步和增强自主创新能力的重要载体，带动区域经济结构调整和经济增长方式转变的强大引擎，高新技术企业"走出去"参与国际竞争的服务平台，抢占高技术产业制高点的前沿阵地；2009 年，国务院批准中关村建设国家自主创新示范区，要求把中关村建设成为具有全球影响力的科技创新中心；2011 年，国务院批准了《中关村国家自主创新示范区发展规划纲要

（2011—2020 年）》，明确提出"把北京中关村建设成为具有全球影响力的科技创新中心"。由此可见，北京科技创新发展从一开始就关乎全国科技生产力的解放和发展，有关政策措施的出台和法律法规的实施都是国家层面的战略举措，北京在我国科技体制机制的改革发展方面发挥着全国性的示范引领作用。因此，北京建设全国科技创新中心，不能单纯地同国内其他省市进行简单比较，而是需要进一步强化自身的首都地位，在体现首都特色和功能方面做出更大的努力。

## 三、北京建设全国科技创新中心需要勇担国家使命

从世界地理格局创新来看，全球科技创新发展呈现出"平滑而倾斜"的重要特征。一方面，由于信息化的发展，世界变得越来越"平"，全球科技系统的开放性亦大大增强。另一方面，全球的资源、要素和人类活动越来越趋向优势区位集中，富有竞争力特别是富有科技竞争力的国家和地区将更具有可持续竞争优势。由于科技创新资源的高度流动性和科研活动的空间集聚性，谁拥有世界级的科技创新中心，谁就能最大限度地吸引全球创新要素，进而在国际竞争中获得战略主动权。因此，积极谋划建设全球创新中心成为许多国家和地区应对新一轮科技革命和增强国家竞争力的重要举措。英国于2004 年就开始在曼彻斯特等城市建设"科学城"，2010 年又规划将东伦敦地区打造为国际技术创新中心，旨在通过加强产业和科学基地之间的联系，将英国发展成为世界上最适合科学发展的地区；美国试图借助新科技革命带来的先发优势引导产业回流以重构全球分工体系，并于 2012 年制订了打造"东部硅谷"的计划，力图成为全球科技创新领袖。在这样的背景下，科技全球化使北京作为世界城市网络的重要枢纽和我国国际交往的中心，有更多的机会和可能在更高层次上参与全球科技创新分工，并分享其成果。同时，由于我国正处于实现中华民族伟大复兴目标的重要时期，比以往任何时候都更加需要强大的科技创新中心，作为国家的首都，北京是我国众多重大创新的策源地，是我国前沿创新的领跑者，肩负着集中体现国家科技创新战略和国际科技创新竞争力的历史使命。因此，北京建设全国科技创新中心，需要紧密结合国家战略，争当我国参与全球科技竞争的排头兵。

## 第二节　北京建设全国科技创新中心的评价分析框架：
## "三大动力、九项支撑力"

建设全国科技创新中心，不仅对北京城市自身科技创新发展水平和能力有较高要求，而且还需要将科技与城市经济社会发展紧密结合，并能够辐射和影响国家乃至全球的科技创新活动，主要体现为"三大动力、九项支撑力"。

# 一、科技创新竞争力

科技创新竞争力是指城市利用科技创新资源禀赋的能力。科技创新竞争力主要评价和衡量城市科技创新的比较优势。其主要体现在科技创新人才竞争力、科技创新企业竞争力、科技创新环境竞争力三个方面。

## （一）科技创新人才竞争力

人才资源是科技创新中心的灵魂。从国际创新城市发展经验来看，支撑城市经济社会发展的最大资源可能不在于自然资源和物质条件是否丰裕，而在于城市是否具有不可复制的人才和知识优势。纽约、伦敦、巴黎、东京等世界城市之所以成为国家乃至世界影响力的创新型城市，很大程度上是由于它们在全球城市人才、知识等战略性创新资源配置中处于重要主导和控制地位。建设全国科技创新中心，应"择天下英才而用之"，最大限度地激发创业者和科技人员的创造热情和创新活力，并增强人才结构、创业格局与产业转型升级之间的互动融合、相互促进，真正将人才资源比较优势转化为人力资本竞争优势。

## （二）科技创新企业竞争力

企业是技术创新的主体，要成为全国科技创新中心就必须要有若干国家和世界级的领先企业。世界产业发展的近百年历史表明，真正起作用的技术几乎都来自那些行业中的领军企业。所以，科技创新企业竞争力主要体现为重点企业在整个区域创新活动中的投入竞争力、技术成果产出和市场竞争。特别值得重视的是，科技型中小企业往往是科技创新的"星火"，科技型中小企业的发展状况也是科技创新企业竞争力的重要表现之一。长远来看，只有形成由若干重点领先企业带动、大量中小企业参与的企业创新体系，才能真正建设全国科技创新中心。

## （三）科技创新环境竞争力

全国科技创新中心必须要有比其他城市更适宜创新的体制与政策环境，其中，市场要发挥在科技创新资源配置中的决定性作用，政府要推动治理体系与治理能力的现代化，营造开放、公平和创新导向的城市创新创业环境，有计划、有重点地增加有利于科技创新的公共产品的投入和公共服务的供给，为城市企业或个人提供创新发展的稳定规则及预期良好的生产生活环境。同时，由于城市文化软实力是一种支持科技创新活动的隐性环境资源，因此在全国科技创新中心更应注重培养敢于冒险、宽容失败、包容开放的城市文化，为城市科技创新活动注入长久活力。

# 二、科技创新带动力

科技创新带动力是指科技创新对城市经济社会发展的促进和推动能力。科技创新带动力主要评价和衡量科技创新的城市贡献,是科技创新与经济增长融合、社会发展融合、生态保护融合的重要路径。其主要体现在科技创新经济带动力、科技创新社会带动力、科技创新生态带动力三个方面。

## (一)科技创新经济带动力

全国科技创新中心要有国际竞争力的"高精尖"的经济结构为支撑。对北京来讲,只有在北京形成高端引领、创新驱动、绿色低碳的经济发展模式,才能真正实现与现有科教资源的对接,从而从根本上破解北京如何更好地利用丰富科技资源的难题。科技创新经济带动力主要体现在科技创新带动城市经济转型和城市经济升级两个方面。一方面,北京建设全面科技创新中心要能够更多地通过源头性技术突破来培育和衍生新兴产业和产业链,围绕产业链部署创新链,培育发展战略性新兴产业和高水平服务业。另一方面,北京建设全面科技创新中心要能够带动传统产业升级,特别是要推动信息化与工业化融合,利用信息智能技术和互联网,促进传统制造业向现代制造业转型,并在研发、品牌等"产业服务化"领域形成竞争力。

## (二)科技创新社会带动力

科技创新要以人为本。工业革命以后,全球大型都市发展过程中遇到了各种各样的问题,甚至患上"城市病"。而解决这些问题的过程也是科技创新的过程。建设全国科技创新中心,就需要不能总采取"限购""涨价"等纯政府或纯市场的办法来管理城市,要将科技创新手段摆在更为突出的位置,围绕城市居民最关心、最直接、最现实的民生和社会发展重大需求,推动信息基础设施、科技交通等重点领域的技术研发与应用,让科技创新成果真正惠及民生。

## (三)科技创新生态带动力

生态文明建设是北京建设全国科技创新中心的重要任务。目前,北京的城市发展仍然需要面对较大的资源环境压力,空气污染、水资源短缺等问题依然严重。因此,北京建设全国科技创新中心,更需要充分发挥科技的力量,努力攻克大气污染控制、废弃物资源化利用等关键技术难题,推动科技成果在生态环境保护方面的研发与应用,深入推进各领域各行业节能减排和绿色发展,实现科技进步、经济发展与生态保护的协调、融合与统一,打造绿色发展示范城。

# 三、科技创新影响力

科技创新影响力是指科技创新中心对周边区域、国家乃至世界科技创新活动的扩散能力和影响能力，主要评价和衡量科技创新中心的空间影响，使其成为科技创新引领者。其主要体现在科技创新区域影响力、科技创新国家影响力和科技创新全球影响力三个方面。

## （一）科技创新区域影响力

北京的科技创新区域影响力集中体现为北京应发挥自身科技创新优势推动京津冀一体化发展。当前，京津冀一体化战略正在深入实施，但京津冀都市圈发展仍然很不平衡，北京建设全国科技创新中心，要避免"灯下黑"的问题，以合作共赢为主线，充分利用其自身强大的科技创新能力和资源，引领京津冀科技协调发展，完善京津冀科技创新生态系统，建立京津冀创新共同体，构建功能互补、分工合理的区域创新体系，利用科技创新推动京津冀都市圈转变经济增长方式，解决制约区域经济社会发展的最紧迫的瓶颈问题，促进京津冀区域协调持续发展。

## （二）科技创新国家影响力

北京建设全国科技创新中心要对全国其他地区发挥引领和辐射作用，要保持和发展自身科技创新平台的聚集辐射作用，在国家标准、行业标准方面要能够走在前列，提升北京对国家科技进步的影响力。同时，科技创新国家影响力还体现在可全国推广的创新政策和执行机制方面，北京建设全国科技创新中心，需要在全国率先建立起以城市为中心的、系统化的创新政策体系，率先以改革突破发展瓶颈，为全国探索可复制可推广的制度创新经验和做法。

## （三）科技创新全球影响力

北京建设全国科技创新中心要能够体现国家和城市科技创新在全球的竞争力，要努力成为全球高端科技创新资源要素的汇聚地和创新活动的主要策源地。这就需要北京以全球视野谋划和推动科技创新为着眼点，促进北京成为全球科技创新网络的枢纽，实现对全球创新资源的凝聚、整合和利用。值得注意的是，经济全球化使创新供给普遍趋于多元化和专业化，北京建设全国科技创新中心也要更重视培育自身的创新高端专业智库，并加强同国际独立研究机构的创新合作，利用全球可用资源为城市创新发展服务。

# 第三节　北京建设全国科技创新中心的评价指标体系设计

区域科技创新评价指标体系主要包括纵向比较指标体系和横向比较指标体系两大类。纵向比较指标体系主要是进行自身比较，总体评价科技创新发展水平的变化和特征。横向比较指标体系主要是相互比较，通过与对比对象的比较来评估自身的科技发展水平。北京建设全国科技创新中心的评价指标体系力求将两种比较方式结合起来，既可以以自身为基础进行纵向比较，也可以与全国其他省市进行横向比较，为开展全面综合比较提供支持和参考。

# 一、评价指标设计原则

## （一）系统性与代表性结合原则

北京建设全国科技创新中心的评价指标体系是相关要素系统发展的集成结果，因此既要避免指标体系过于庞杂，又要避免由于指标过于单一而影响测评的价值。同时，北京建设全国科技创新中心是一个长期、巨大的系统工程，因此评价指标选取也需要具有代表性，以便更好地分析城市科技创新特点，开展经常性动态监测。

## （二）引导性与前瞻性结合原则

在指标选取时，我们应特别注重指标内涵的政策性，指标体系设计要紧密围绕中央对北京全国科技创新中心的定位，以便于通过评价来引导实际科技创新工作；同时，评价指标体系中的个别指标力求能够主要体现一定的首都特色，能够在一定程度上体现首都科技创新发展的方向，可以通过指标设计和评价，超前布局和规划，争取未来能够使得首都标准引领全国标准和世界标准。

## （三）客观性与主观性结合原则

北京建设全国科技创新中心不仅要注重硬条件的建设，还特别需要注重软环境的营造。但由于统计指标和统计方法的限制，客观统计数据很难满足全面评价的需要，所以评价指标体系中的科技体制改革和科技创新政策影响方面适当加入了主观性指标，在测度过程中需要我们进行主观调查，获取相关数据。这样将主客观数据结合起来，能够更加真实地反映北京建设全国科技创新中心的发展状况。

# 二、评价指标体系

北京建设全国科技创新中心的评价指标体系主要由 3 个层次指标构成，其中，一级指标共 3 个，主要包括科技创新竞争力、科技创新带动力、科技创新影响力。二级指标共 9 个，主要包括科技创新人才竞争力、科技创新企业竞争力、科技创新环境竞争力、科技创新经济带动力、科技创新社会带动力、科技创新生态带动力、科技创新区域影响力、科技创新国家影响力、科技创新全球影响力。三级指标共 64 个，主要包括科技创新竞争力三级指标 20 个，科技创新带动力三级指标 19 个，科技创新影响力三级指标 25 个，具体指标见表 13-1。

**表 13-1　北京建设全国科技创新中心的评价指标体系**

| 一级指标 | 二级指标 | 三级指标 | |
|---|---|---|---|
| 科技创新<br>竞争力 | 人才竞争力 | 1. 万名人口中本科学历以上人数<br>2. 万名就业人口中从事 R&D 人员数量<br>3. 每万名从业人员中高端人才数 | 4. 高校、科研机构 R&D 人员数<br>5. 企业 R&D 人员数占其从业人员<br>比重 |
| | 企业竞争力 | 1. 高新技术企业数<br>2. 企业 R&D 经费支出占主营业务收入的<br>比重<br>3. 有研发机构的企业占全部企业的比重<br>4. 企业基础研究和应用研究经费占企业<br>R&D 经费的比重 | 5. 企业每万名 R&D 人员发明专利的<br>申请量<br>6. 企业新产品销售收入占主营业务收<br>入的比重<br>7. 孵化器在孵企业数量<br>8. 创业板上市企业数量 |
| | 环境竞争力 | 1. 政府采购新技术新产品支出占地区公共<br>财政预算支出比重<br>2. 全市公民科学素养达标率<br>3. 人均公共图书馆藏书拥有量<br>4. 人均科普专项经费 | 5. 人均教育事业费支出<br>6. 人才科技创新环境满意度<br>7. 企业科技创新环境满意度 |
| 科技创新<br>带动力 | 经济带动力 | 1. 人均地区生产总值<br>2. 地区生产总值增长率<br>3. 服务业劳动生产率<br>4. 第三产业增加值占地区生产总值比重<br>5. 生产性服务业增加值占地区生产总值<br>比重 | 6. 战略性新兴产业增加值占地区生产<br>总值比重<br>7. 高技术制造业增加值占工业增加值<br>比重 |
| | 社会带动力 | 1. 互联网普及率<br>2. 食品安全科技成果推广应用量<br>3. 医疗卫生与健康科技成果推广应用量 | 4. 公共交通科技成果推广应用量<br>5. 城市安全与应急保障科技成果推广<br>应用量 |
| | 生态带动力 | 1. 单位地区生产总值能耗<br>2. 万元地区生产总值水耗<br>3. 单位地区生产总值二氧化碳排放量<br>4. 单位地区生产总值二氧化硫排放量 | 5. 单位地区生产总值氮氧化物排放量<br>6. 单位地区生产总值氨氮排放量<br>7. 非化石能源消费量占能源消费量的<br>比重 |
| 科技创新<br>影响力 | 区域影响力 | 1. 京津冀地区相互开放实验室量<br>2. 京津冀科研机构共同申请国家项目量<br>3. 京津冀科技专家资源共享服务平台量<br>4. 京津冀联建科技园量 | 5. 京津冀联建科技成果转化基地量<br>6. 京津冀共建科技基金量<br>7. 京津冀共建产业基地量 |
| | 国家影响力 | 1. R&D 经费占全国 R&D 总经费的比重<br>2. R&D 人员占全国 R&D 人员的比重<br>3. 发明专利授权量占全国发明专利授权量<br>的比重<br>4. 技术市场交易额占全国技术市场交易额<br>的比重<br>5. 承担的国家科技计划项目占国家科技计<br>划项目的比重 | 6. 国家技术标准制定、修订数量<br>7. 国家级科技创新平台量<br>8. 面向全国的新技术新产品（服务）<br>采购平台量<br>9. 创业风险投资管理资本总额占全国<br>的比例<br>10. 中关村国家自主创新示范区试点<br>政策全国推广量 |
| | 全球影响力 | 1. 高技术产品出口额占地区出口额的比重<br>2. 世界 500 强企业在京设立研发中心量<br>3. 世界 500 强企业在京研发总部量<br>4. 境外风险投资机构量 | 5. 境外技术和品牌收购量<br>6. 国际知名智库量<br>7. 举办大型科技国际会议和展览量<br>8. 企业在境外设立研发中心量 |

# 建设全国科技创新中心
## ——京津冀协同创新篇

# 第十四章　京津冀联合打造创新发展战略高地研究[①]

**内容摘要：**为合理、有效地构建京津冀创新发展战略高地理论分析框架，课题组结合从国家、区域、机构、企业/社会组织等不同层面梳理的国内外跨行政区域协同创新典型案例，研究了科技创新一体化发展的现状、特点及政府、企业、高校和科研院所在创新一体化中的作用、特征、政策及其相关机制，总结了成功经验与教训，并从顶层设计、整体架构、机制健全和资源配置四个方面总结了典型案例，给京津冀创新发展高地研究带来了若干启示。在此基础上，从发展阶段、区域特质和功能定位三个视角提出了京津冀联合打造创新发展战略高地的发展愿景。

## 第一节　典型案例及启示

### 一、典型案例

课题组从国家、区域、机构、企业/社会组织等不同层面梳理了国内外跨行政区域协同创新的典型案例。

在国家层面，重点阐述了欧盟、日本和韩国等国家和地区近年来发布的创新发展战略，总结了各个战略的基本框架、目标与举措等；在区域层面，以美国波士顿128公路创新模式、北欧模式为区域层面的典型案例，简要梳理了这些模式的背景和特点，并分别总结了这些创新模式的主要经验和教训；在机构层面，分别以中科院、德国马克思普朗克科学促进学会（International Max Plank Gesell Schaft）和弗劳恩霍夫学会（Fraunhofer-Gesellschaft）等代表性科研机构为例，阐述了上述机构在创新发展方面的主要工作；在企业/社会组织层面，主要以 IBM 中国研究院、微软中国研究院、联想学院、欧洲研究理事会等为例说明该层面开展战略发展创新的主要工作，并总结了其给京津冀创新发展战略高地研究带来的启示，即需要强化企业作为创新主体的参与积极性。

---

① 本章由中科院科技政策与管理科学研究所课题组完成。陈锐研究员担任课题负责人，索玮岚担任执行负责人，钟少颖、沈华、赵宇、杨鑫、李书舒、王宁宁、刘蔚、王开阳、陆桂昌、王蕊参加了研究工作。

# 二、重要启示

## （一）需要加强创新发展战略高地的顶层设计

京津冀创新发展战略高地需要国家、区域、机构、企业/社会组织等不同主体的参与，通过顶层设计来促使各主体群策群力，充分发挥各自的作用。在进行顶层设计时应重点关注创新驱动发展战略下，我国新型城市化在发展理念、发展模式、路径选择、国际经验借鉴和城市环境治理方面的五大转型特征，还需要采取针对国家、区域、机构、企业/社会组织等不同主体的举措。在国家层面，需要举国之力夯实创新战略格局；在区域层面，需要整合区域战略资源，形成创新合力；在机构层面，需要完善协同创新机制，形成创新联盟；在企业/社会组织层面，需要增进价值共识，促进全社会开放创新。

## （二）需要整体上协调推进创新发展

创新发展战略的成就不是单个领域的突破，而是在商业模式、技术标准、产业链整体上协调推进的结果。在商业模式创新方面，关键是提高发展的含金量；在技术标准创新方面，关键是占领技术的制高点；在产业链创新方面，关键是完善产业的互动性。

## （三）需要建立政产学研协调发展的创新机制和创新体系

国家创新发展战略需要政产学研等部门和全社会之间通过市场机制来协调、互动，使创新资源和要素实现在全国范围内的最优配置。通过体制机制创新，进一步释放科技创新优势，打通产学研结合和区域协作的壁垒，开展协同创新。同时，注意政府职能和市场手段在国家创新发展战略中所起的不同作用。

## （四）需要充分发挥"人力、财力、物力、事情"资源配置的效应

"人力、财力、物力、事情"资源是直接作用于创新过程的核心要素，直接决定了创新的成败。为保障上述资源发挥效能，需要给出针对性优化方案，充分发挥资源配置的集聚、耦合、扩展效应。对"人力"的优化配置突出导向转变，从原来的产出导向转变为多元价值导向，加强人本激励，绩效评价多元化；对"财力"的优化配置强调建立健全多元化、多层次、多渠道的投入稳定增长机制，保障资源投入的来源稳定和渠道畅通；对"物力"的优化配置侧重资源的有效整合与开放共享，借助信息化技术搭建资源共享平台，实现资源的开放共享；对"事情"的优化配置侧重"事前—事中—事后"全过程管理，促进创新活动部署的科学性、执行的规范性、结果的可靠性。

## 第二节　京津冀联合打造创新发展战略高地的发展愿景设想

# 一、发展阶段愿景

从发展阶段来看，京津冀将逐步向后工业化阶段发展，在发展以知识作为创新要素的高附加值产业的同时，还需要关注智能制造、先进制造、绿色制造、敏捷制造四大模式，其中，智能制造聚焦于对德国工业 4.0 先进经验的借鉴，通过充分利用信息通信技术和网络空间虚拟系统——信息物理系统（cyber physical system）相结合的手段，将制造业向智能化转型。先进制造侧重核心自主知识产权的高端技术研发水平和先进工艺的集成能力的提升，进一步提高产品质量、市场竞争力、生产规模和生产速度。绿色制造注重生态经济产业的升级改造，建立推进企业技术改造的长效机制，打造京津冀绿色制造品牌，全面提高绿色制造业的国际竞争力。敏捷制造强调通过联合来赢得竞争，通过产品制造、信息处理和现代通信技术的集成来实现人、知识、资金和设备的集中管理和优化利用。

# 二、区域特质愿景

在区域特质方面，核心是借鉴京津冀一体化、长江经济带、新丝绸之路经济带和 21 世纪"海上丝绸之路"四大区域战略的精髓，在"环渤海—京津冀—首都"三个圈层定位下实现"北京智造"的设想。下面将借助"三度五力"模型，分别对社会、经济、资源、环境、科技五个维度的规模度、结构度、质量度的基础数据进行四大区域的区域特质解析。

## （一）"三度五力"模型

"三度五力"模型将城市系统的研究分为特征层、要素层和分析层三层体系进行解构，其中，特征层包括规模度、结构度、质量度，要素层包含社会、经济、资源、环境、科技五大子系统，在分析层面体现特征层和要素层的具体耦合，其概念框架如图 14-1 所示。

## （二）四大区域战略的区域特质

### 1. 京津冀一体化战略的区域特质

京津冀一体化战略以区域均衡发展为重点，主要涉及两市一省的行政区划，即北京市、天津市和河北省。

在规模度方面，选择人均地区生产总值指标来反映经济驱动力，选择人均水资源量

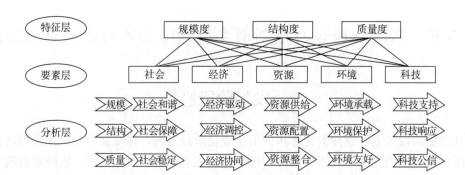

图 14-1　"三度五力"模型

资料来源：陈锐，等．世界与中国城市化之路——从理念共识到共同行动．北京：社会科学文献出版社，2012

指标来反映资源供给力，选择二氧化硫排放量指标来反映环境承载力，选择互联网普及率指标来反映科技支撑力，相关数据如表 14-1～表 14-4 所示。

表 14-1　京津冀人均地区生产总值（单位：元）

| 地区 | 2004 年 | 2005 年 | 2006 年 | 2007 年 | 2008 年 | 2009 年 | 2010 年 | 2011 年 | 2012 年 |
|---|---|---|---|---|---|---|---|---|---|
| 北京 | 40 916 | 45 993 | 51 722 | 60 096 | 64 491 | 66 940 | 73 856 | 81 658 | 87 475 |
| 天津 | 30 575 | 37 796 | 42 141 | 47 970 | 58 656 | 62 574 | 72 994 | 85 213 | 93 173 |
| 河北 | 12 487 | 14 659 | 16 682 | 19 662 | 22 986 | 24 581 | 28 668 | 33 969 | 36 584 |

资料来源：国家统计局网站

表 14-2　京津冀人均水资源量（单位：立方米）

| 地区 | 2004 年 | 2005 年 | 2006 年 | 2007 年 | 2008 年 | 2009 年 | 2010 年 | 2011 年 | 2012 年 |
|---|---|---|---|---|---|---|---|---|---|
| 北京 | 142.99 | 151.21 | 141.52 | 148.16 | 205.53 | 126.61 | 124.20 | 134.71 | 193.24 |
| 天津 | 139.74 | 102.21 | 95.47 | 103.29 | 159.76 | 126.79 | 72.80 | 115.96 | 237.99 |
| 河北 | 226.52 | 197.00 | 156.14 | 173.09 | 231.12 | 201.32 | 195.30 | 217.75 | 324.24 |

资料来源：国家统计局网站

表 14-3　京津冀二氧化硫排放量（单位：万吨）

| 地区 | 2004 年 | 2005 年 | 2006 年 | 2007 年 | 2008 年 | 2009 年 | 2010 年 | 2011 年 | 2012 年 |
|---|---|---|---|---|---|---|---|---|---|
| 北京 | 19.10 | 19.00 | 17.60 | 15.17 | 12.30 | 11.88 | 11.51 | 9.79 | 9.38 |
| 天津 | 22.70 | 26.50 | 25.50 | 24.47 | 24.00 | 23.67 | 23.52 | 23.09 | 22.45 |
| 河北 | 142.80 | 149.50 | 154.50 | 149.25 | 134.50 | 125.35 | 123.38 | 141.21 | 134.12 |

资料来源：国家统计局网站

**表 14-4　京津冀互联网普及率**（单位:%）

| 地区 | 2010 年 | 2011 年 | 2012 年 |
|------|---------|---------|---------|
| 北京 | 69.4 | 70.3 | 72.2 |
| 天津 | 52.7 | 55.6 | 58.5 |
| 河北 | 31.2 | 36.1 | 41.5 |

资料来源：国家统计局网站

　　从规模度来看，京津冀的经济驱动力后劲十足（图 14-2），京津冀三地的人均地区生产总值均呈现稳步上升的态势，但三地的差距逐步拉大，天津在 2010 年后反超北京；资源供给力呈现较大的波动（图 14-3），河北表现出较明显的资源优势；环境承载力大体趋于稳定（图 14-4），河北承载了更多的压力和考验；科技支撑力稳步提升，北京和天津具有明显的优势（图 14-5）。

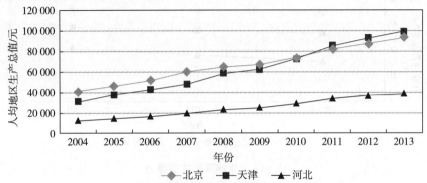

图 14-2　京津冀经济驱动力

资料来源：国家统计局网站

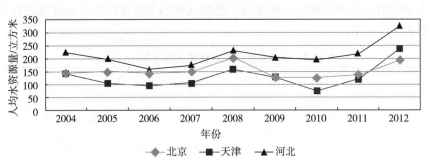

图 14-3　京津冀资源供给力

资料来源：国家统计局网站

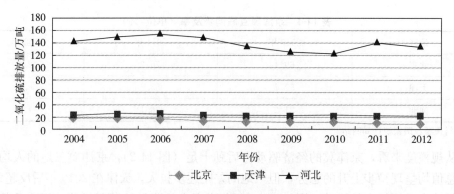

图 14-4　京津冀环境承载力

资料来源：国家统计局网站

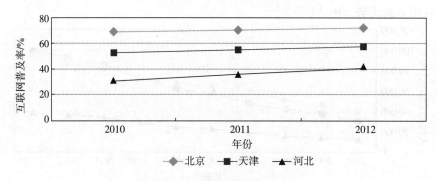

图 14-5　京津冀科技支撑力

资料来源：国家统计局网站

在结构度方面，选择参加失业保险人数指标来反映社会保障力，选择城镇与农村居民消费水平差值指标来反映经济调控力，选择人均用水量指标来反映资源配置力，相关的数据如表 14-5～表 14-7 所示。

表 14-5　京津冀参加失业保险人数（单位：万人）

| 地区 | 2003 年 | 2004 年 | 2005 年 | 2006 年 | 2007 年 | 2008 年 | 2009 年 | 2010 年 | 2011 年 | 2012 年 |
|---|---|---|---|---|---|---|---|---|---|---|
| 北京 | 306.57 | 308.21 | 357.47 | 482.16 | 535.25 | 614.30 | 675.71 | 774.20 | 881.04 | 1 006.74 |
| 天津 | 193.46 | 195.06 | 197.51 | 216.66 | 221.49 | 232.49 | 239.22 | 246.10 | 258.75 | 268.69 |
| 河北 | 484.18 | 478.99 | 461.20 | 470.77 | 473.33 | 481.69 | 484.41 | 493.40 | 498.70 | 501.75 |

资料来源：国家统计局网站

表 14-6　京津冀城镇与农村居民消费水平差值（单位：元）

| 地区 | 2003 年 | 2004 年 | 2005 年 | 2006 年 | 2007 年 | 2008 年 | 2009 年 | 2010 年 | 2011 年 | 2012 年 |
|---|---|---|---|---|---|---|---|---|---|---|
| 北京 | 8 551 | 9 725 | 9 876 | 10 605 | 11 336 | 11 497 | 11 895 | 13 557 | 16 378 | 18 193 |
| 天津 | 5 619 | 6 269 | 7 035 | 7 784 | 8 809 | 9 912 | 10 204 | 12 046 | 13 702 | 13 633 |

| 地区 | 2003 年 | 2004 年 | 2005 年 | 2006 年 | 2007 年 | 2008 年 | 2009 年 | 2010 年 | 2011 年 | 2012 年 |
|------|--------|--------|--------|--------|--------|--------|--------|--------|--------|--------|
| 河北 | 4 021 | 4 929 | 5 425 | 6 257 | 6 964 | 7 320 | 8 589 | 9 752 | 10 438 | 10 788 |

资料来源：国家统计局网站

**表 14-7　京津冀人均用水量**（单位：立方米）

| 地区 | 2004 年 | 2005 年 | 2006 年 | 2007 年 | 2008 年 | 2009 年 | 2010 年 | 2011 年 | 2012 年 |
|------|--------|--------|--------|--------|--------|--------|--------|--------|--------|
| 北京 | 231.42 | 225.05 | 219.92 | 216.58 | 210.82 | 205.79 | 189.39 | 180.70 | 175.54 |
| 天津 | 215.42 | 222.02 | 216.81 | 213.42 | 194.94 | 194.43 | 177.93 | 174.00 | 167.12 |
| 河北 | 287.7 | 295.39 | 296.75 | 292.61 | 279.96 | 276.28 | 272.25 | 271.50 | 268.90 |

资料来源：国家统计局网站

从结构度来看，京津冀的社会保障力稳步提升（图 14-6），北京的社会保障力得到了飞速的发展；经济调控力表现不尽如人意（图 14-7），城镇与农村居民消费水平差正在逐步扩大，且京津冀三地的差距也在不断拉大；资源配置力稳中略降（图 14-8）。

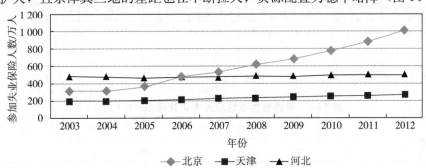

图 14-6　京津冀社会保障力

资料来源：国家统计局网站

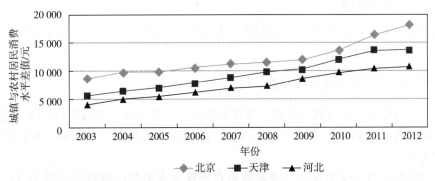

图 14-7　京津冀经济调控力

资料来源：国家统计局网站

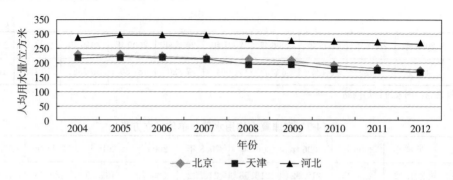

图 14-8　京津冀资源配置力

资料来源：国家统计局网站

在质量度方面，选择抚养比指标来反映社会稳定力，选择生活垃圾无害化处理率指标来反映环境友好力，相关的数据如表 14-8 和表 14-9 所示。

表 14-8　京津冀抚养比（单位：％）

| 地区 | 2002 年 | 2003 年 | 2004 年 | 2005 年 | 2007 年 | 2008 年 | 2009 年 | 2010 年 | 2011 年 | 2012 年 |
|---|---|---|---|---|---|---|---|---|---|---|
| 北京 | 28.6 | 27.8 | 26.7 | 26.7 | 26.9 | 24.7 | 25.0 | 25.0 | 21.3 | 21.9 |
| 天津 | 33.9 | 33.2 | 31.4 | 28.8 | 29.3 | 28.5 | 29.9 | 26.8 | 25.7 | 28.5 |
| 河北 | 40.5 | 36.5 | 34.1 | 34.9 | 33.5 | 34.4 | 33.0 | 34.0 | 34.7 | 37.1 |

资料来源：国家统计局网站

表 14-9　京津冀生活垃圾无害化处理率（单位：％）

| 地区 | 2004 年 | 2005 年 | 2006 年 | 2007 年 | 2008 年 | 2009 年 | 2010 年 | 2011 年 | 2012 年 |
|---|---|---|---|---|---|---|---|---|---|
| 北京 | 80.0 | 96.0 | 92.5 | 95.7 | 97.7 | 98.2 | 97.0 | 98.2 | 99.1 |
| 天津 | 61.0 | 80.5 | 85.0 | 93.3 | 93.5 | 94.3 | 100.0 | 100.0 | 99.8 |
| 河北 | 41.9 | 45.8 | 46.5 | 53.4 | 57.2 | 59.0 | 69.8 | 72.6 | 81.4 |

资料来源：国家统计局网站

从质量度来看，京津冀的社会稳定力稳步提升（图 14-9）；环境友好力稳步提升（图 14-10），河北成就显著。

**2. 长江经济带战略的区域特质**

长江经济带战略以流域与区域一体化为重点，主要涉及九省两市的行政区划，即江苏省、浙江省、安徽省、湖北省、江西省、湖南省、四川省、云南省、贵州省、上海市、重庆市。

以经济驱动力来说明长江经济带战略在规模度方面的区域特质（图 14-11），选择人均地区生产总值来反映经济驱动力，具体数据如表 14-10 所示。

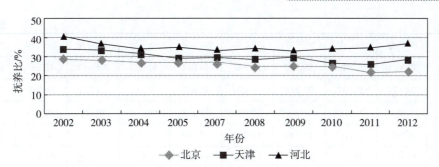

图 14-9 京津冀社会稳定力

资料来源：国家统计局网站

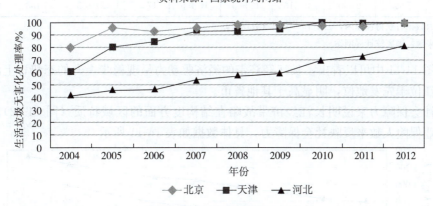

图 14-10 京津冀环境友好力

资料来源：国家统计局网站

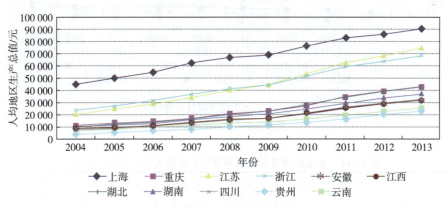

图 14-11 长江经济带经济驱动力

资料来源：国家统计局网站

表 14-10 长江经济带各地区人均地区生产总值（单位：元）

| 地区 | 2004 年 | 2005 年 | 2006 年 | 2007 年 | 2008 年 | 2009 年 | 2010 年 | 2011 年 | 2012 年 |
|------|---------|---------|---------|---------|---------|---------|---------|---------|---------|
| 上海 | 44 839 | 49 649 | 54 858 | 62 041 | 66 932 | 69 164 | 76 074 | 82 560 | 85 373 |
| 重庆 | 10 845 | 12 404 | 13 939 | 16 629 | 20 490 | 22 920 | 27 596 | 34 500 | 38 914 |

续表

| 地区 | 2004 年 | 2005 年 | 2006 年 | 2007 年 | 2008 年 | 2009 年 | 2010 年 | 2011 年 | 2012 年 |
|---|---|---|---|---|---|---|---|---|---|
| 江苏 | 20 031 | 24 616 | 28 526 | 33 837 | 40 014 | 44 253 | 52 840 | 62 290 | 68 347 |
| 浙江 | 23 817 | 27 062 | 31 241 | 36 676 | 41 405 | 43 842 | 51 711 | 59 249 | 63 374 |
| 安徽 | 7 681 | 8 631 | 9 996 | 12 039 | 14 448 | 16 408 | 20 888 | 25 659 | 28 792 |
| 江西 | 8 097 | 9 440 | 11 145 | 13 322 | 15 900 | 17 335 | 21 253 | 26 150 | 28 800 |
| 湖北 | 9 898 | 11 554 | 13 360 | 16 386 | 19 858 | 22 677 | 27 906 | 34 197 | 38 572 |
| 湖南 | 9 165 | 10 562 | 12 139 | 14 869 | 18 147 | 20 428 | 24 719 | 29 880 | 33 480 |
| 四川 | 7 895 | 9 060 | 10 613 | 12 963 | 15 495 | 17 339 | 21 182 | 26 133 | 29 608 |

注：因数据可获得性原因，云南省、贵州省数据暂缺

资料来源：国家统计局网站

从图 14-11 中可以看出，长江经济带的经济驱动力呈现稳步上升的态势，上海、江苏、浙江位于先发地位，明显高于其他省市。

以社会保障力来说明长江经济带战略在结构度方面的区域特质（图 14-12），选择参加失业保险人数来反映社会保障力，具体数据如表 14-11 所示。

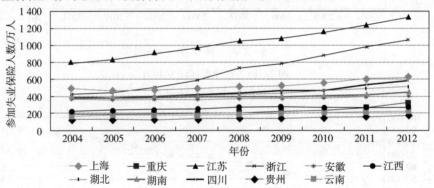

图 14-12　长江经济带社会保障力

资料来源：国家统计局网站

表 14-11　长江经济带各地区参加失业保险人数（单位：万人）

| 地区 | 2004 年 | 2005 年 | 2006 年 | 2007 年 | 2008 年 | 2009 年 | 2010 年 | 2011 年 | 2012 年 |
|---|---|---|---|---|---|---|---|---|---|
| 上海 | 487.75 | 466.06 | 476.41 | 491.54 | 511.83 | 523.53 | 556.20 | 604.22 | 617.35 |
| 重庆 | 193.45 | 188.15 | 193.01 | 196.65 | 210.12 | 215.91 | 237.40 | 268.61 | 323.53 |
| 江苏 | 797.09 | 838.29 | 901.08 | 968.50 | 1 052.24 | 1 079.14 | 1 153.80 | 1 238.16 | 1 332.18 |
| 浙江 | 428.44 | 444.67 | 504.38 | 584.75 | 731.10 | 784.46 | 875.00 | 980.59 | 1 065.56 |
| 安徽 | 371.08 | 360.25 | 362.56 | 364.53 | 373.09 | 377.82 | 384.00 | 397.72 | 402.16 |
| 江西 | 226.56 | 230.74 | 241.05 | 251.46 | 266.30 | 275.47 | 265.30 | 263.48 | 272.20 |

续表

| 地区 | 2004 年 | 2005 年 | 2006 年 | 2007 年 | 2008 年 | 2009 年 | 2010 年 | 2011 年 | 2012 年 |
|---|---|---|---|---|---|---|---|---|---|
| 湖北 | 391.34 | 391.53 | 395.47 | 405.67 | 422.92 | 440.29 | 469.70 | 498.18 | 508.59 |
| 湖南 | 380.46 | 382.67 | 386.29 | 388.97 | 390.12 | 392.01 | 399.50 | 415.63 | 449.92 |
| 四川 | 398.62 | 380.55 | 400.02 | 418.20 | 436.94 | 463.51 | 464.70 | 536.75 | 585.50 |

注：因数据可获得性原因，云南省、贵州省数据暂缺

资料来源：国家统计局网站

从图 14-12 中可以看出，长江经济带的社会保障力呈现平稳上升的态势，江苏、浙江位于先发地位，明显高于其他省市。

以环境友好力来说明长江经济带战略在质量度方面的区域特质（图 14-13），选择人均公园绿地面积来反映环境友好力，具体数据如表 14-12 所示。

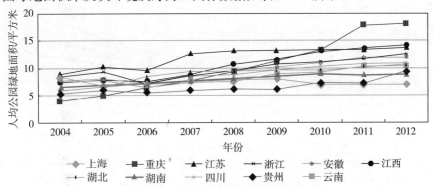

图 14-13　长江经济带环境友好力

资料来源：国家统计局网站

表 14-12　长江经济带各地区人均公园绿地面积（单位：平方米）

| 地区 | 2004 年 | 2005 年 | 2006 年 | 2007 年 | 2008 年 | 2009 年 | 2010 年 | 2011 年 | 2012 年 |
|---|---|---|---|---|---|---|---|---|---|
| 上海 | 8.47 | 6.73 | 7.33 | 7.48 | 7.82 | 8.02 | 6.97 | 7.01 | 7.08 |
| 重庆 | 4.06 | 5.04 | 6.45 | 7.61 | 9.62 | 11.25 | 13.24 | 17.87 | 18.13 |
| 江苏 | 8.94 | 10.27 | 9.60 | 12.59 | 13.11 | 13.21 | 13.29 | 13.34 | 13.63 |
| 浙江 | 8.42 | 9.31 | 6.99 | 8.79 | 9.60 | 10.76 | 11.05 | 11.77 | 12.47 |
| 安徽 | 5.93 | 6.58 | 7.28 | 8.72 | 9.29 | 10.23 | 10.95 | 11.88 | 11.92 |
| 江西 | 7.37 | 7.82 | 7.74 | 8.73 | 10.60 | 11.48 | 13.04 | 13.49 | 14.10 |
| 湖北 | 5.87 | 6.54 | 8.34 | 9.29 | 9.40 | 9.58 | 9.62 | 10.11 | 10.50 |
| 湖南 | 6.53 | 6.87 | 6.99 | 7.63 | 7.96 | 8.47 | 8.89 | 8.81 | 8.83 |
| 四川 | 7.70 | 8.00 | 7.74 | 8.37 | 8.74 | 9.49 | 10.19 | 10.73 | 10.79 |

注：因数据可获得性原因，云南省、贵州省数据缺失

资料来源：国家统计局网站

从图 14-13 中可以看出，长江经济带的环境友好力呈现明显的波动态势，各地差距并不大，重庆从后发变为先发，成就显著且优势在不断加强。

### 3. 新丝绸之路经济带战略的区域特质

新丝绸之路经济带战略以多民族融合发展为重点，主要涉及西北五省区（陕西、甘肃、青海、宁夏、新疆）和西南四省区市（重庆、四川、云南、广西）。新丝绸之路经济带东边牵着亚太经济圈，西边系着发达的欧洲经济圈，被认为是"世界上最长、最具有发展潜力的经济大走廊"。

以经济驱动力来说明新丝绸之路经济带战略在规模度方面的区域特质（图 14-14），选择人均地区生产总值来反映经济驱动力，具体数据如表 14-13 所示。

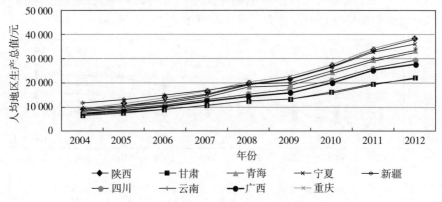

图 14-14　新丝绸之路经济带经济驱动力

资料来源：国家统计局网站

表 14-13　新丝绸之路经济带各地区人均地区生产总值（单位：元）

| 地区 | 2004 年 | 2005 年 | 2006 年 | 2007 年 | 2008 年 | 2009 年 | 2010 年 | 2011 年 | 2012 年 |
|---|---|---|---|---|---|---|---|---|---|
| 陕西 | 8 638 | 10 674 | 12 840 | 15 546 | 19 700 | 21 947 | 27 133 | 33 464 | 38 564 |
| 甘肃 | 6 566 | 7 477 | 8 945 | 10 614 | 12 421 | 13 269 | 16 113 | 19 595 | 21 978 |
| 青海 | 8 693 | 10 045 | 11 889 | 14 507 | 18 421 | 19 454 | 24 115 | 29 522 | 33 181 |
| 宁夏 | 9 199 | 10 349 | 12 099 | 15 142 | 19 609 | 21 777 | 26 860 | 33 043 | 36 394 |
| 新疆 | 11 337 | 13 108 | 15 000 | 16 999 | 19 797 | 19 942 | 25 034 | 30 087 | 33 796 |
| 四川 | 7 895 | 9 060 | 10 613 | 12 963 | 15 495 | 17 339 | 21 182 | 26 133 | 29 608 |
| 云南 | 7 012 | 7 809 | 8 929 | 10 609 | 12 570 | 13 539 | 15 752 | 19 265 | 22 195 |
| 广西 | 7 461 | 8 590 | 10 121 | 12 277 | 14 652 | 16 045 | 20 219 | 25 326 | 27 952 |
| 重庆 | 10 845 | 12 404 | 13 939 | 16 629 | 20 490 | 22 920 | 27 596 | 34 500 | 38 914 |

资料来源：国家统计局网站

从图 14-14 中可以看出，新丝绸之路经济带的经济驱动力呈现稳步上升的态势，甘肃和云南位于后发地位，明显低于其他省市。

以资源配置力来说明新丝绸之路经济带战略在结构度方面的区域特质（图 14-15），选择人均用水量来反映资源配置力，具体数据如表 14-14 所示。

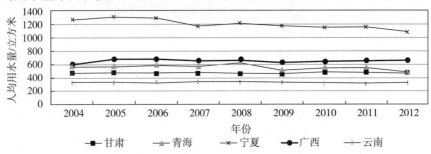

图 14-15　新丝绸之路经济带资源配置力

注：陕西、新疆、四川、云南、重庆数据缺失

资料来源：国家统计局网站

**表 14-14　新丝绸之路经济带各地区人均用水量**（单位：立方米）

| 地区 | 2004 年 | 2005 年 | 2006 年 | 2007 年 | 2008 年 | 2009 年 | 2010 年 | 2011 年 | 2012 年 |
|---|---|---|---|---|---|---|---|---|---|
| 陕西 | — | — | — | — | — | — | — | — | — |
| 甘肃 | 464.88 | 475.52 | 470.51 | 469.08 | 465.85 | 458.39 | 476.35 | 479.60 | 478.71 |
| 青海 | 559.67 | 565.90 | 590.31 | 565.62 | 621.34 | 517.76 | 549.15 | 550.5 | 480.26 |
| 宁夏 | 1 259.30 | 1 314.20 | 1 293.82 | 1 169.72 | 1 208.14 | 1 162.25 | 1 150.41 | 1 157.00 | 1 078.00 |
| 新疆 | — | — | — | — | — | — | — | — | — |
| 四川 | — | — | — | — | — | — | — | — | — |
| 云南 | 332.77 | 330.90 | 324.11 | 333.50 | 338.17 | 334.95 | 321.56 | 318.00 | 326.87 |
| 广西 | 594.82 | 673.40 | 670.48 | 654.38 | 647.12 | 627.29 | 637.18 | 652.20 | 649.76 |
| 重庆 | — | — | — | — | — | — | — | — | — |

注："—"表示相应数据缺失

资料来源：国家统计局网站

从图 14-15 中可以看出，新丝绸之路经济带的资源配置力呈现较稳定的态势（尚缺少陕西、新疆、四川、云南和重庆的数据），宁夏位于先发地位，明显高于其他省市。

### 4. 21 世纪"海上丝绸之路"战略的区域特质

"海上丝绸之路"战略以推动国际贸易和口岸经济的发展为重点，旨在打通海上生命线。虽然目前尚未明确给出所涉及省份和城市的行政区划，但可考虑将沿海七个省份纳入其范围。各地区在规模度、结构度和质量度方面相关指标的数据如表 14-15 所示。

**表 14-15　海上丝绸之路各地区的相关数据**

| 地区 | 人均地区生产总值 /元 | 人均用水量 /立方米 | 生活垃圾无害化处理率 /% |
|---|---|---|---|
| 江苏 | 74 607 | 698.21 | 95.9 |
| 浙江 | 68 462 | 362.20 | 99.0 |
| 福建 | 57 856 | 535.84 | 96.4 |
| 山东 | 56 323 | 229.58 | 98.1 |
| 广东 | 58 540 | 427.53 | 79.1 |
| 广西 | 30 588 | 649.76 | 98.0 |
| 海南 | 35 317 | 513.98 | 99.9 |

注：黑体指标为 2013 年数据，其余的指标为 2012 年数据
资料来源：国家统计局网站

从表 14-15 中可以看出，在规模度方面，江苏和浙江位于先发地位；在结构度方面，江苏和广西有较明显的优势；在质量度方面，海南和浙江明显优于其他省份。

### （三）"环渤海—京津冀—首都"三个圈层定位下的"北京智造"

北京智造是以 4I（information—信息化、integration—集成化、interaction—交互化、intelligence—智能化）模式为依托，借助物联网金融、多元化订单、个性化生产、O2O（Online to Offline，即线上到线下）模式、WISE（web—虚拟经济、industry—实体经济、service—服务创新、eco-community—经济共同体）创新模式等多模式的融合推进以需定产，并最终促进生产设施数字化、工业管理智能化和流通环境智慧化的实现，其中，物联网金融创新模式强调借助物联网技术整合北京各类经济活动，实现北京金融服务的自动化和智能化；O2O 模式强调以全新的电子商务模式拓展网络信息服务并提高与现实商户的互动程度，能够通过减少信息获取成本的方式，带给现实商户尽可能多的潜在消费者，并通过销售分成的方式，让商户和网络服务平台同时获利；WISE 创新模式强调将虚拟经济和实体经济融合起来推动服务创新以形成经济共同体。

# 三、功能定位愿景

京津冀创新发展战略高地的功能定位是发挥高端要素的集聚作用、高端价值的引领作用和高端效应的辐射作用，实现包容性创新、融合式创新和可持续创新。

## （一）三大创新功能的实现

包容性创新强调人际公平，保证每个人都成为创新主体。在打造京津冀创新发展战略高地时，可以基于自身的制度体系、经验和产出来设计、实施、试点和调整不同的政策方案，包括制定京津冀包容性创新政策和京津冀发展所需的制度建设；建立专项资金支持包容性创新发展等。

融合式创新强调区际公平，同时涉及经济空间和社会空间。在经济层面，着重关注传统产业的调整、升级转型和战略性新兴产业的培育；在社会层面，着重关注城乡二元和城市内部二元的统筹协调，实现城乡完全融合，使其互为资源、互为市场、互为服务。通过融合式创新促进城乡之间在经济、社会、文化、生态等各个方面协调发展。

可持续创新强调环境与发展的代际公平，可持续的生产方式、生活方式和社会发展模式的形成与发展均依赖科技的创新、发展和应用，必须建立与社会结合，完善多源、多样的创新投入体制与格局，形成完整的创新价值链增值循环，建设可持续创新的制度、文化、设施与环境，才能为打造京津冀创新发展战略高地提供坚实的基础。

### （二）"三大定位"的发挥

京津冀创新发展战略高地定位于集聚高端要素、引领高端价值和发挥辐射高端效应。首先，将国内外高端人才、高端技术、高端设备等高端要素引入京津冀创新发展战略高地，通过高端要素集聚作用的发挥，形成高端要素创新发展的强大合力，促进区域规模效应和转型升级；其次，将高附加值、低能耗、低污染作为风向标引领京津冀创新发展战略高地的价值导向，通过高端价值引领作用的发挥，形成政府、企业、公众多方共赢且价值不断增值的良性循环；最后，通过卓越的产品和服务打造高端市场，逐步彰显京津冀创新发展战略高地的高端效应，并借助高端效应的辐射作用，带动京津冀一体化的协同发展。

# 第十五章　围绕首都经济圈打造首都创新圈，建设京津冀创新共同体研究①

**内容摘要：**本报告对首都经济圈的创新资源配置现状、产出绩效和科技合作情况进行了比较分析，得出由于当前京津冀区域内部科技要素分布不均，科技合作的体制机制和政策协同不完善，促进创新资源整合的一体化要素市场不活跃，创新资源配置落差较大等，因此区域科技创新的联系和协作程度较低的结论。对此，本报告提出了建立跨区域科技合作与协调机制，联合共建一批协同创新示范基地，积极推动以企业为主体的京津冀都市圈技术创新体系建设，统筹加强区域科技人才的交流与共享，以及整合财税、金融等多种政策手段合力推进区域协同创新等对策建议。

首都经济圈是我国经济社会发展的重要增长极和创新高地，在建设创新型国家的整体进程中有举足轻重的地位和作用。但与此同时，整个首都经济圈科技要素呈现"大集聚、小分散"的分布特征，内部科技要素分布极为不均，区域科技创新的联系和协作程度较低，这也在一定程度上导致科技资源投入结构雷同、产出效率不一、资源浪费现象严重。新形势下应立足地区实际，面向重大问题与创新需求，以京津冀之间的科技合作为突破口，通过强化和构建区域科技创新共同体，促进区域内部知识流动、技术扩散，进而增强整个首都经济圈面向全国乃至全球资源的集聚力、承载力、辐射力和竞争力。

## 第一节　首都经济圈科技协同创新的基础与能力分析

### 一、首都经济圈科技资源配置情况

#### （一）科技人力资源配置情况

**1. 高端科技人才优势明显**

截至 2012 年年底，京津冀地区万人 R&D 人员数为 53.27 人/万人，略低于长三角地区的 59.34 人/万人和珠三角地区的 59.38 人/万人，其中，北京的万人 R&D 人员数

---

① 本章由中国科学技术发展战略研究院课题组完成。王书华研究员担任课题负责人，陈诗波、冶小梅、唐文豪参加了研究工作。

远高于天津和河北之和，是河北的 9 倍多。从科技人才结构来看，京津冀地区 R&D 人员中博士、硕士和本科学历所占比重分别为 11.94%、19.27% 和 27.80%，博士、硕士所占比重均远高于长三角地区和珠三角地区，这说明首都经济圈在高端技术人才上处于优势地位。从区域内部来看，北京 R&D 人员中博士、硕士所占比重均远高于天津和河北两地，如表 15-1 所示。

**表 15-1 2012 年京津冀地区科技人力资源投入比较**

| 地区 | 万人 R&D 人员数 /（人/万人） | R&D 人员数中博士占比/% | R&D 人员数中硕士占比/% | R&D 人员数中本科占比/% | 规模以上企业 R&D 人员占比/% | 高校 R&D 人员占比/% | 研发机构 R&D 人员占比/% |
|---|---|---|---|---|---|---|---|
| 全国 | 34.10 | 5.72 | 13.83 | 30.71 | 66.09 | 14.67 | 8.41 |
| 北京 | 155.81 | 17.69 | 24.00 | 26.02 | 23.43 | 21.59 | 31.95 |
| 天津 | 89.47 | 5.91 | 13.77 | 28.07 | 64.04 | 15.85 | 6.70 |
| 河北 | 17.14 | 3.18 | 12.63 | 32.14 | 68.46 | 15.95 | 6.06 |
| 京津冀 | 53.27 | 11.94 | 19.27 | 27.80 | 42.18 | 19.10 | 20.75 |
| 长三角 | 59.34 | 4.82 | 11.19 | 31.22 | 74.68 | 9.33 | 5.16 |
| 珠三角 | 59.38 | 2.92 | 13.02 | 29.25 | 82.54 | 6.45 | 2.32 |

注：万人 R&D 人员数＝R&D 人员数/年平均常住人口

资料来源：《中国科技统计年鉴 2013》

### 2. 高校和研发机构科技人才占比较高

从科技人才的部门配置看（表 15-1），2012 年京津冀地区规模以上企业 R&D 人员占比 42.18%，远低于长三角地区、珠三角地区和全国平均水平，其中，北京规模以上企业 R&D 人员占比仅为 23.43%，远低于天津和河北。京津冀地区高校和研发机构 R&D 人员占比分别为 19.10% 和 20.75%，不但高于全国平均水平，也远高于长三角地区和珠三角地区。同时，相比较于长三角地区和珠三角地区，京津冀地区在高校和研发机构的科技人才配置较多，企业的科技人才占比则相对偏低，其中，北京高校和研发机构 R&D 人员占比均高于天津和河北的同类指标。数据分析显示，北京科技人才数量和结构均要优于天津和河北，河北、天津的科技人力资源主要分布在企业中，而北京的则主要分布在高校和科研机构中。

### 3. 科技人才主要配置在基础研究和应用研究领域

2012 年，京津冀、长三角和珠三角地区三个区域 R&D 人员全时当量分别为 403 638 人/年、833 407 人/年和 492 330 人/年，各自占全国的比重分别为 12.43%、25.67%、15.16%，京津冀地区 R&D 人员全时当量不仅低于珠三角地区，而且不足长三角地区的一半。从首都经济圈内部来看，北京 R&D 人员全时当量为 235 495 人/年，远高于天津的 89 610 人/年、河北的 78 533 人/年，三地在基础研究、应用研究和试验发展领域的投入比分别为 14.69 ：24.55 ：60.75、5.72 ：12.46 ：81.81 和 6.28 ：15.23 ：78.49，北京在基础研究和应用研究领域的科技人力投入更多，而河北和天津则更注重试验发展领域的科技人力投入。

## （二）科技财力资源配置情况

2012 年，京津冀地区 R&D 经费投入强度为 2.91，高于长三角地区的 2.36 和珠三角地区的 2.17。从 R&D 资金来源来看，京津冀地区政府、企业和国外经费支出占比分别为 39.68%、51.24% 和 5.8%。与全国和长三角、珠三角地区相比，京津冀地区政府 R&D 经费支出比重非常高，但企业 R&D 经费支出占比则相对偏低。从京津冀内部来看，北京的 R&D 经费投入强度为 5.95，远远高于天津的 2.8 和河北的 0.92，且其主要以政府经费支出为主，占比达 53.23%，分别是天津和河北的 3 倍多；而天津和河北主要以企业 R&D 经费支出为主，占比分别为 78.81% 和 82.48%，北京此项支出仅占 34.67%。这说明北京的企业科技创新投入相对薄弱，而在河北、天津的企业科技创新要高于北京。

## （三）科技创新载体

### 1. 高校与研发机构

2012 年，京津冀地区拥有高校 998 所，占全国高校数量的比重达 40.87%，略低于长三角地区的 1 113 所，高于珠三角地区的 600 所，其中，北京拥有高校的数量为 767 所，分别是天津和河北拥有高校数量的 13.95 倍和 4.36 倍，占全国的比重达 31.41%，占京津冀地区的比重达 76.85%。京津冀地区拥有研究与开发机构 513 所，占全国的 13.96%，高于长三角地区的 385 所和珠三角地区的 184 所，其中，北京拥有科研院所 379 所，天津为 58 所，河北为 76 所，即北京科研机构数量分别是天津和河北的 6.53 倍和 4.99 倍。分析表明，首都经济圈在高校和科研机构数量方面在全国占据较强优势，尤其是以北京的科技资源密集度最高，是我国知识创新与技术创新的策源地、科技人才的重要培养基地。

### 2. 科技基础条件平台

2012 年，京津冀地区拥有国家重点实验室 115 家，占全国的 34.74%，分别是长三角地区和珠三角地区的 1.67 倍和 8.85 倍，其中，北京拥有国家重点实验室数占京津冀地区总量的 93.04%。京津冀地区拥有工程技术研究中心 79 家，占全国的 23.24%，分别是长三角地区和珠三角地区的 1.34 倍和 3.46 倍，其中，北京地区拥有国家级工程技术研究中心数占京津冀地区总量的 82.28%。此外，北京拥有科技企业孵化器 28 个，天津为 18 个，河北为 10 个。数据分析表明，首都经济圈在科技基础条件平台上拥有其他区域所不具备的优势和基础，但北京与天津和河北之间存在显著差异，进而造成了区域内部科技创新能力上的不平衡。

### （四）企业创新投入

企业的技术创新能力是一个地区创新能力强弱的重要体现。2012 年，京津冀地区企业办研发机构数为 2 337 所，低于珠三角地区的 3 455 所，仅为长三角地区的 9.4%，其中，北京为 747 所，天津为 765 所，河北为 825 所。在企业 R&D 人员数量上，北京为 7.55 万人，天津为 8.1 万人，河北为 8.55 万人，京津冀地区合计 24.20 万人，占全国企业 R&D 人员总数的 7.93%，仅为珠三角地区的 46.61%、长三角地区的 25.09%，这与京津冀地区高校总数占全国 40.87% 和研发机构数量占全国 13.96% 的比例极不相称。同时，京津冀地区企业 R&D 经费支出占主营业务收入比重仅为 0.77%，低于长三角地区的 0.97% 和珠三角地区的 1.15%；北京为 1.17%，天津为 1.08%，河北为 0.45%。以上分析表明，首都经济圈内企业的创新意识和创新投入均不如长三角地区和珠三角地区，尤其是河北在自身知识创新能力处于劣势的情况下，企业研发的投入不足，进一步制约了其产业结构的转型升级。

## 二、首都经济圈科技创新绩效比较与评价

### （一）科技活动产出水平

2012 年，京津冀地区万人专利授权数和申请数分别为 7.95 项/万人和 14.54 项/万人，远低于长三角地区和珠三角地区，这与京津冀地区丰富的科技资源不对称；同时，京津冀地区规模以上工业企业的有效发明专利数为 24 750 件，仅占长三角地区和珠三角地区的 30% 左右。就京津冀地区内部而言，北京万人专利授权数与申请数均远高于天津和河北。结合前文的分析可以发现，虽然北京、天津两市科技创新产出效率相对较高，但首都经济圈在创新产出方面整体上不如长三角地区和珠三角地区，如表 15-2 所示。

**表 15-2　2012 年京津冀地区科技产出与技术交易情况**

| 地区 | 万人专利申请数/（项/万人） | 万人专利授权数/（项/万人） | 万人技术成果成交额/（元/人） | 输出技术 | | 吸纳技术 | |
| --- | --- | --- | --- | --- | --- | --- | --- |
| | | | | 合同数/项 | 成交额/亿元 | 合同数/项 | 成交额/亿元 |
| 全国 | 14.12 | 8.59 | 475.40 | — | — | — | — |
| 北京 | 44.61 | 24.41 | 9 635.05 | 59 969 | 2 458.5 | 43 515 | 974.4 |
| 天津 | 29.02 | 14.00 | 1 644.02 | 13 381 | 232.3 | 9 084 | 204.8 |
| 河北 | 3.19 | 2.10 | 51.87 | 4 512 | 37.8 | 6 071 | 115.2 |
| 京津冀 | 14.54 | 7.95 | 2 533.52 | 77 862 | 2 728.6 | 58 670 | 1 294.4 |
| 长三角 | 40.41 | 25.42 | 634.47 | 70 121 | 1 001.0 | 72 175 | 1 216.9 |
| 珠三角 | 21.66 | 14.50 | 361.90 | 19 576 | 364.9 | 22 213 | 421.5 |

资料来源：《中国科技统计年鉴 2013》及《中国火炬统计年鉴 2013》

## （二）科技成果市场化

技术合同成交额是用来反映科技成果市场化的重要指标。2012年，京津冀地区万人技术成果成交额为2 533.52元/人，是长三角地区的3.99倍，珠三角地区的7.00倍，这表明京津冀地区技术市场交易活跃，科技成果市场化水平较高。就京津冀内部而言，北京万人技术成果成交额为9 635.05元/人，远高于天津和河北，是全国平均水平的20.27倍，但河北的万人技术成果成交额还不到全国平均水平的11%，与北京和天津相差甚远。从技术交易流向看，北京的技术输出与吸纳能力均要强于天津、河北和全国其他地区，且以技术净输出为主，其输出技术成交额是长三角地区、珠三角地区这两大区域总和的近两倍，占京津冀地区输出技术成交额的90.1%。天津和河北的技术交易市场活跃程度较低，其中天津的技术输出略高于技术吸纳，河北则以吸纳技术为主，技术吸纳能力不足制约了两地产业技术水平的提升。

## （三）高技术产业效益

如表15-3所示，2012年，京津冀高技术企业数、主营业务收入和利润总额分别为1 780个、8 301.3亿元和563.0亿元，占全国的比重分别为7.23%、8.12%、9.10%，均远低于长三角和珠三角的同一指标水平；企业平均主营业务收入要高于全国平均和长三角，但略低于珠三角；企业平均利润要高于全国平均水平和珠三角、长三角地区；从业人员创造的人均业务收入也要高于全国平均和珠三角、长三角地区，人均利润大约是珠三角地区的2.5倍、全国平均和长三角的1.5倍。京津冀内部相比较，在高技术企业数、主营业务收入和利润总额上，北京与天津相当，河北仅为天津、北京两市的1/3左右；企业平均主营业务收入和平均利润上，天津不但高于全国平均，也高于北京、河北和长三角地区及珠三角地区；在人均业务收入上，北京略高于天津，大约是河北和珠三角地区的2倍、长三角地区和全国平均水平的1.5倍；在人均利润上，北京与天津相当，但远高于全国平均水平和长三角、珠三角地区。以上分析显示，首都经济圈高技术企业的产出效率要高于全国平均水平和珠三角、长三角地区，尤其是以天津高技术企业创新产出能力最高。

表15-3　2012年京津冀地区高技术产业效益

| 地区 | 高技术企业数/个 | 主营业务收入 | | | 利润 | | |
|---|---|---|---|---|---|---|---|
| | | 总额/亿元 | 企业平均业务收入/亿元 | 人均业务收入/万元 | 总额/亿元 | 企业平均利润/亿元 | 人均利润/万元 |
| 全国 | 24 636 | 102 284.0 | 4.15 | 80.62 | 6 186.3 | 0.25 | 4.88 |
| 北京 | 760 | 3 569.9 | 4.70 | 126.32 | 235.6 | 0.31 | 8.34 |
| 天津 | 587 | 3 526.9 | 6.01 | 119.31 | 247.7 | 0.42 | 8.38 |
| 河北 | 433 | 1 204.5 | 2.78 | 66.07 | 79.7 | 0.18 | 4.37 |
| 京津冀 | 1 780 | 8 301.3 | 4.66 | 109.16 | 563.0 | 0.32 | 7.40 |

续表

| 地区 | 高技术企业数/个 | 主营业务收入 | | | 利润 | | |
|---|---|---|---|---|---|---|---|
| | | 总额/亿元 | 企业平均业务收入/亿元 | 人均业务收入/万元 | 总额/亿元 | 企业平均利润/亿元 | 人均利润/万元 |
| 长三角 | 7 771 | 33 892.1 | 4.36 | 90.94 | 1 868.4 | 0.24 | 5.01 |
| 珠三角 | 5 059 | 25 046.6 | 4.95 | 65.19 | 1 110.9 | 0.22 | 2.89 |

资料来源：《高技术产业统计年鉴 2013》

## 第二节　首都经济圈科技合作现状及问题

### 一、一批区域技术创新平台、科技成果转化平台相继建立，但科技合作的体制机制还有待完善

首都经济圈科技合作有多年的历史，在许多重要领域的项目、产业、人才交流等层面开展了卓有成效的合作，并相继签署了《北京市—河北省 2013 至 2015 年合作框架协议》《北京市、河北省科技合作框架协议》《京津冀协同创新发展战略研究和基础研究合作框架协议》等一系列合作协议；中关村自主创新示范区也与天津滨海新区、宝坻区和河北廊坊市、唐山市等签署了战略合作框架协议。一批区域技术创新平台、科技成果转化平台相继建立，区域科技合作正进入一个以强化协同创新为特征的新阶段。但与此同时，京津冀三地科技创新的功能定位和区域分工有待进一步明确，政府间高层次的合作磋商机制有待进一步健全，尤其是在区域科技规划、科技政策、重大项目、技术标准等的沟通协调机制方面有待进一步完善，但协同创新还缺乏有效的制度保障，致使区域科技创新的联系和协作程度还偏低。

### 二、区域内科技物理资源共享初见成效，但区域间共享范围和合作广度还有待提高

目前，首都经济圈内部物理资源的共享初见成效，三地大型科研仪器设备共享已在推进阶段，并均建立了信息网络平台。例如，北京的首都科技条件平台及科学仪器设备共享服务网、天津的科研条件网及大型仪器协作共用网、河北的科技基础条件网络平台，均为区域的人才培养、科学研究等提供了重要的物质保障。但省际科技资源的共享范围和合作程度有限，尤其是区域之间科学数据资源尚缺乏有效的管理，数据标准化、规范化方面也面临较多困难，数据应用服务系统和分布式数据库网上管理与分发服务技术尚不成熟等，阻碍了区域科技资源的有效共享和高效使用。

## 三、区域科技人才共享制度建设取得新进展，但激励科技人员跨区域流动的政策协同机制有待加强

在科技人才共享方面，京津冀三地政府已共建了高层次人才信息库，签订了培训合作协议，并对各自核准的专业技术职业任职资格和国际职业资格实现互认。北京出台的《首都中长期人才发展规划纲要（2010—2020年）》明确提出，北京将逐步推行京津冀地区互认的高层次人才户籍自由流动制度，天津和河北也在积极研究制定相关政策和人才规划，以实现三地科技人才制度的对接。但与此同时，目前首都经济圈在支持科技人才创新创业政策、激励与评价政策等制度方面存在较大落差，三地一体化的人才市场也存在诸多的行政壁垒和制度障碍，尤其是北京周边各大中等城市在民营科技型企业落户指标、公共服务、社会保障、职称认定等方面缺乏吸引力，致使区内研发人才、技能人才的培养与交流难以推进。

## 四、促进创新资源整合的一体化要素市场不活跃

目前，京津冀区域市场对创新资源配置的决定性作用还没有充分发挥。例如，科技中介服务和技术交易市场自成体系，区域内技术承接能力不强，金融制度的地区壁垒和区内创新资源的共建、共享与开放不足等，都割裂了一体化的区域要素市场建设，致使创新资源的流动受阻，其中，2013年首都地区流向京津冀区域内的技术合同58 668项，比流向长三角区域的科技成果少13 509项，大量科技成果流向区域以外，形成北京科技成果跨地区转化的"蛙跳"现象。

## 五、区域内部创新资源配置落差较大，阻碍了科技协作和产业协同

河北、天津与北京相比存在着高层次人才均比较缺乏、R&D经费投入少、专利授予量少、技术合同成交额低等问题，特别是河北各主要城市创新资源较天津和北京显得十分匮乏。而创新资源分布不均，在一定程度上造成了区域创新能力的差距，以及科技发展的明显不平衡，这意味着区域的科技溢出效应较弱，技术传播不明显，进而导致科技创新的协作程度低、投入结构雷同，制约了区域产业链与创新链的融合发展。

## 第三节 对策建议

### 一、建立跨区域科技合作与协调机制

在京津冀政府间建立科技合作联席会议制度，由各地分管领导轮流担任科技联席会

议召集人，成员包括各政府科技管理部门、各高新技术产业园区负责人和企业家代表、高校与科研机构代表等，就区域科技协同创新有关事宜进行协商，破解科技合作难题。重点包括：一是联合制定首都创新圈科技合作政策和科技发展规划，明确区域科技协同思路、目标、任务及措施；二是建立区域基础性科技资源共建共享机制，推进区域内重点实验室、工程技术中心和科技文献、信息、人才等共建共享；三是建立一体化的技术交易市场，推进区域技术市场、技术中介的联网和新品种、新技术、新工艺等科技成果互认；四是共同建立科学公正的科技决策、咨询、评估与监督机制，并对区域性研发组织进行统筹布局，引导高校、科研机构、中介和企业开展科技合作。

## 二、联合共建一批科技协同创新示范基地

围绕北京建设全国科技创新中心的总体定位，以各类科技园区为载体，支持中关村示范区、滨海新区与区域内创新社区、科技园区、科研基地等联合共建一批集教育、科研、技术转移转化与孵化等功能于一体的科技协同创新示范基地，推动北京创新资源有重点地向以企业为研发核心的天津、河北转移，强化科技创新的分工与协作，促进三地产业链与创新链的有效融合。

## 三、积极推动以企业为主体的京津冀都市圈技术创新体系建设

结合北京地区产业转移与功能疏解的整体部署，以企业为主体，围绕新能源、电子信息、新能源汽车、物联网、云计算等重点领域，实施一批区域重大科技创新应用示范工程，支持三地企业与高校、科研机构合作建设研发中心和中试基地，引导创新要素向企业集聚，真正建立起以企业为主体、产学研用相结合的技术创新体系。

## 四、统筹加强区域科技人才的交流与共享

将三地科技人才的培养与使用纳入科技发展规划进行统筹考虑，组建跨区域人力资源开发孵化基地和人力资源共同市场、人才协调与政策服务中心，培养职业化的技术经纪人、专利代理人，加快区域科技人才和科技成果的信息交换与共享。深化三地技术职称、人事档案管理、社会保障、科研评价等相关制度的改革与对接；研究制定鼓励体制内科技人员到企业中从事技术创新的具体政策，推动三地高校和科研机构创新人才向企业流动和兼职；鼓励河北、天津有条件的企业设立博士后科研工作站、院士工作站，推动北京高端科技人才到津冀开展创新创业。

## 五、整合财税、金融等多种政策手段合力推进区域协同创新

全面清理不适应三地协同发展的地方法规和政策，形成有利于资金、人才、成果等

各类要素自由流动、促进一体化发展的政策法规体系，推动京津冀三地创新创业政策在区域内的普适化。共同投资设立区域性科技合作引导基金或科技合作风险基金，采取贷款贴息、投资入股等方式，支持区域内高校、科研院所、企业联合开展共性技术研发。引导三地银行围绕科技创新，建立科技支行；共同组建科技创新投融资管理平台，吸引VC（venture captial，即风险投资）、PE（private equity found，即私募股权基金）等社会资本参与京津冀科技创新创业；建立三地一体的科技信用体系和科技担保公司，加快推进首都创新圈一体化的科技投融资体系建设。

# 第十六章　京津冀协同创新共同体的机制与着力点[①]

**内容概要：** 当前，京津冀协同发展是区域创新发展中的重要着力点，完善京津冀协同创新机制是协同发展的关键。本报告重点围绕完善京津冀协同创新共同体的机制，梳理了创新共同体的概念和发展特点及三地当前的协同创新认识。在此基础上提出，京津冀协同创新共同体应当包含创新资源在京津冀区域内的市场化配置机制、创新主体的集群化的组合与互动学习机制、跨区域创新管理的治理机制、创新系统的开放与链接机制等八大机制，并将深化科技体制改革和制度创新作为三地共建协同创新共同体的突破口，推进科技服务业政策等五个方面开展试点合作。最后从三地政府、各类园区开发区、产业等层面提出了推进京津冀协同创新共同体建设的对策建议。

## 第一节　达成共识：京津冀推动协同创新的基础

三地建设协同创新共同体，首先需要在中央指导下达成共识，包括一些基本提法、建设愿景、建设步骤、建设重点、建设机制等。京津冀协同发展可以有"四同四共"，即交通同城、文化同源、问题同性、未来同在，战略共识、合作共赢、发展共荣、成果共享，其中，战略共识是基础，多年来，三地各说各话，从研究界到三地各级政府，鲜有共识的达成，一直难有积累和进步，多年的研究工作也在原地打转。

2014年，三地共同设立战略课题开展协同创新研究，开展协同创新的条件逐步成熟。例如，按照习近平总书记的要求，创新驱动在京津冀协同发展中的关键作用将进一步得到认同，建设京津冀协同创新共同体作为方向或战略目标，也有可能在三地达成一致。所以三地完全可以逐步达成共建协同创新共同体这一共识，这将成为三地共同推动协同创新、落实京津冀协同发展战略的一个重要内容，成为落实国家创新驱动发展战略的一个共同行动。三地还可从合作愿景、机制建设、工作切入等层面不断讨论，逐步深化认识。

创新共同体的概念源于美国。国际金融危机以来，为应对经济消退及迎接新一轮科技革命的到来，美国硅谷高校科技园区协会等陆续联合发布了《空间力量：建设美国创新共同体体系的国家战略》《空间力量2.0：创新力量》等报告，提出了"创新共同体"的概念，认为创新共同体以科技园区、高校和科研院所、联邦实验室、私人研发企业为基本构成要素。通过加强协同创新，促进研发成果产业化，实现"知识产权与实物

---

① 本章由天津市科学学研究所李春成研究员主持完成。

产权的融合，人力资本与金融资本的碰撞"的根本目标，从而推动以研发集群为核心的产业发展。与此相伴，日本在 2013 年 6 月提出了"战略特区"这一概念，而早在 2005 年法国就已经开始部署竞争力集群计划。德国政府则继推出"高科技战略"之后，又推出了"尖端集群"竞争计划，推动国家的创新集群发展。应该说，世界范围内正在掀起新一轮基于空间协同的产业组织和创新模式热潮。

提出创新共同体主要基于三点：一是从科学共同体到创新共同体的发展。二是美国硅谷高校科技园协会发布的《空间力量：建设美国创新共同体体系的国家战略》等报告提出的创新共同体是基于科技园区的，这使创新共同体具备了空间概念。在区域创新生态系统、创新创业社区等实践发展的大背景下，在创新资源跨区域流动配置开放创新的大趋势下，创新共同体可以延伸到更大空间范围，京津冀必然将成为一个打破行政辖区的跨区域创新共同体。三是京津冀协同创新，应当在创新链、产业链、服务链、价值链、资金链协同的基础上，向利益共同体乃至命运共同体、文化价值共同体的更高层面深化。

## 第二节　完善机制：京津冀协同创新共同体建设的关键

京津冀协同创新共同体就是京津冀区域创新生态系统，是京津冀创新要素的互动网络，包括产业链、创新链、服务链的融合和共同文化价值的升华。从物理层面看，创新共同体可以看做一定物理区间内或一种特殊经济形态内各有关部门和机构间相互作用而形成的推动创新的空间集聚，也可以看做主要由经济和科技的组织机构形成的聚合体。创新共同体的运行是知识的生产、扩散、积累、转移、传播和商业化应用的过程。创新共同体建设的关键是发展以创新为驱动的开放性新型经济。京津冀协同创新共同体的运行应当包含如下机制。

## 一、创新资源在京津冀区域内的市场化配置机制

在创新共同体中，知识创新系统、产业创新系统和创新服务系统通过创新资源来进行优势互补，企业通过市场中的需求信号，来决定创新的方向，而金融投资机构在创新网络中为知识创新的顺利开展提供资金支持与金融保障，进而可以通过市场这只看不见的手来实现创新资源的优化配置。

京津冀协同创新共同体的未来，最终还要看市场化程度、改革开放力度、各种要素市场能否完善，看有利于区域协同发展的制度体系能否真正形成。要深化改革、着力构建大区域统一的要素市场，破解市场要素跨区域流动配置的体制障碍。要素流动的障碍不在距离，而在于区域间和区域内部的市场保护与恶性竞争。京津冀要率先在技术、人才、资本、科技型企业等创新要素的流动方面形成自由畅通的流动机制，如加快户籍制度、国有技术成果的监管制度的制定等。

## 二、创新主体的集群化自由组合与互动学习机制

京津冀协同创新共同体包括三地的企业、高校、科研机构、中介服务组织、金融机构、政府等多种创新的主体。园区发展和区域发展的实践表明，基于专业化分工合作，创新链、产业链的合作对接等机制，形成以产业集群与创新集群为依托的各类主体，在区域内自由组合、学习互动，从而构建创新共生系统，提升区域或园区创新共同体的创新效率。

## 三、跨区域创新管理的治理机制

京津冀协同创新共同体需要三地共同建立良好的创新环境和创新管理制度，包括政策和法律的制定、知识产权的保护、社会保障体系的完善、创新风险保险系统的建立，同时执行国家战略、维护公众利益、规范创新主体的行为等。政府在其中发挥着重要的作用，因此政府与其他的创新要素之间应建立稳定的沟通机制。此外，还包括科技基础设施、教育基础设施、情报信息基础设施等创新活动开展的条件，这些条件是创新活动所必需的，且需要创新主体间的协同与配合。

## 四、创新系统的开放与链接机制

京津冀协同创新共同体的运行必然具有对外部开放的特征，移动互联网的发展强化了创新开放度。企业作为技术创新的主体，要获得持久的竞争力，需要不断寻找外部资源，面向全球创新链中的高端企业、高校、科研机构，面向产业链的上下游，甚至面向普通群众，寻找创新的灵感，寻求创新的合作，获得价值的实现。

## 五、政府促进协同创新的规划等引导机制

当前阶段，政府在京津冀协同创新中的作用仍然十分重要。政府重点是要做好规划，包括三地重点产业分工布局规划，促进产业链协同、创新链协同、服务链协同、资金链协同等；京津唐高技术走廊或科技新干线的建设规划；重点合作平台建设规划，如产业创新平台、联合技术交易平台、知识产权运营平台等方面。同时，组织推动一些重点建设事项，包括通过示范等方式推动各园区、开发区创新共同体建设；推动区域创新的共同品牌建设；推动共同的政策创新和体制创新。

## 六、协同创新共同体的利益分享与一体化发展机制

从短期来看，京津冀协同创新共同体可以以合作建设科技园区创新共同体为载体，

探索多种形式的共同投资、共同开发，形成投资按股份分配、税收按商定的比例分享的机制。投资按股份分配机制的以宝坻京津中关村科技新城为代表，通过中关村开发集团与宝坻区联合成立开发投资公司，进行合作开发；税收按比例分享机制的有秦皇岛新区的"442"模式（企业、海淀、秦皇岛三方利益共享）；天津高新区与北京首都创业集团合作共建天津未来科技城京津合作示范区，通过合作开发北京飞地清河农场，实现税收两地共享。从长远来看，需要研究探索京津冀协同创新与发展的规划、财政、投资、税收一体化机制，形成根本的区域协同长效大区域治理制度，如研究建立共同纳税区的可行性与实施办法。

## 七、形成有利于三地协同发展的政策机制

在大区域内推广中关村示范区、滨海新区、天津自由贸易试验区等的政策，形成有利于区域创新的叠加优惠政策。

## 八、加强技术对接和技术支援，建立共同富裕、缩小内部发展梯度的机制

可以考虑按照产业链、创新链的分工，建立产业链与技术链梯次对接、对口支援机制等，尽快缩小产业、技术发展的落差，充分发挥市场机制的作用。

### 第三节　深化改革：京津冀协同创新共同体建设的突破口

深化科技体制改革和制度创新是三地共建协同创新共同体的突破口。京津冀要实现协同创新共同体建设愿景，成为超越硅谷、波士顿 128 公路高科技带的具有国际影响力的科技新干线（或者叫创新产业走廊、自主创新高地），必须通过改革释放创新的活力。第一次科技体制改革是放活科技人员，成就了联想、方正等集团；第二次科技体制改革是放活科研院所，成就了中联重科等；而现在需要把科研院所的主办权从高校和政府手中转移出来，这也符合十八届三中全会的精神。

深化改革，推进创新共同体建设的先行先试工作可在以下方面展开。

第一，三地选择一批科技园区或开发区开展园区层面的创新共同体建设机制试点。

第二，三地率先开展科技服务业政策试点，在科技服务企业认定高新技术企业方面先行先试。

第三，三地在技术转移、成果转化、专利运营合作机制方面创新。

第四，三地率先开展科研院所去行政化，现代院所制度建设试点。

第五，设立新兴产业创新基金，支持三地促进新产业、新业态发展与商业模式创新等。

## 第四节　多层面切入：京津冀协同创新共同体建设的着力点

京津冀三地需要在多个层面落实好创新驱动发展战略，大力推进京津冀协同创新共同体建设，包括国家层面、三地政府层面、各类园区开发区层面、产业层面等，京津冀协同创新共同体建设的着力点主要体现在以下八个方面。

一是在中央协调指导下，共同规划建设京津冀城市创新圈。通过制定区域一体化发展战略，打造以京津双城为核心的京津冀都市创新圈，率先深化改革，破除市场分割和创新资源流动的障碍，实现三地优势互补和创新资源在区域的高效配置。发挥中关村和滨海高新区自主创新示范区、中国（天津）自由贸易试验区等先行先试作用和政策带动作用，促进京津冀城市群创新发展。同时，三地应加强大气、水、工业污染治理和生态建设合作，创造好的创新环境和生态环境，分散首都的交通、人口等过重的压力。

二是在中央协调指导下，共同规划建设京津冀协同创新走廊或京津塘高科技新干线。以加强自主创新、推进战略性新兴产业发展为宗旨，以中关村和滨海新区为龙头，以高铁、高速沿线的中关村、北京经济技术开发区、廊坊、武清、北辰、东丽、滨海科技园、海洋高新技术开发区、天津经济技术开发区、唐山高新技术产业开发区等节点为支撑，以京津塘交通干线为轴心，着力产业布局和分工合作机制的构建、国内外高端创新资源聚集的整合、科技载体的建设、创新环境的优化，构建区域创新的共同品牌。京津冀共同打造具有国际影响力的科技品牌，营造国际一流的创新创业环境，形成创新创业区域高地、驱动发展原创产业的良好局面和品牌效应。

三是发挥中关村示范区的辐射带动作用，推动中关村示范区在天津和河北建设一批科技园区。天津要重点搞好未来科技城合作示范区、京津中关村科技新城等大型合作项目建设。河北也应当加强与中关村和滨海新区的合作，突出重点，按照优先次序，规划建设一批合作示范园区。

四是加快京津冀各类园区（开发区）产业布局调整和创新升级，大力发展具有全球竞争力、国家竞争力和区域竞争力的产业集群，采取园区（开发区）与专业对口的大院大所、大专院校开展战略合作，加强与以中关村为中心的高端创新资源的对口链接等措施，构建园区、开发区、示范工业园区的创新共同体。

五是建设一批传统产业集群升级改造示范区。例如，天津、大邱庄、唐山等地的钢铁产业、沧州的石油化工等传统产业的升级改造，可以集成京津冀乃至全国的创新资源和技术成果，在集群化的基础上尽快实现产业的转型升级。

六是建设区域科技服务共同体。组建京津冀技术交易联盟，建立健全技术交易市场，形成信息共享、标准统一的技术交易服务体系。建设大型科学仪器设备设施协作共用网，促进区域内科技资源开放共享。引导北京优势科技服务延伸至天津和河北，共建国家科技资源服务业基地。建立京津冀科技服务业联盟，充分发挥各类市场化科技创新服务主体的资源配置作用。推动各类协同创新对接活动。

七是建设京津冀科技金融体系。在三地已有的科技金融体系基础上，通过跨区域共建和共享，形成科技金融服务模式最优、服务产品最丰富，创业与各类新兴产业发展要求最适合的科技金融体系。围绕产业链布局创新资本链条，实现北京的创新优势、商业化优势、风险投资优势和股权投资优势向津冀扩散共享，将天津的产业化承接和研发转化优势做强做足，带动河北发挥自然资源和人力资源优势，实现金融助飞区域产业。

八是加快完善交通、通信、科技基础设施建设。加快建设交通设施，实现无缝对接，促进要素在区域内的无障碍流动。升级通信设施，实现区域内通信的本地化。加强科技创新、创业、产业化基础条件建设，实现区域科技资源的开放共享，提升创新效率，尤其是搭建一体化的公共服务平台，进而促进各领域各层次人员的交流合作。

# 第十七章　京津冀区域协同创新网络建设研究[①]

**内容概要：** 本报告梳理了区域协同创新网络建设的理论基础，包括区域协同创新网络的概念、特征、结构、划分标准和发展阶段。在此基础上，总结分析了当前京津冀区域协同创新网络的发展现状，包括京津冀三地在协同创新网络中的位置、创新结点在协同创新网络中的作用及协同创新网络链条的强度和规模。结合京津冀区域未来的发展趋势，提出了建设京津冀区域协同创新网络的目标及内容。

## 第一节　区域协同创新网络的概念与内涵

### 一、区域协同创新网络的概念

区域协同创新网络是一种新型高效的创新组织模式，是在经济全球化和区域一体化的时代背景之下，跨行政区的联动发展，是企业、高校与科研院所、政府、中介机构等协同合作来构建和发挥创新网络的各子系统、结点、要素之间协同效应，实现整个区域创新发展效益最大化的模式。其本质表现为目标驱动、要素聚合、组织机制强化、优势互补等。

### 二、区域协同创新网络的特征

区域协同创新网络一般形成于区域经济一体化水平较高的地域空间；具有共同地缘的根植性和多维邻近性；网络中的要素与流动关系具有动态性；不同主体之间的联系是以创新为核心。

### 三、区域协同创新网络的结构

区域协同创新网络是由结点和联结构成的结合体。完整的区域协同创新网络体系，不仅包括组成网络的主要结点，而且更重要的是包括网络中各个结点之间联结而成的关

---

① 本章由北京决策咨询中心课题组完成。王峥副研究员担任课题负责人，龚轶、武霏霏、王新、陶晓丽、黄露、裴秋亚等参加了研究工作，龚轶进行了编辑。

系链条、网络中流动的生产要素（劳动力、资本、知识和技术等）及其他创新资源。区域协同创新网络的结点主要包括企业、高校及科研院所、政府、中介机构及区域内金融机构五方面，各个结点在协同创新过程中各自发挥的作用存在差别，其中，企业是网络中创新的直接实现者，高校及科研院所是网络中知识的主要提供者，政府、中介和金融机构是网络环境的维护者和协调者。从企业的角度来看，企业在网络中的关系链条包括企业与企业之间的关系、企业与高校及科研院所的合作关系、企业与中介机构的合作关系、企业与政府的合作关系等。

## 四、区域协同创新网络的划分标准

在对区域协同创新网络类型进行划分时，我们主要考虑以下五个标准：一是网络位置，指的是结点在网络中相对于其他结点所处的关系和地位。二是网络联结密度，指的是网络中实际联结数量占所有可能联结数量之比。三是网络规模，指的是网络结点数量的多少和结点的多样性。四是网络关系强度，指的是网络成员间交互的频率，以及成员间相互信任和互惠的程度。五是网络关系久度，指的是网络关系的稳定性。

## 五、区域协同创新网络的发展阶段

区域协同创新网络的发展是动态的，其升级的历程可分为四个阶段，即初级阶段：单中心单链条网络阶段；发展阶段：双/三中心多链条网络阶段；中级阶段：多中心复杂链条网络阶段；高级阶段：去中心密网阶段（表 17-1）。

**表 17-1　区域协同创新网络阶段特征**

| 阶段 | 单中心单链条网络阶段（单中心驱动创新） | 双/三中心多链条网络阶段（双/三中心驱动创新） | 多中心复杂链条网络阶段（多中心驱动创新） | 去中心密网阶段（一体化驱动创新） |
|---|---|---|---|---|
| 特征 | 1. 区域内特大城市是创新网络的单中心<br>2. 单中心集聚了创新的绝对优势资源<br>3. 区域内的创新基本由单中心驱动<br>4. 链条一般由单中心与临近腹地建立<br>5. 链条形式单一、强度与久度低<br>6. 网络规模低<br>7. 网络密度低 | 1. 区域内1~2个临近腹地发展为创新网络的次中心<br>2. 创新部分优势资源开始向次中心转移<br>3. 次中心在区域创新中发挥一定的作用，与中心共同承担创新的重任<br>4. 链条分别由中心、次中心与临近腹地建立<br>5. 链条形式多样、强度与久度偏低<br>6. 网络规模偏低<br>7. 网络密度稀疏 | 1. 在中心及次中心的辐射带动下，区域内再产生一个甚至几个新的创新中心<br>2. 创新资源部分向二级次中心转移<br>3. 二级次中心发挥一定的创新带动作用，但与中心、次中心的创新存在一定的差距<br>4. 链条分别由中心、次中心、二级次中心于临近腹地建立<br>5. 链条形式复杂、强度与久度较高<br>6. 网络规模较高<br>7. 网络密度较高 | 1. 区域内创新中心已不明显<br>2. 创新资源相对分散、均衡<br>3. 创新在区域内随处发生<br>4. 链条密集，随处建立<br>5. 链条多样化、强度与久度高<br>6. 网络规模高<br>7. 网络密度密集 |

## 第二节　京津冀区域协同创新网络发展现状

通过对京津冀区域创新网络的位置、规模、强度等方面的考量，课题组认为，总体看，京津冀区域协同创新网络具备雄厚的科技创新资源优势，但网络内部合作较少，整体上处于双/三中心多链条网络阶段，在次中心结点的发展、企业技术创新、创新主体互动等方面，较之长三角地区等较发达的区域，其创新网络还有一定差距，属于区域协同创新网络发展的初级阶段。

# 一、京津冀三地在协同创新网络中的位置

当前，北京在科技资源上的优势虽然非常明显，但天津在科技企业创新方面表现突出，正在成为区域内部的另外一个创新中心。而河北虽然创新资源条件和能力基础相对偏弱，但部分城市（园区）已经在产业发展、知识创造、技术研发等方面与北京、天津形成互动。

北京目前是区域内创新网络的单中心。北京不仅是全国政治、文化和国际交往的中心，而且其技术研发能力较强，是我国智力资源最丰富的城市和全国科技力量最集中的地区，产业基础雄厚，商业、服务业发达，集中了大多数全国各大银行的总行、我国主要的信托投资公司及保险公司、外国银行办事机构。京津冀地区无论是在创新投入上还是在创新产出上，都呈现出"一高两低"的状态，因此北京是当下京津冀区域协同创新网络的单中心这个特征较明显。

天津具备成为网络次中心的潜力。2013 年天津全市地区生产总值为 14 370.16 亿元，比上年增长 12.5%。第三产业比重已十分接近第二产业比重，长期以来第三产业增加值首次超过了工业增加值。2012 年，天津在从业人员数、单个企业业务额、企业利润总额、企业平均利润额、人均利润额五个主要的高技术产业经济指标中均排名京津冀三地首位。天津在产业结构、科技产业规模等方面都正在实现创新发展，具备了成为京津冀地区中第二个中心的潜力。

河北具备加入京津冀创新网络的条件。首先，从京津冀的经济和技术发展程度来看，三省市在技术上存在梯度差距，进而形成了产业的梯度差距，即北京、天津与河北在产业结构上具备了梯度转移的条件。其次，京津冀地域相连，三地间的交易成本和生产要素结合成本低廉，可以大大提高生产要素的利用效率，这就使京津冀具备了产业转移的地利条件。三省市在地理位置上的相近性和生产要素禀赋的互补性，使京津冀具备了相互合作的条件，可以做到优势互补。

# 二、创新结点在协同创新网络中的作用

从网络创新结点作用与活跃度上看，京津冀地区的优势和劣势都比较明显：高校和

科研院所资源雄厚、工作活跃、成果丰硕，基础研究投入和人力资源遥遥领先于长三角、珠三角地区等国内其他重要的创新网络。但在企业技术创新能力、中介机构与金融机构活动等方面则明显弱于长三角地区，其由科技高地走向创新高地还有一段距离。

高校和科研院所为区域创新提供了丰富的创新储备。京津冀地区是全国综合科技实力最强的区域，高校、知识和人才的密集程度远远超过长三角和珠三角地区，能够提供基础科学研究、高科技研发、经济管理、职业技工等所需的各类高级人才和专门人才，拥有中科院、中国工程院、中国农业科学院及北京大学、清华大学等众多高校与科研院所。京津冀地区的创新优势资源主要集中在高校和科研院所，其仍是创新的主要源头。

企业成为创新主体的趋势逐渐明显。2011 年以来，京津冀地区规模以上企业有 R&D 活动企业数逐年增多，有 R&D 活动的企业所占比重和企业 R&D 经费支出占地区 R&D 经费支出总额的比重也逐年上升。然而，目前京津冀地区同长三角、珠三角地区相比，企业创新能力还存在一定差距。在企业研发投入、研发人员、专利产出等指标上，京津冀地区全面落后于长三角地区和广东地区。尽管已取得了可喜的进展，但未来仍需进一步聚焦于企业，建设良好创新环境，推动企业成为创新主体。

中介机构的数量与影响力明显不足。从总体上看，现阶段京津冀地区的科技中介机构尚处于发展的初级阶段。在规模上，京津冀地区尤其是北京是全国科技中介资源较为密集的地区，集聚了一批全球知名中介机构，但目前能直接提供科技咨询和服务的中介机构发展不够充分，国家级生产力促进中心仅有七个，约占长三角地区的一半，占全国比重仅为 7%。在科技中介结构的发展水平上，京津冀地区还落后于长三角地区，在科技资源共建共享、科技中介市场开放、连锁经营、资质互认等方面还存在诸多问题，有待进一步引导和加强。

金融机构发展迅速，对区域协同创新的贡献度偏低。从全国范围看，北京金融业在法人机构数量、金融资产总量、金融对经济的拉动系数、单一行业对国税贡献率这四项指标上在国内大城市中均居第一位。天津金融业也呈现繁荣发展势头，成为拥有金融全牌照的城市之一，新型金融服务业态集聚发展，股权投资基金、创新型交易市场规范发展，意愿结汇试点取得成效。但是，由于区域金融中心定位之争，以及金融机构与科技创新之间缺乏实质性合作等诸多原因，当前金融机构对区域协同创新的贡献度仍然偏低。

# 三、协同创新网络链条的强度和规模

从总体上看，与其他区域相比，京津冀网络创新链条强度较低，表现为北京输出到天津和河北的技术交易占比较低，总体科研论文和专利合作较少。随着 2014 年一系列政府合作、院所合作、园区与企业合作协议的签署，未来京津冀创新网络的互动链条在数量和强度上都将继续上升。

技术交易方面，京津互动良好，河北加入北京主导的链条。2013 年，天津吸纳北京技术合同成交额为 33 亿元，同比增长 40%，占天津总吸纳技术合同成交额的比重为

10.45%。天津输出北京的技术合同成交额为31亿元，同比增长11%。2013年，河北输出技术合同为4 201项，输出金额为31.6亿元，北京和天津分别位居河北技术输出额的第一名和第十名。从河北吸纳技术合同来看，北京是河北最主要的技术来源地，如2013年吸纳技术合同金额为32.4亿元，而天津位居第五名，吸纳技术合同金额为3.82亿元。

科研论文方面，京津合作最多，河北的主要城市参与合作。2013年北京与京津冀其他城市合作论文的总数量为236篇，其中与天津合作的数量为96篇，占到40%，北京与京津冀其他城市在论文创新的合作上主要集中在天津，其次是与石家庄合作49篇、与保定合作29篇；天津与京津冀除北京以外的其他城市合作论文主要是与石家庄、唐山的合作；京津冀地区其他城市之间的合作论文数量均少于10篇。

合作专利方面，京津保持密切联系。2013年北京与京津冀地区主要城市之间合作授权专利92项，其中天津占到近八成，远高于河北的部分主要城市，天津与石家庄、唐山均没有合作授权专利，河北部分城市间合作授权专利也仅为1项，个别城市的合作授权专利为空白。

园区和高校院所共建方面，北京发挥核心辐射作用。从园区和高校院所共建方面看，目前北京正在积极推进相关共建工作，力图促进在京科技创新资源向天津和河北的流动。特别是2014年集中以中关村为核心建设的一系列中关村分园和共建园区、社区，为在京科技创新资源的扩散提供了物质基础与条件。在继续完善园区共建相关管理办法、探索建立适宜的利益共享机制、合作机制的基础上，共建园区仍有进一步优化配置的空间。

## 第三节　京津冀区域协同创新网络的目标及内容

## 一、以"联合打造京津冀协同创新高地"为总目标

京津冀区域协同创新网络建设的核心是要依托北京作为全国科技创新中心，天津作为产业技术创新中心，河北作为京津创新成果孵化转化区和科技创新功能拓展区，为突出三地比较优势，初步选择区位优势明显、产业特色突出的滨海、武清、北辰、保定、廊坊等地联合建设协同创新示范园区。以北京、天津、石家庄为核心城市，部分中型城市为副中心城市构建创新城市群落，形成"分工明确、各有侧重"的多中心、分层级的创新网络，实现京津冀三地优势互补和科技创新资源在区域的高效配置，打造出以协同创新园区、创新城市为载体的特色产业集群，共同推动使其成为引领全国、具有世界影响力的京津冀协同创新高地。通过京津冀协同创新网络的建设，完整实现北京成为全国科技创新中心的战略目标，夯实天津成为北方经济中心的地位，加速河北产业结构升级和区域的可持续发展。

## 二、以部署和建设创新网络结点，强化网络联系为主要内容

京津冀协同创新网络建设要形成以协同创新园区为载体的特色产业集群的网络化战略布局。需要结合京津冀区域特点，优化科技资源配置，重点部署和建设政府、企业、高校、科研院所、中介机构等网络结点。同时加快政府职能转变，不断改善区域内创新生态环境，大力发展中介服务机构，鼓励支持高校和科研院所直接衍生创新型小微企业，加强网络中的企业合作，努力构建科技园区内各个创新主体之间的网络连接，提高合作意识，加强合作交流，强化网络联系。

以共建协同创新园区为突破口。初期选择区位优势明显、产业特色突出的天津滨海中关村科技园、京津中关村科技新城、廊坊经济技术开发区、北辰经济技术开发区、沧州临港经济技术开发区等地，共同建设京津冀协同创新科技园区。在协同创新园区内开展产业资源、政策资源、科研资源、资本资源、人力资源互补对接，提升创新主体协同的效果。待协同创新试点园区成熟后，逐步向京津冀区域拓展推广，形成以协同创新园区为载体的京津冀协同创新网络体系。

进一步破除区域和主体之间的壁垒。整合优势政策资源，创新突破性政策。集成叠加中关村示范区和天津滨海新区等地的先行先试政策，在协同创新园区内进行推广使用，同时尝试在协同创新园区内试用一些新的具有突破性的政策，破除区域和主体之间的壁垒，实现协同创新发展。发挥市场主导作用，推动科技资源开放共享。树立京津冀内部结构优化导向，打破行政藩篱，立足各地资源禀赋差异，以市场为主导、企业为主体、产业链为核心，发挥区域协调机制的作用，实现各种资源优化配置，推动科技创新资源开放共享。

逐步培育市场发挥决定作用的体制机制。一要加快转变政府职能，着力打造服务型政府，着力培育市场主体、市场体系、行业组织和社会机构，逐步形成通过市场机制构建区域合作的新模式。二要打破区域条块分割，打破垄断，建立健全京津冀开放统一的区域共同市场，让要素和商品能够自由流动起来，让市场供求关系、价格机制、竞争机制有效发挥作用。三要建立公平、开放、透明的市场规则。实行统一的市场监管，取消地方保护。实行统一的市场准入制度，完善企业破产制度，健全优胜劣汰的市场化退出机制。完善主要由市场决定价格的机制，建立区域统一的建设用地市场，完善金融市场体系。

# 第十八章　京津冀协同创新政策研究[①]

**内容概要：** 本报告梳理了区域协同创新的概念和内涵，总结了区域协同创新的基础条件、必然要求、关键载体、重要保障和显现效应等内容。通过实地调研，分析了京津冀区域协同创新发展的现状和仍需破解的问题。同时从促进产学研协同创新、促进科技资源开放共享、促进人才合理有序流动等方面对现有协同创新政策进行了梳理，分析了这些政策的背景需求、政策目标、政策思路和着力点、政策实施和效果，总结了现有政策的特点和不足。从优化现有政策和制定新政策两个方面初步构建了推动京津冀协同创新的对策建议，为进一步强化京津冀协同创新提供支撑。

## 第一节　区域协同创新的概念和内涵

区域协同创新是指在国家及地方政府的政策引导和激励下，不同地区集中各自的优势资源和能力，形成以市场需求为导向，以高校、企业、研究机构为核心要素，以金融机构、科技中介服务机构、非政府组织等为辅助要素，共同进行协同攻关和联合创新的活动和行为。

产业合理布局和分工是区域协同创新的基础条件。产业在区域间的合理布局和分工，有利于发挥各自比较优势，突出特色，形成上、中、下游产业的合理布局和承接，促进资源有效聚集和优化，这是区域协同创新的基础条件。

创新要素的自由流动是区域协同创新的必然要求。创新要素的自由流动是市场经济条件下资源配置的必要条件，有利于创新要素的优化配置和技术的转移及扩散，深化产业分工和扩大专业化，促进产业聚集并形成规模效益，这是区域协同创新的必然要求。

共同市场是区域协同创新的关键载体。共同市场就是要打破行政区划的壁垒，允许生产要素在区域间可以完全自由地流动，促进区域内产业链、创新链、资金链、服务链有机衔接，形成区域间产业合理分布和上、下游联动机制，这是区域协同创新的关键载体。

平台搭建和机制建立是区域协同创新的重要保障。区域协同创新平台是整合资源、开放交流和协作创新的基础。建立区域协同创新平台机制，有利于理顺参与各方的复杂关系，激发协同创新的欲望和动力；有利于创新链条上多个环节的衔接和创新体系中多元主体的有效协同，这是区域协同创新的重要保障。

① 本章由北京决策咨询中心课题组完成。王立研究员担任课题负责人，王峥、王新、陶晓丽、龚轶、黄露、裴秋亚、王莉佳参加了研究工作，王新进行了编辑。

产业集群和创新集聚是区域协同创新的显现效应。区域协同创新具有聚合要素、形成合力的竞合功能，通过集聚区域内外的科技创新资源，最终将会形成区域规模经济和创新集聚效应，从而促进区域间的优势互补、合作共赢。

## 第二节　京津冀促进区域协同创新发展的现状及问题

### 一、京津冀促进区域协同创新发展的现状

不断打造科技协同创新发展的"软环境"。自提出京津冀一体化发展以来，京津冀三方一直在推进科技方面的合作。2014 年 8 月，北京市科学技术委员会、天津市科学技术委员会、河北省科学技术厅正式签署了《京津冀协同创新发展战略研究和基础研究合作框架协议》。根据协议，三方将建立京津冀区域协同创新发展战略研究和基础研究长效合作机制，搭建三地共同研究战略平台，重点聚焦科技创新一体化、生态建设、产业协同发展、政策协同创新、科技资源共享等方面，打造京津冀科技协同创新发展的"软环境"。

跨区域产学研合作不断深化，协同发展效应逐步显现。京津高校智力资源丰富，不少京津高校在河北成立研究院，进行项目攻关。天津大学在秦皇岛成立环保研究院，在近海环境整治等环保领域开展科技研究；清华大学在秦皇岛成立智能装备研究院，其已经进入实质性运作阶段；北京大学和秦皇岛经济技术开发区共同建设的北京大学（秦皇岛）科技产业园项目，围绕物联网、教育、医疗等领域，努力打造国内"科、教、医"三位一体的高科技园区。包括北京化工大学、北京交通大学、天津大学在内的一批京津高校，立足产业对接，也已经在河北建立了分支机构。

开展园区合作共建，打造协同发展新载体。近年来，京津冀聚焦滨海中关村科技园、曹妃甸、新机场临空经济区、张承生态经济带，深入调研创新合作需求，开展了多层次、多领域的协同合作。中关村积极推进京津中关村科技新城、中关村海淀园秦皇岛分园等共建园区，与保定、唐山、廊坊共同启动科技成果产业化基地建设，积极筹建京津冀大数据走廊，并组织节能环保、科技金融等领域企业与承德进行对接。一大批活跃在中关村的协会和产业技术联盟也发挥了重要作用，它们组织有关会员企业与河北、天津很多区域开展了多种形式的对接活动。据不完全统计，2014 年中关村 476 家企业在河北设立 1 029 家分支机构，393 家重点企业在天津设立 503 家分支机构。

产业创新能力不断增强，特色创新集群正在加速形成。京津冀区域各城市依托首都及各自创新资源，围绕各自特色产业领域形成了一批具有较强区域竞争力的特色产业创新集群。北京在电子信息、生物医药、新材料、新能源等领域已经形成了一批具有国内、国际竞争力的产业创新集群。在天津，蓟县专用车产业园、盘山文化产业园、宝坻农机产业园等一批专业化园区也正在加速发展之中。河北有各类特色产业创新集群 297个，涉及电子信息、新能源、生物医药等多个产业领域。

## 二、京津冀促进区域协同创新发展仍需破解的问题

市场一体化程度较低，市场在创新资源配置中的决定性作用发挥不充分。从经济结构来看，京津冀区域内国有经济占据主导地位，民营经济发展相对不足，再加上行政干预、地方保护、贸易壁垒的普遍存在，导致三地新技术、新产业、政府采购和推广应用的统一市场难以建立，尚未形成公平竞争、创新资源自由流动、资源配置高效的健全市场环境。

区域间产业层级落差明显，产业创新与分工协作难度大。北京的产业优势在科技与服务业，处于产业的高端，天津在制造业上也处于较高的一端，而河北的各市县在制造业和服务业上除个别的地区外均处于相对较低的位置。产业按大城市、中等城市、县区呈现明显的梯度性，区域间产业层级落差明显，甚至出现"产业断崖"的现象。同时由于缺乏有效的区内分工，产业之间的联系很不紧密，产业创新与分工协作的难度越来越大。

创新资源流动存在障碍，区域协同创新效能有待提升。目前，京津冀区域的创新资源主要集中在高校和科研院所，企业拥有的创新资源数量相对较少。鼓励事业单位科研人员到企业中从事创新工作的有关体制、机制尚未突破，造成京津冀区域创新人才向企业的流动率较低。京津冀区域各地区在就业环境、公共服务、社会保障等方面存在较大差距，导致经济落后地区吸纳创新资源存在难度，经济发达地区的"虹吸效应"非常明显，人才大量向北京聚集，而周边地区吸引人才困难。

## 第三节　京津冀促进协同创新的现有政策分析

### 一、促进科技成果转化和产业化政策

京津冀三地科技资源悬殊较大，但三地均存在科研与市场的结合度低、科技成果转化率低、企业研发能力低等问题。加强产学研结合，促进科技成果转化和产业化，加快构建产学研协同创新体系成为三地共同的政策目标。

北京主要出台了《北京市人民政府关于进一步促进科技成果转化和产业化的指导意见》（2011年）、《加快推进高等学校科技成果转化和科技协同创新若干意见（试行）》（简称京校十条）及《加快推进科研机构科技成果转化和产业化的若干意见（试行）》（简称京科九条）等相关政策，在股权激励、科技成果管理、股权激励个人所得税、科研经费分配管理、人员激励、平台建设等方面进行了改革试点。天津出台了《天津市支持科研院所创新发展实施意见》（2013年）、《天津市"高校科技创新工程"实施意见》（2013年）、《关于科技型中小企业购买高校、科研院所的科技成果或开展产学研合作项目给予财政补贴的实施细则》（试行）（2013年）等政策，重点包括鼓励高校、科研院所选派科技人员到企业担任科技特派员，产学研合作项目给予财政补贴等措施。河北出

台了《关于支持鼓励科技人员创办科技型企业的实施办法》（2013 年）、《河北省促进高等学校和科研院所科技成果转化暂行办法》（2014 年）等政策，提出建设一批高校与科研院所、企业深度融合的省级协同创新中心。

据统计，截至 2013 年年底，北京近 500 家单位参加股权激励试点，2 400 个项目开展科技计划和经费管理改革试点，1 835 家企业享受研发费用加计扣除政策，减免税额超过 40 亿元；天津 2013 年全年完成市级科技成果 2 385 项，年增长 17.5%，新增小巨人企业 636 家；河北 2013 年共认定 18 个省级协同创新中心，汇聚了 26 所高校、28 家科研机构、12 家大中型企业和 30 个政府部门的资源。

## 二、促进科技资源开放共享政策

多年来，北京科技条件资源分散、重复建设、缺乏共享等问题一直饱受诟病，高校和科研院所的科技条件资源一直存在多数闲置、利用率不高的状况。天津、河北科技条件资源虽然没有北京市丰富，但也有一批国内一流高校和科研院所，由于缺乏共享机制，同样存在着科技条件资源利用率不高的状况。

北京制定了《北京市关于促进科技条件共享的若干意见（试行）》（2007 年），组建了中关村科技创新和产业化促进中心（简称中关村创新平台）（2010 年），激励科技资源所在方开放共享的行为，构建多部门创新资源联动的工作机制，形成多主体共同参与的科技协同创新体系；天津出台的《天津市支持科研院所创新发展实施意见》（2013 年）和《天津市"高校科技创新工程"实施意见》（2013 年），提出了鼓励和支持高校、科研院所、国家和市级重点实验室、工程（技术）研究中心等各类创新资源向企业倾斜，增强企业的创新能力；《河北省大型科学仪器协作共用办法》（2009 年）提出了鼓励高校和科研机构对外开放仪器设备，积极引进国家及京津科技资源，开展科技条件资源的合作与共享。

据统计，从 2009 年至 2014 年年初，北京共有 7 000 多家企业享受首都科技条件平台的测试、联合研发、技术转移和科技金融等各类服务，累计服务合同额达 16 亿元；天津 2013 年推动 110 个市级重点实验室和全市 660 台套大型科研仪器开放共享，新引进、聚集国家级院所产业化基地、科研机构 19 家；河北建立大型科学仪器资源共享服务联盟，2013 年年底加盟单位达 368 家，共享大型仪器 1 932 台套，仪器原值 16 亿元。科技条件资源的共享，满足了科技企业不同层次的创新需求，有效地促进了产学研深度合作。

## 三、促进人才流动的政策

北京拥有着丰富的人才资源，但同时也面临着高端人才短缺与流失并存的现实矛盾；天津战略性新兴产业领域出现了科技人才的结构性短缺；河北人力资源充裕，但高层次创新型科技人才异常短缺。因此，引导地区内人才合理流动和吸引高层次人才成为京津冀三地制定促进人才流动政策的主要目标。

在引导地区内人才流动方面，北京的"京校十条"及"京科九条"（2014 年）等政策、天津的《天津市科技特派员工作实施细则（试行）》（2013 年）等、河北的《河北省人民政府关于支持科技型中小企业发展的实施意见》（2013 年），均提出了鼓励和支持高校、科研院所的科技人才向企业流动。在吸引高层次人才方面，北京制定了《关于实施北京海外人才聚集工程的意见》（2009 年）等政策文件，主要吸引海外高层次人才；天津制定了《天津市引进创新创业领军人才暂行办法》（2009 年）、《天津市实施海外高层次人才引进计划的意见》（2009 年）等多项政策，主要吸引国内外高层次人才；河北出台了《河北省院士工作站管理办法（试行）》（2013 年）、《关于支持"千人计划"人才在河北创新创业的若干措施》（2013 年）等政策，以吸引国内高层次人才。政策内容涵盖了居留与出入境、落户、资助、医疗、社保、住房、税收、薪酬、配偶安置、子女入学等方面。

据统计，截至 2014 年 6 月，北京共认定 9 批 514 名"海聚工程"入选者，入选者创办的企业达 152 家，注册资本 47.7 亿元，年销售收入 203 亿元，年纳税额 17.3 亿元，年利润 64.4 亿元；天津 2013 年引进聚集国家"千人计划"人才 94 人，国家杰出青年科学基金获得者 63 人，国家"973 计划"项目首席科学家达到 33 名，国家优秀创新群体和团队达到 30 个，在津两院院士总数达到 37 名；河北从 2011 年至 2013 年共引进高层次人才总量达 5 万人，新建院士工作站 25 家，总数达到 105 家，进站合作院士达到 357 人。

## 四、现有政策的整体分析

目前京津冀区域间协同创新政策尚没有形成，三地主要采用将协同创新政策内嵌在科技政策中的方式来推动协同创新的发展，基本集中在促进产学研协同创新、促进科技资源开放共享、促进人才自由合理流动等方面，政策手段包括税收优惠、资金引导、财政补贴、人员激励、平台搭建等。

从政策创新层面来看，北京作为深化科技体制改革的先行先试者，制度性政策创新的力度最大、范围最广，如从制度创新角度出发的组织模式（首都科技条件平台）、科研经费管理、股权激励、高校和科研院所体制改革等；天津则主要集中在产业层、企业层的支撑性政策，如鼓励支持高校和科研院所的创新资源向企业倾斜、实施"一企一策"培育科技小巨人领军企业；河北由于缺乏科技资源，主要以吸引外部科技资源，提升本地创新能力为主。从技术生命周期链条来看，北京注重技术生命周期前端的创新和中端的创业孵化，如激发高校和科研院所的创新创业活力；天津则是产业发展和企业发展并重；而河北注重后端的产业承接和招商引资。从参与协同创新的主体来看，北京相对注重高校和科研院所的改革和创新，天津、河北侧重于促进企业的创新发展。从政策作用范围来看，北京和天津主要针对本地区内的创新主体和资源，河北则相对开阔，部分政策针对了京津和其他省份的创新资源。

京津冀三地现有政策涉及参与协同创新的主体主要有政府、企业、高校和科研院所，仍处在政产学研合作创新的阶段，距离充分激发所有创新要素特别是中介、金融等关键要素和创新主体的活力，还有一定差距；企业作为协同创新主体地位不够凸显，仍需加大集聚高校和科研院所的创新资源向企业流动的力度；地区间人才流动仍受限于户籍、社保等制度因素，向欠发达地区的人才流动仍需激励；区域间的协同创新目前仅限于签署的合作协议上，并且主要是以项目合作的形式进行，虽然各自的政策也强调了跨部门之间的有效协同，但也只是限于本地区之内，尚需鼓励和支持创新主体跨地区间进行合作的政策措施；仍然缺乏有利于创新资源更好地自由流动的协同创新平台和机制。

# 第四节　对策建议

从优化现有政策和制定新政策两方面着手。一方面，优化京津冀三地现有促进协同创新的政策，整合集成京津冀三地现有政策，选择部分相对成熟、能够有利于解决京津冀协同创新难题的政策，直接或者进行优化后在京津冀区域推广实施。另一方面，针对京津冀协同创新的制度障碍和制约因素，相应制定出新的政策。例如，科技成果转化收益分配、股权激励、激励科技资源开放共享等政策，可以优化后在区域间进行推广实施；针对跨地区企业税收分成等问题，需要研究制定新的政策。

实施差别化而非一刀切的政策。未来京津冀区域协同创新政策的优化和制定，应根据三地现有资源禀赋和发展阶段的不同，兼顾欠发达地区集聚科技创新资源的劣势，实施差别化而非一刀切的政策。例如，京津冀区域在吸引创新资源方面，河北明显没有优势，政策制定中应多鼓励和支持创新资源向河北流动。

应对创新活动的不同主体和环节各有侧重。根据京津冀三地现有创新资源状况和未来发展目标，政策制定应在技术生命周期不同阶段各有侧重。例如，北京主要侧重于技术研发阶段，应制定有利于推动科教资源向创新资源转变的政策；天津则主要加强以企业为主体的协同创新体系建设方面的政策支撑；而河北重点在创新环境建设等公共服务政策创新方面下功夫。

避免形成区域间重复性、竞争性的政策。按照京津冀三地在协同创新中的自身定位，强化区域间合作意识，避免相互间的重复和竞争，如对跨地区企业的重复性征税、为招商引资而出现的税收优惠竞争等。

促进协同创新政策的形式可以多样化。例如，在破除阻碍主体间协同创新的制度性因素方面，由北京进行改革和试点，待政策成熟后直接推广至京津冀区域层面；在以科技园区为载体的京津冀协同创新共同体内开展区域间协同创新政策的改革和试点；也可以破解区域环境问题的重大科技项目为抓手，要求必须由京津冀三地多个主体共同参与。

重点关注四个方面的突破。一是体制机制的突破，要在构建强有力的京津冀协同创新发展的领导体制、协调机制上有重大突破；二是创新载体共建的突破，要突出重点，在京津冀区域内加快建设若干个创新共同体（或创新社区）方面有重大突破；三是政策服务层面的突破，要在京津冀公共服务政策创新、实现公共服务均衡化方面有重大突破；四是利益共享机制的突破，要在深化改革、探索京津冀协同创新发展的利益共享机制方面有重大突破。

# 第十九章 京津冀生物医药产业协同发展研究[①]

**内容概要：** 生物医药产业是我国战略性新兴产业，也是北京、天津、河北重点发展的产业。协同发展对于区域产业发展和北京生物医药产业新突破具有重要意义。与长三角、珠三角地区不同，京津冀地区中药产业、化学药品制剂优势突出，外资、国有经济比重大，大型企业和总部企业多，因此应促进京津冀中药、化学制剂等优势产业融合发展，引导多种所有制经济、民营经济发展，激化强化产业活力。从京津冀内部来看，北京创新成果产出大，医院市场辐射作用强，产业规模大、高端效应凸显；天津具有中成药制造、港口医药物流优势；河北具有化学原料药、中药物流优势。三地产业存在产业链断链、部分定位重叠等问题。京津冀要积极探索三地生物医药产业协同发展的实现路径，以首都经济圈规划的顶层设计为导向，制定并落实产业协同发展规划，着力"错位发展"，实现从科技强到产业强；探索共同市场和共同政策的体制改革，在药品招标、医保目录、注册审批、药品定价等产业关键政策上实现区域联动，打造京津冀共同体；鼓励三地企业并购重组，相互建链、接链、补链，共赢发展；构筑人才交流平台，大力建设京津冀产业联盟、专业技术学（协）会等新型创新组织，促进区域间交流与协作。

生物医药产业主要包括传统制药产业和以现代生物技术为核心的生物药物产业。从细分行业上来说，其主要包括化学小分子药物、生物大分子药物、中药、医疗器械及制药装备、卫生材料等；从产业链角度来说，其包括药材种植、医药工业、医药商业（药械批发流通）、医药服务业（商务服务、研发服务为主）。

近年来生物医药产业发展迅速，全球药品市场增速一直高于全球宏观经济增长，2013年总体销售额达到9 833亿美元，预计2014年将突破10 000亿美元，未来5年复合增长率为5.9％。美国、日本、英国、韩国、印度等发达和新兴国家均出台措施大力发展生物医药产业。中国已经成为全球第二大药品市场，高度重视生物医药产业发展，把它定位为战略性新兴产业，作为支柱产业来培育，先后出台了《生物产业发展规划》《国务院关于促进健康服务业发展的若干意见》支持产业快速发展。2013年产业规模已经突破两万亿元，并多年保持着两位数以上的高速增长。

北京生物医药产业在G20工程的推动下，产业规模顺利突破千亿元，医药制造业利润率全国排名第一、医药商业商品销售收入净额全国排名第一、医药服务业在全国也

① 本章由北京生物技术和新医药产业促进中心课题组完成。雷霆研究员、李琼副研究员担任课题负责人，易香华、朱修篁、苏红、朱建英参加了研究工作。

保持优势地位。2014 年，国家提出京津冀协同发展战略，生物医药产业是京津冀三地重点发展的产业，协同发展对于区域产业发展和实现北京生物医药产业的新突破具有重要意义。

## 第一节　京津冀与长三角、珠三角生物医药产业比较分析

## 一、从整体规模看三地差异

我国生物医药产业发达地区集中在东部沿海省份，其中，环渤海①、长三角②和珠三角③地区是我国医药产业分布的重点聚集区域，京津冀是环渤海区域的经济核心。京津冀地区生物医药产业主营业务收入和增速低于长三角地区，高于珠三角地区（表 19-1）。

表 19-1　2010～2012 年京津冀、长三角和珠三角地区医药产业主营业务收入比较

| 地区 | 2010 年 | 2011 年 | | 2012 年 | |
| --- | --- | --- | --- | --- | --- |
| | 主营业务收入/亿元 | 主营业务收入/亿元 | 年增长率/% | 主营业务收入/亿元 | 年增长率/% |
| 京津冀 | 1 291.1 | 1 520.3 | 17.8 | 1 823.9 | 20.0 |
| 长三角 | 2 921.6 | 3 487.8 | 19.4 | 4 220.0 | 21.0 |
| 珠三角 | 884.7 | 1 001.9 | 13.2 | 1 151.6 | 14.9 |

资料来源：中国医药工业信息中心．《中国医药统计年报》

## 二、从子行业来看三地差异

三个区域均以化药为主，其中，京津冀地区中药优势突出；长三角地区化学原料药、生物医药领先；珠三角地区医疗器械具有其特色。京津冀地区化学药品制剂制造业占比显著高于长三角和珠三角地区，中成药生产业、中药饮片加工制造业占比基本与珠三角地区持平。但是，京津冀地区的生物药品制造和医疗仪器设备及器械制造业占比相对偏低（图 19-1）。

---

① 指京津冀鲁辽。

② 指江浙沪三省市。

③ 珠三角包括广州、深圳、佛山、东莞、中山、珠海、惠州、江门、肇庆共 9 个城市。全区面积为 24 437 平方米，不到广东省总面积的 14%，人口为 4 283 万人，占广东省总人口的 61%。广东省的医药产业主要集中在珠三角，因此，此部分珠三角的统计数据即广东省的统计数据。

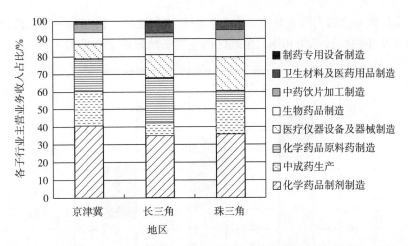

图 19-1 2012 年京津冀、长三角和珠三角地区生物医药产业各子行业主营业务收入比较

资料来源：中国医药工业信息中心．《中国医药统计年报》

# 三、从企业经济类型看三地差异

三个区域外资经济均占较大份额，其中京津冀国有经济类型企业的占比显著高于长三角和珠三角地区，民营经济活跃程度较低；长三角地区其他经济比重较大；珠三角地区股份制经济比重较大（图 19-2）。

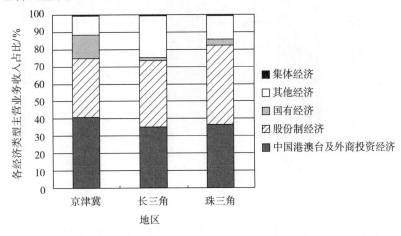

图 19-2 2012 年京津冀、长三角和珠三角地区生物医药产业不同经济类型企业主营业务收入比较

资料来源：中国医药工业信息中心．《中国医药统计年报》

# 四、从企业规模来看三地差异

京津冀地区以大型企业为主，占比显著高于长三角和珠三角地区（图 19-3）。2013

年，全国排名前十位的大型企业中，有5家在京津冀地区，长三角和珠三角地区各有1家。2013年京津冀、长三角和珠三角地区的生物医药自强企业见图19-4。

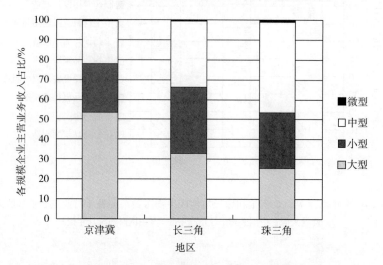

图 19-3　2012 年京津冀、长三角和珠三角地区生物医药产业不同规模企业主营业务收入比较
资料来源：中国医药工业信息中心.《中国医药统计年报》

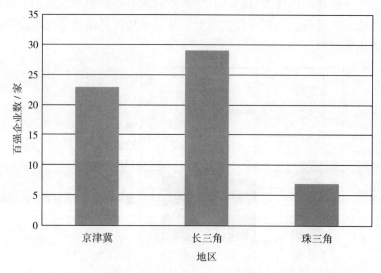

图 19-4　2013 年京津冀、长三角和珠三角地区的生物医药百强企业
资料来源：中国医药工业信息中心.《中国医药统计年报》

## 第二节　京津冀三地生物医药市场环境分析

## 一、医院用药市场角度

北京医疗服务水平高，2013年，北京样本医院市场的购药金额超过165亿元[①]，位居全国22个城市之首，但增速放缓；天津的用药规模不及北京的3成，目前增速较为平稳；河北仅有石家庄进入样本医院购药统计，2010～2013年复合年增长率为21.2%，远高于全国平均水平，用药需求正在不断释放，市场潜力巨大（图19-5）。

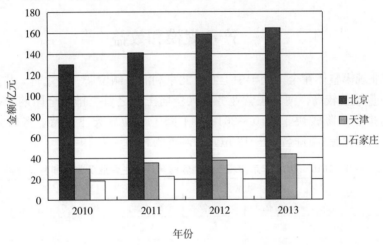

图19-5　2010～2013年京津冀三地样本医院市场购药金额规模
资料来源：中国医药工业信息中心、中国药学会

## 二、药品流通角度

京津冀三地是我国药品流通的重要市场，北京的医药商业居全国首位；天津的港口优势在国际化进程中具有潜在发展优势；河北以中药物流为特色，其中，安国东方药城是我国北方最大的中药材专业市场。2013年，北京、天津和河北药品销售额分别排在全国的第1、第9和第12位（表19-2）。三地的药品流通均以药品类销售为主导，其中天津中成药类的销售规模居全国第4位。

---

① 指样本医院的购药金额规模，数据未经放大。样本医院数据包括全国22个一、二线城市417家样本医院购药数据。数据来源于中国医药工业信息中心。

表 19-2　2013 年京津冀三地药品流通行业销售情况

| 地区 | 全国排名 | 销售总额/亿元 | 药品类销售总额/亿元 | 药品类区域销售比重/% |
|------|---------|--------------|------------------|-------------------|
| 北京 | 1 | 1 192.81 | 867.01 | 9.01 |
| 天津 | 9 | 479.56 | 237.43 | 2.47 |
| 河北 | 12 | 459.08 | 344.35 | 3.58 |

资料来源：《2013 年药品流通行业运行统计分析报告》

# 第三节　京津冀三地生物医药产业结构特点

## 一、产业规模和效益

三地产业规模整体在全国处于中上游。北京利润总额位居三地之首，排名在全国第5～6 位，质量效益较高。河北主营业务收入位居三地之首，排名全国前十，但利润总额在全国的排名下降较快，2010～2012 年下降了 6 位。天津主营业务收入全国排名15～16 位，但利润总额排名 10～12 位，盈利能力较强（表 19-3）。

表 19-3　2010～2012 年京津冀三地生物医药产业主营业务收入和利润总额

| 指标 | 年份 | 北京 | | 天津 | | 河北 | |
|------|------|--------|------|--------|------|--------|------|
| | | 金额/亿元 | 排名 | 金额/亿元 | 排名 | 金额/亿元 | 排名 |
| 主营业务收入 | 2010 | 456.9 | 11 | 325.2 | 15 | 509.0 | 8 |
| | 2011 | 530.9 | 12 | 380.0 | 16 | 609.3 | 9 |
| | 2012 | 629.8 | 12 | 476.2 | 16 | 717.9 | 9 |
| 利润总额 | 2010 | 72.0 | 6 | 40.9 | 12 | 52.9 | 10 |
| | 2011 | 94.4 | 6 | 50.3 | 10 | 45.8 | 13 |
| | 2012 | 105.6 | 5 | 64.4 | 11 | 46.3 | 16 |

资料来源：中国医药工业信息中心．《中国医药统计年报》

## 二、子行业产业结构特点

化学药品制剂制造是三地医药产业主营业务收入最大的组成，其中，北京医疗器械、生物药突出；天津中成药生产突出，占比为 35.4%；河北化学药品原料药优势，占比达到 34.9%（图 19-6）。

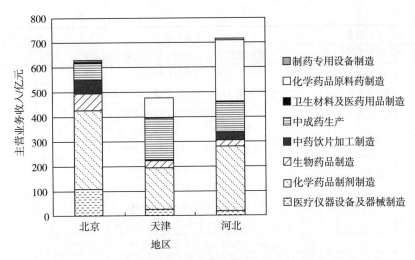

图 19-6 2012 年京津冀三地生物医药产业分行业主营业务收入分布

资料来源：中国医药工业信息中心

## 第四节 京津冀三地生物医药创新资源特点

### 一、入选百强企业的研发强度

2013 年，进入医药工业百强榜单的京津冀三地企业共有 23 家，其中北京 14 家，天津 4 家，河北 5 家，这 23 家企业的研发投入强度平均水平为 3.58%，约为医药制造业规模以上工业企业研发投入强度的两倍。

### 二、研发投入百强医药企业

京津冀三地企业共有 23 家，其中北京 14 家，天津 4 家和河北 5 家，这 23 家企业研发投入强度平均水平为 4.1%（表 19-4）。

表 19-4 2013 年医药工业百强企业中的京津冀三地企业研发投入强度

| 省份 | 百强排名 | 企业名称 | 研发投入强度/% |
|---|---|---|---|
| 北京 | 4 | 华润医药控股有限公司 | 2.7 |
| | 5 | 中国医药集团总公司 | 4.2 |
| | 8 | 拜耳医药保健有限公司 | 1.1 |
| | 18 | 中国远大集团有限责任公司 | 4.8 |
| | 37 | 北京四环制药有限公司 | 4.1 |
| | 38 | 悦康药业集团有限公司 | 0.5 |

续表

| 省份 | 百强排名 | 企业名称 | 研发投入强度/％ |
|---|---|---|---|
| 北京 | 45 | 费森尤斯卡比（中国）投资有限公司 | 3.1 |
| | 53 | 北京诺华制药有限公司 | — |
| | 63 | 中国通用技术（集团）控股有限责任公司 | 11.1 |
| | 72 | 北京同仁堂健康药业股份有限公司 | 0.7 |
| | 84 | 赛诺菲（北京）制药有限公司 | — |
| | 93 | 北京同仁堂科技发展股份有限公司 | 1.3 |
| | 98 | 北京同仁堂股份有限公司 | 0.8 |
| | 99 | 北京泰德制药股份有限公司 | 5.7 |
| 天津 | 9 | 天津市医药集团有限公司 | 3.5 |
| | 21 | 诺和诺德（中国）制药有限公司 | — |
| | 39 | 天士力控股集团有限公司 | 9.3 |
| | 97 | 天津红日药业股份有限公司 | 3.8 |
| 河北 | 10 | 石药集团有限责任公司 | 5.6 |
| | 14 | 华北制药集团有限责任公司 | 2.1 |
| | 67 | 石家庄四药有限公司 | 0.8 |
| | 78 | 石家庄以岭药业股份有限公司 | 5.3 |
| | 88 | 神威药业集团有限公司 | — |

资料来源：中国医药工业信息中心

# 三、新药申请数量

北京和天津的新药申报占比高于全国平均水平。北京申请数量最多，新药比重大。2010 年至 2014 年 6 月北京、天津和河北的药品申请数分别位居全国第 5 位、第 16 位和第 7 位。北京以新药申请为主，占比为 50.0％；天津和河北的占比分别为 34.3％和17.9％。河北以仿制为主，占比为 36.3％（图 19-7）。

# 四、新药申请类别

京津冀三地的药品申请均以化学药品申请为主，但北京的生物制品[①]申请占药品申请总数的 14.6％，远高于全国平均水平（4.4％）；此外，天津和河北中药申请占比高于全国平均水平（图 19-8）。

---

① 含体外诊断试剂。

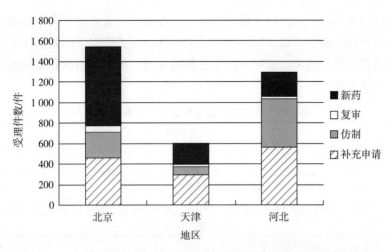

图 19-7　2010 年至 2014 年 6 月 CDE 受理的京津冀三地药品申请类型分布

注：CDE：（center for drug evaluation，即药品评审中心）

资料来源：中国医药工业信息中心

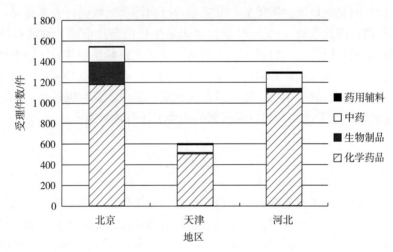

图 19-8　2010 年至 2014 年 6 月 CDE 受理的京津冀三地药品申请药品类别分布

资料来源：中国医药工业信息中心

# 第五节　京津冀生物医药产业协同发展现状

京津冀地缘相接、人缘相亲，地域一体、文化一脉，历史渊源深厚、交往半径相宜，其已经在协同发展中尝到甜头。

## 一、发展空间和布局

北京发展生物医药产业的集群模式和集聚度全国领先，形成了北面以中关村生命科学园为核心的创新中心，南面以大兴（亦庄）生物医药产业基地为高端制造中心的互动发展格局，但生物医药专业园区规划用地已基本饱和。天津以滨海新区国家生物医药国际创新园为代表，发展迅速，发展空间配套较为成熟。河北以石家庄高端医药产业创新园为代表，化学原料、中药特色鲜明，发展空间较大（表19-5）。

表 19-5　京津冀三地生物医药产业集群/园区

| 地区 | 园区名称 |
|---|---|
| 北京 | 中关村生命科学园、北京经济技术开发区生物医药产业园、大兴（亦庄）生物医药产业基地 |
| 天津 | 天津滨海新区、武清医疗保健产业集群、北辰现代中药产业集群、西青现代医药产业集群、静海医药研发产业集群、津南生物科技总部集群 |
| 河北 | 石家庄高端医药产业创新园、安国现代中药及健康产业园、邯郸中药产业园、固安生命肽谷科学园 |

资料来源：根据生物中心公开资料整理

## 二、企业层面

基于天津、河北的地域空间优势，北京企业已向津冀区域进行业务布局，如悦康药业集团有限公司在河北投资 50 亿元建设涞水未来生物医药产业园；纳通科技投资建设天津正天医疗器械有限公司，目前已投入运营。基于北京科技创新、区域市场优势，河北部分企业也已在北京布局，并取得快速发展。例如，石家庄以岭药业先后在北京建设了北京以岭药业、北京以岭生物、北京以岭研究院，其中，北京以岭药业年营业收入已经突破 10 亿元。但是天津在与北京和河北的融合上还有待加速。

## 三、政府层面

中央提出京津冀一体化战略后，政府层面的沟通协作进一步加速，为区域产业融合创造了更大的机遇。北京市科学技术委员会整合首都丰富的临床研究资源，搭建实施北京国际医药临床研发平台，即 CRO（contract research organization，即合同研究组织）平台，今后要面向京津冀三地生物医药企业开放并提供服务，促进京津冀生物医药产业协同创新。北京市经济和信息化委员会已与河北省工业和信息化厅初步明确共同在河北省内打造国际一流、国内先进的生物医药产业园区，承接北京市 47 家企业的化学原料药、中药提取等生产环节。中关村管理委员会聚焦滨海-中关村科技园、曹妃甸、新机场临空经济区、京津中关村科技新城、中关村海淀园秦皇岛分园等共建园区，在部分园区中，生物医药产业是重点规划产业之一，这些为生物医药产业提供了进一步的发展空间和先行先试政策。

## 第六节　探索京津冀三地生物医药产业协同发展的实现路径

京津冀三地生物医药产业对接存在断带，北京、天津与河北的经济存在过高落差，这使三地的企业、产业在人才利用、技术、金融等各个方面的发展状态也存在较大差异。产业定位存在重叠，京津冀三地均力求构建高端化、多元化的生物医药产业体系，扩大生物药品制造、化学药品制剂制造等子行业在产业中的比重。从三地医药产业发展的现状看，化学药品制剂制造是三地医药产业主营业务收入的重要来源。中成药生产也是三地具有较好基础并重点发展的子行业。对促进京津冀地区生物医药产业协同发展的建议主要有以下几方面。

## 一、制定并落实产业协同发展规划，实现"错位发展"

以首都经济圈规划的顶层设计为导向，在明确主体功能区划分、城市功能定位的前提下，按照产业链、产业结构，选择特定几个区域统一布局，引导区域内产业集聚，最终形成多个产业集群。北京是国家创新体系的重要支撑中心之一，在发挥研发创新辐射作用的同时，也要谋求自身的新发展，实现从科技强到产业强、经济强，应更多侧重于科技创新、研究开发，发展总部经济、医药相关科技金融和研发服务业，放大北京科技资源、人才资源、产业基础方面的优势，引领和带动京津冀区域成为全国创新高地；天津的最大优势在于港口优势、空间发展优势，更多侧重于发展高端制造业和医药流通业；河北的最大优势在于资源优势和医药制造业优势，更多地体现在从资源密集型、加工装配型向技术集约型和环境友好型转变。

## 二、探索共同市场和共同政策的体制改革

与长三角、珠三角地区相比，京津冀地区生物医药产业协同发展有自身的特殊性，需要更多的政府引导，需要有更大的体制机制和政策突破。三地医药产业发展水平差异大，这既是互补的基础，也是所要面临的对接困难。应立足市场需求，促进产业发展，以北京为首的京津冀三地医药市场容量巨大，三地卫生、人保、药监、发改等政府部门可探索在药品招标、医保目录、注册审批、药品定价等产业关键政策实现区域联动或有所突破，共享区域市场。此外，在税收分成等非行业性政策上，也要探索更加符合三地共同利益的协同发展模式，使京津冀真正成为互利共赢的共同体。

## 三、鼓励三地企业并购重组、强强联合、优势互补

京津冀三地在各自领域均有大型龙头企业，北京拥有国药、华润北药、中生集团等大型国有集团，跨国药企集聚，生物药特色明显；天津拥有天士力、红日药业等知名中药集团，跨国药企集聚；河北拥有华北制药、石药等大型原料药企业。目前北京制药企业化学原料药主要来源于国际或长三角地区，而非来源于本就是原料药大省的河北，因此要发挥各自在资本、人才、技术、管理等方面的优势，鼓励企业之间的股权交易、资产重组和并购，实现三地产业的融合，引导强强联合，优势互补，相互建链、接链、补链，共赢

发展。

# 四、促进区域间交流与协作

与北京和天津相比，河北的医药科技人才欠缺。构筑人才交流平台，应从京津冀地区的整体利益出发，通过政策创造合理的人才流动机制，打造科学的人才共享新模式，建立统一完善的人才市场服务体系，在人才对接方面展开充分合作。大力建设京津冀地区生物医药产业技术联盟、产学研联盟、专业技术学（协）会等新型创新组织，充分发挥其在招商引资、共性技术攻关等方面的作用，在更大范围内整合创新资源，服务企业创新创业。

# 第二十章 京津冀区域半导体照明产业协同发展研究[①]

**内容概要：** 半导体照明是继白炽灯、荧光灯之后的又一次光源革命，是我国重点发展的战略性新兴产业。京津冀区域地处我国半导体照明产业四大集聚区之一的环渤海区域，已基本形成了相对完整的产业链。与珠三角、长三角产业集聚区比较，京津冀区域半导体照明的研发资源集中，高端应用与重大示范领先，科技服务完善，但企业普遍规模较小、产业集中度低、上下游配套较差。区域内北京研发创新、关键材料、高端和创新应用具有较好基础；天津在三星等龙头企业落户后，成为国内重要封装器件产地；河北则在芯片制造、低成本应用方面对京津形成互补。未来京津冀区域协同发展中，三地应在产业政策、市场准入、产业链部署方面形成统一，即北京突出技术研发、创意设计、科技服务，天津、河北则在封装、应用环节进行重点发展，三地可通过共建产业园区、共建联盟、搭建共性平台等方式进行产业对接，加快创新资源流动，完善产业链和创新链，实现协同发展。

半导体照明包括发光二极管（light emitting diode，LED）和有机发光二极管（organic light emitting diode，OLED），亦称固态照明，是分别采用第三代半导体材料与有机半导体材料制作的光源和显示器件，具有耗电量少、寿命长、无污染、色彩丰富、耐震动、可控性强等特点，是继白炽灯、荧光灯之后照明光源的又一次革命。半导体照明产业主要包括上游外延芯片、中游封装及下游应用，其关联产业可扩展到光通信、光伏、光存储、光显示、消费类电子、汽车、军工、农业、生物、医疗、装备制造等超越照明的领域。

经过十年发展，我国半导体照明产业已初具规模，形成了相对完整的产业链，关键技术与国际水平差距缩小，示范应用居世界前列。2013年，我国半导体照明产业规模已达到2 576亿元，其中，上游外延芯片产值105亿元，中游封装产值403亿元，下游应用产值2 068亿元。十年间，我国半导体照明产业年均增长率接近35%，成为全球半导体照明产业发展最快的区域之一。

京津冀区域位于我国半导体照明产业四大集聚区之一的环渤海区域，近年来，三地政府也纷纷出台政策支持半导体照明产业发展，形成年产值达239亿元，企业超过250家，

① 本章由国家半导体照明工程研发及产业联盟（China Soled State Lighting Alliance，CSA）课题组完成。吴玲研究员担任课题负责人，原科技部政策法规司巡视员李新男、CSA常务副秘书长阮军担任课题顾问。郝建群、吴鸣鸣、李小佳、吕欣、邸晓燕、潘冬梅、周娜、马宁、仇帅、赵璐冰、曹峻松、高伟参加了研究工作。

集中科研机构超过 30 个的产业集群，但与产业发达区域相比，该地区存在产业规模小、集中度低、区域竞争力不强等特点。在中央提出京津冀协同发展战略后，研究如何整合区域内部创新资源，理顺产业链条，进行互补发展，对区域整体竞争力的提升具有重要意义。

## 第一节　京津冀与长三角、珠三角半导体照明产业比较分析

从整体规模来看，我国半导体照明产业中 80％以上的企业集中在珠三角、长三角、闽赣三大区域，而北方则主要集中在环渤海的京津冀地区。整体规模上，京津冀与珠三角、长三角地区差距较大，2014 年的京津冀 LED 产值 239.00 亿元，占全国 6.81％；而珠三角、长三角地区产值占比分别为 1 845.00 亿元、1 316.00 亿元，占 2014 年全国 LED 产值（3 507.00 亿元）的百分比分别为 52.61％和 37.52％（表 20-1）。

**表 20-1　京津冀与长三角、珠三角 LED 产业规模比较**

| 地区 | LED 产业产值/亿元 | | 同比增长率/% | 占 GDP 比重/% |
| --- | --- | --- | --- | --- |
| | 2014 年 | 2013 年 | | |
| 京津冀 | 239.00 | 204.00 | 17.16 | 0.38 |
| 珠三角 | 1 845.00 | 1 500.00 | 23.00 | 2.97 |
| 长三角 | 1 316.00 | 1 041.20 | 26.39 | 1.31 |

资料来源：CSA Research 整理

从产业发展速度上看，京津冀 LED 产值同比增速也低于珠三角、长三角两个产业集聚区。2014 年其平均增速约为 17.16％，长三角地区增长最快，保持 26.39％的增速；而珠三角地区增速也达到 23.00％。在对地区生产总值的产业贡献率方面，珠三角地区 LED 产业整体产值占到当地地区生产总值的 2.97％，拉动当地地区生产总值增长 2.38 百分点。同时，由于珠三角地区已经形成了中山封装、灯具，深圳显示应用，东莞灯具应用等典型的产业集群，LED 产业对材料、装备、配件、服务等相关产业带动力大，同时在制造业升级、就业带动等方面社会效应显著。而京津冀在相关方面的作用仍然较小，2014 年 LED 产值占地区生产总值比重仅为 0.38％，对经济拉动作用不明显。

从产业链分布看，京津冀地区虽然已经初步形成从材料设备、外延芯片到封装应用的完整产业链，且在关键材料、装备和检测方面具有一定优势，但相较珠三角、长三角地区，各环节还相对薄弱，企业规模小且布局分散，产业链上下联动较少，集聚效应不明显，整体产业竞争力弱。此外，京津冀 LED 产业主要集中在基础理论研究、前沿技术开发和高端示范应用方面，而市场导向的产品研发、工艺创新有待完善，且以降低成本、提高市场占有率为目标的规模生产制造较少，在末端市场推广应用方面与广东和江浙地区差距较大，整体市场占有率较低。

在企业分布方面，京津冀的 LED 企业数量远低于长三角和珠三角地区，京津冀地区具有一定规模的 LED 企业数量在 250 家左右，而江苏省仅照明企业就达 1 000 多家，广东

省的 LED 相关企业超过 5 000 家。同时，行业龙头企业基本分布于我国南部，只有京东方、同方、天津三星、利亚德等少数分布在京津冀地区，且这些企业的主要 LED 业务也多布局在其他地区。从企业性质来看，京津冀的企业大多具有国有成分，且科研院所转化企业占大多数，民营企业数量少且规模小，整体活跃度不高。

## 第二节　京津冀半导体照明产业发展现状及特点分析

### 一、京津冀半导体照明产业发展现状

从产值看，京津冀三地的半导体照明产值在全国均居于中游水平，规模最大的天津也仅 120 亿元左右，与广东千亿元的规模相差较大。三地中，增速最快的是北京，而对地区生产总值贡献最大的是天津，河北最低（表 20-2）。

表 20-2　京津冀三地 LED 产业规模比较

| 地区 | LED 产业产值/亿元 | | 同比增长率/% | 占地区生产总值的比重/% |
|---|---|---|---|---|
| | 2014 年 | 2013 年 | | |
| 京津冀整体 | 239.0 | 204.0 | 17.16 | 0.38 |
| 北京 | 54.0 | 43.0 | 25.58 | 0.27 |
| 天津 | 118.0 | 99.0 | 19.19 | 0.82 |
| 河北 | 67.5 | 61.8 | 9.22 | 0.24 |

资料来源：CSA Research 整理

从产业链结构来看，三地的互补性较强，共同形成了从材料、装备、外延芯片制备、器件封装及 LED 应用完整的产业链体系。北京 LED 产业在关键材料研发和下游高端应用两方面具有良好基础，两个环节产值比重分别为 28.57% 和 62.72%，但中游封装产业规模很小，总体上形成了产业链"哑铃型"的发展结构。天津在三星、三安企业相继落户后，成为能与广东相抗衡的重要封装器件产地，封装环节占比超过 82.59%，产值达 60 亿元。河北充分发挥其成本优势，已形成以两个"十城万盏"试点城市——保定和石家庄为中心的生产制造基地，有些产品甚至出口到欧美、非洲及东南亚地区，在研发、检测、配套材料（产值占比为 50%）、外延芯片制造（产值占比 18.54%）、低成本通用照明应用等方面对北京、天津形成互补，形成 LED 产业闭环（图 20-1）。

从企业来看，京津冀的 LED 企业在细分市场表现突出，整体效益指标高于国内平均水平（表 20-3）。从各项效益指标来看，一方面，京津冀 LED 企业在利润率和研发投入强度上要高出全国平均水平，特别是企业利润率达 12.83%，高出全国 2.32 百分点，这主要是由于京津冀企业基本布局在价值链的上游；另一方面，京津冀 LED 企业的人均产值低于全国，而且出口交货值水平极低，主要也是由于京津冀 LED 企业制造环节能力弱于其他产业集群，且京津冀的一些企业未能真正的投入生产，产值未能充分发挥。

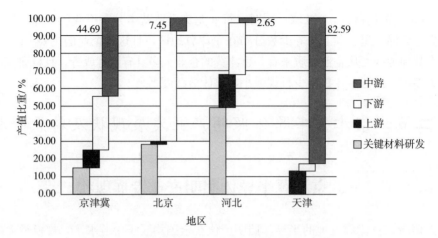

图 20-1　京津冀三地的 LED 产业链各环节产值比重

资料来源：CSA Research 整理

**表 20-3　京津冀 LED 企业的效益指标**

| 类型 | 地区 | 2013 年 | 2014 年 |
|---|---|---|---|
| 利润率/% | 全国 | 11.58 | 10.51 |
|  | 京津冀 | 11.69 | 12.83 |
| 人均产值/万元 | 全国 | 67.97 | 53.11 |
|  | 京津冀 | 49.60 | 40.74 |
| 出口交货值比重/% | 全国 | 10.67 | 6.34 |
|  | 京津冀 | 0.10 | 0.10 |
| 研发投入强度/% | 全国 | 7.42 | 6.40 |
|  | 京津冀 | 8.35 | 7.95 |

资料来源：CSA Research 整理

　　从规模和经营模式来分，京津冀的企业主要有两类典型：一是横跨多个行业的巨头型企业，如京东方、同方、三星等，这些企业依托在相关行业的多年积累，发挥规模经济效应和范围经济效应，短时间内在 LED 产业树立起独特优势，成为京津冀的 LED 行业龙头。二是专注于高附加值领域的小而精的企业，通过充分利用京津冀地区的科研创新资源，建立技术壁垒，形成细分领域的相对优势。在荧光粉、封装硅胶、键合金丝、线圈、砷化镓衬底、小间距的 LED 显示屏等方面，京津冀的市场份额均在全国前三；同时在第三代半导体、OLED 照明等领域，京津冀的企业已经开始充分布局。

# 二、京津冀半导体照明产业投资态势

　　2011～2013 年，京津冀地区 LED 行业已备案立项的项目投资总额为 40.95 亿元，占全国总投资比重约为 5.31%，投资项目面积超过 40 万平方米。但相较其他地区，京津冀地区 LED 投资热情逐年递减，2011 年上半年投资 30.9 亿元，但 2013 年下半年没有重大项目立项（图 20-2）。

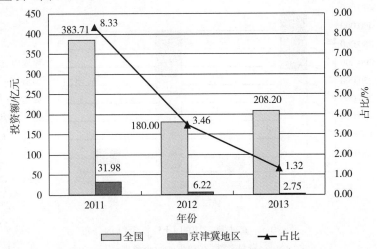

图 20-2 2011～2013 年京津冀地区 LED 投资状况

资料来源：CSA Research 整理

从三地投资情况来看，河北地区投资最大，投资占比超过 85%。2011～2013 年京津冀三地的 LED 投资额如图 20-3 所示。

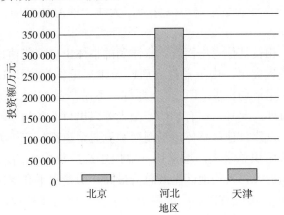

图 20-3 2011～2013 年京津冀三地的 LED 投资额

资料来源：CSA Research 整理

从投资各环节分布来看，京津冀的投资主要集中在产业配套环节，整体占比达到了 60% 以上，投资金额超过 25 亿元，其中，蓝宝石、陶瓷材料等生产线投资是主流。其次为应用环节投资，占到 1/3 左右，主要是显示屏方面投资。芯片和封装投资占比较小，项目规模也比较小（图 20-4），但在未来几年，北京将在外延芯片方面加强投入。

但从整体来看，京津冀地区在 LED 方面的投资热度明显低于全国其他地区，特别是芯片和器件环节，在京津冀地区属于产业链较薄弱的环节。按照目前投资趋势，未来外延芯片环节仍将持续成为谷底，投资结构仍待调整。

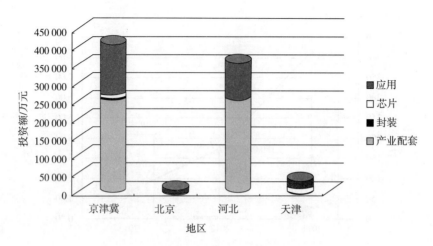

图 20-4　京津冀三地的 LED 投资结构分布

资料来源：CSA Research 整理

# 三、京津冀 LED 照明市场环境状况

　　LED 下游的应用市场领域主要可以分为三大块，即海外市场、民用市场和政府及企事业单位采购市场。

　　海外市场方面，相较其他省份而言，京津冀的整体出口交货值比重较低。但也有一些企业在出口方面表现突出。中游器件方面，天津三星作为集团 LED 器件生产基地，为三星集团的全球应用市场提供 LED 封装器件。下游产品方面，利亚德小间距显示屏约 1/4 的订单来自海外。此外，还有如信能阳光等以出口业务为主的小型灯具企业。

　　民用市场方面，京津冀地区整体市场规模和流通渠道都具有较大优势。从市场规模来看，京津冀的建筑面积总量大，增速快，单位建筑造价成本高，具有巨大的市场容量。北京建筑总面积最大，人均地区生产总值最高，消费水平和层次高，消费者节能环保意识强，对 LED 产品接受程度高。天津地区生产总值增速最快，未来市场发展前景好。河北常住人口数最多，但人均地区生产总值较低，市场发展潜力巨大。从渠道流通来看，京津冀地区是我国北部最重要的实体照明器具市场、批发集散地和电子商务平台最密集的地区。北京以十里河建材市场为中心，20 多家 LED 灯具批发市场辐射华北、东北和内蒙古、陕西、山西等地。河北的 LED 渗透较快，在厂家和经销商推动下，三线城市的 LED 渗透率均达到 20%，远高于其他地区。据 CSA Research 统计分析，2014 年在京津冀地区有销售网点的 LED 照明品牌达 500 多个，2014 年经销商的 LED 销售额较 2013 年同比增长了 25%左右，如表 20-4 所示。

表 20-4　京津冀地区 LED 照明产品的市场渗透情况

| 地区 | LED 照明产品渗透率/% | | LED 照明产品销售额增速/% |
|---|---|---|---|
| | 2014 年 | 2013 年 | 2014 年 |
| 京津冀 | 30 | 20 | 25 |
| 北京 | 53 | 45 | 26 |
| 天津 | 35 | 20 | 20 |
| 河北 | 21 | 10 | 32 |

资料来源：CSA Research 整理

政府及企事业单位采购市场方面，京津冀的高端示范应用表现十分突出。从半导体照明应用示范工程项目来看，截至 2014 年 9 月，京津冀地区的 4 个"十城万盏"试点城市（北京市、天津市、石家庄市、保定市），共计完成示范工程 441 项，工程投资额达 15 亿元。户外工程数量占整体的 53.5%，其中景观照明 127 项，道路照明 103 项；室内照明工程 205 项，室内工程中办公照明和商业照明较多，其次是家居照明和公共照明（图 20-5）。

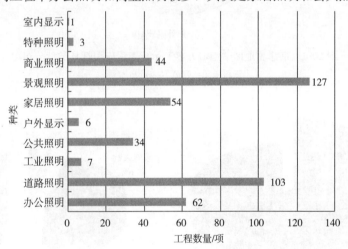

图 20-5　京津冀地区"十城万盏"示范工程按实施区域分布图
资料来源：CSA Research

从应用的灯具来看，京津冀地区"十城万盏"示范工程共推广和应用 LED 灯具 120 万盏，推进京津冀地区的年度节电量超过 2.78 亿千瓦时。其中，应用 LED 筒灯 45 万盏、户外景观灯 23 万盏、管灯 14 万支、路灯 5.1 万套、球泡灯 4.3 万盏、隧道灯 2.49 万盏、投光灯 2.67 万盏、其他 LED 灯具 8.7 万盏（图 20-6）。

从推广应用的模式来看，政府直接采购是"十城万盏"示范工程的主要模式，占总体工程数量的 80% 以上，照明投资额超过三分之二，应用 LED 灯具数量占 49.2%。采用 EMC（energy management contracting，即合同能源管理）模式的示范工程数量虽然只有 16.3%，但是应用了 59.1 万盏 LED 灯具，投资额占 28.8%。而 BOT（build-operate-transfer，即建设-经营-移交）、BT（build-transfer，即建设-移交）的工程模式在示范工程中采用得较少，两种模式总和才不到总体示范工程数量的 3%（图 20-7）。

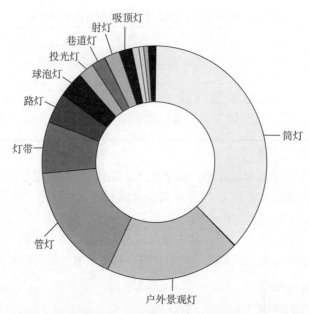

图 20-6 京津冀地区"十城万盏"示范工程应用灯具类型分布图

资料来源：CSA Research 整理

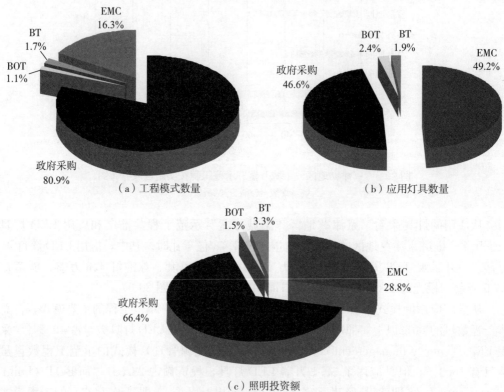

（a）工程模式数量

（b）应用灯具数量

（c）照明投资额

图 20-7 "十城万盏"工程模式情况对比

资料来源：CSA Research 整理

从上面几个方面的分析可以看出，政府在京津冀地区 LED 照明的应用和推广方面发挥了积极的作用。通过因地制宜、积极探索，京津冀涌现了一批有特色的应用示范工程，并在技术创新应用、科学规划实施、公共平台建设、商业模式探索、配套支持政策、过程管理方式、培育产业体系等方面取得了一定成就，并积累了不少具有实践指导意义的经验。

# 四、京津冀半导体照明技术发展状况

　　京津冀三地中，河北在外延芯片量产化技术和第三代半导体材料方面具有较高水平；天津以三星为代表的 LED 器件封装水平较高；北京在显示应用、背光、装备、材料及创新应用领域技术优势明显（表 20-5）。从全国比较来看，京津冀在研发和高端应用方面仍然处于国内领先地位。但随着 LED 产业的注意力逐渐从 lm/W[1] 转向 \$/lm[2]，性价比和光品质成为 LED 核心竞争力。相较珠三角和长三角地区，京津冀的企业需要降低成本，在提高性价比方面仍需加快步伐。

**表 20-5　京津冀区域半导体照明主要领先技术**

| | |
|---|---|
| 设备 | 中科院半导体研究所研制开发的国内首台 48 片、56 片生产型 MOCVD（metal-organic chemical vapor deposition，即金属有机化合物化学气相淀积设备）开始试产；北方微电子自主研发的等离子刻蚀机技术在各向异性和工艺可控性方面表现优异，国内领先 |
| 上游 | 中科院半导体研究所在蓝宝石衬底上研制的氮化镓（GaN）LED（芯片尺寸 1 平方毫米）在 350 毫安输入电流条件下（大功率 LED 测试通用条件），发光效率超过 160lm/W；北京太时芯光在高亮度红黄光 LED 外延片和芯片方面具有相对优势 |
| 中游 | 易美芯光致力于中高功率封装器件，其 COB（chip on board，即板上芯片）产品覆盖了 2 700～3 000 K[1)]、4 500K、6 000K 等色温，冷白达到 150lm/W、暖白达到 120lm /W 的光效，实现了 80-90-95 的 CRI（color rendition index，即显色指数），同时产品通过了 LM-80 的第三方认证 |
| 下游 | 利亚德成功量产 1.25 毫米超小间距显示屏 |
| 配套材料 | 有研稀土公司和中村宇极的荧光粉材料，康美特公司的硅胶材料，中科院化学所科化新材料公司的环氧树脂材料，达博公司的键合金丝，河北中瓷电子公司的陶瓷基板和管壳，中科镓英、通美公司、中科晶电的砷化镓（GaAs）衬底材料，中科院物理所为技术支撑的天科合达碳化硅（SiC）衬底 LED 等都领先全国 |
| OLED 技术 | 京东方推出的 OLED 显示灯具实验室光达到 100lm/W，寿命 3 万小时，并已投资 4 亿元打造国内首条 OLED 照明的生产线，抢先布局；维信诺公司积极布局 OLED 大尺寸显示和 OLED 照明技术，是为数不多的能够制造透明 OLED 器件和柔性 OLED 器件的企业 |
| 前沿技术 | 半导体照明联合创新国家重点实验室规格接口技术、可靠性加速测试技术引起全球 LED 行业关注；白光通信定位技术率先在国际上实现产业化，LED 白光通信与可穿戴电子技术结合，成功推出世界最小光通信可穿戴电子设备 Goccia |
| | 河北省依托中国电子科技集团公司第十三研究所在 GaN 发光器件、GaN 微波和毫米波器件、宽禁带电力电子器件等第三代半导体材料领域取得了一定的研究成果，部分产品已实现在民品和武器装备中工程化应用 |

1) K 即开尔文

资料来源：CSA Research 整理

---

[1]　lm/W 读作流明每瓦，是指光源发出的光通量除以光源所消耗的功率，它是衡量光源节能的重要指标。

[2]　\$/lm 读作流明每美元，是指单位流明的价格，它是衡量光源的市场竞争优势的重要指标。

# 第三节　京津冀半导体照明产业政策环境分析

## 一、京津冀半导体照明产业相关政策

京津冀区域雾霾等环境问题日益突出，降低能源消耗，实现绿色发展的需求对三地政府来说更加迫切。作为战略性新兴产业之一，LED 照明由于其技术相对成熟，节能效果明显，拥有较好的产业基础和市场认可度，三地政府先后出台了多项政策，支持当地半导体照明产业发展（表 20-6）。

根据北京 LED 照明研发资源集中、光电和产品设计创意人才集聚、标准检测服务突出及重大示范影响巨大等特点，北京政策部署和支持重点逐渐从鼓励技术创新，向着重产品设计、扩大市场推广应用、提升产业价值链、促进生产与服务融合和推动产业集聚的方向延伸。特别是北京在《首都标准化战略纲要》和《中关村国家自主创新示范区标准化行动计划（2013—2015）》中，明确提出重点开展 LED（绿色照明）的标准制定工作，为引导产业健康可持续发展和抢占话语权做出积极部署。

天津在"十一五"科技发展规划中，将半导体照明列为 12 个重大科技专项之一，制订了《天津市半导体照明应用工程实施方案》，2011 年发布了《天津市促进半导体照明产业发展的若干意见》，公布将累计 4 000 万元资金用于支持 LED 产品开发和推广，并成立了 LED 节能推广服务队，取得了较好成效。近三年来，天津先后支持 LED 科研项目 50 余项，投入科研经费 5 000 余万元，带动社会研发资金投入近两亿元，获得国家相关科技、产业资金支持近 2 000 万元，并且天津在半导体照明方面的政策也更加注重对 LED 封装、应用推广及 OLED 技术的支持。

河北相关 LED 重点企业分布在石家庄、秦皇岛、保定、邯郸等地，因此，各地也围绕当地代表性企业，制定了相关扶持政策。石家庄着重在 LED 外延芯片、衬底、背光及检测技术等方面制定政策，而秦皇岛明确提出要构建 LED 工程技术中心，邢台则重点支持风光电一体化 LED 节能技术等。

北京、天津、石家庄、保定作为科技部"十城万盏"半导体照明应用示范城市，在鼓励和推动半导体照明示范应用方面都开展了大量工作，取得了良好的效果。

## 二、京津冀半导体照明产业空间分布

北京海淀区集中了京津冀区域 80％以上半导体照明研发机构，LED 设备、芯片、封装及应用制造企业多数位于北京经济技术开发区，大兴、顺义也分布有少数应用企业。

表 20-6 京津冀三地关于 LED 政策的对比

| 地区 | 法规名称 | 颁布机构 | 发文号 | 颁布时间 | 主要内容 |
|---|---|---|---|---|---|
| 北京 | 《关于印发北京市战略性新兴产业专项规划之节能环保产业发展规划（2013—2015）的通知》 | 北京市发展和改革委员会,北京市科学技术委员会,北京市经济和信息化委员会 | 京发改〔2013〕1517号 | 2013-07-26 | 鼓励半导体照明企业加强产品设计、生产与服务的融合发展,推动LED产品生产企业向亦庄集聚,把北京打造成全国LED产业集聚区之一 |
| | 《北京市发展和改革委员会 北京市旅游发展委员会 北京市财政局关于组织实施2012—2013年北京市淘汰白炽灯推广LED照明产品工作的通知》 | 北京市发展和改革委员会,北京市旅游发展委员会,北京市财政局 | 京发改〔2013〕285号 | 2013-02-16 | 北京市发展和改革委员会,北京市财政局,北京市旅游发展委员会联合召开"2012年淘汰白炽灯推广"LED照明产品项目启动会,启动推广工作 |
| | 《北京市人民政府办公厅关于印发首都标准化战略纲要重点任务分解方案的通知》 | 北京市人民政府办公厅 | 京政办发〔2012〕22号 | 2012-04-27 | 重点开展LED绿色照明）、建筑节能、节油及石油替代、节能动力设备、节能减排改造等方面标准制定,深入开展能效评估研究 |
| 天津 | 《天津市商务委员会天津市财政局关于做好2014年度第二批进口贴息项目申报工作的通知》 | 天津市财政局,天津市商务委员会 | | 2014-07-15 | TFT-LCD¹⁾,OLED面板,OLED面板生产专用设备和仪器 |
| | 《天津市人民政府办公厅关于转发市发展改革委市经济和信息化委关于加快发展天津市节能环保产业实施意见的通知》 | 天津市人民政府办公厅 | 津政办发〔2014〕23号 | 2014-02-21 | 大力研发推广半导体照明产品,不断提高半导体产品在通用照明产品中的市场占有率。加快推进半导体照明产品在建筑、景观、道路中应用的提高半导体照明产品在建筑、景观、道路中应用的市场占有率 |
| | 《天津市滨海新区人民政府关于印发天津市滨海新区工业发展十二五规划的通知》 | 天津市滨海新区人民政府 | | 2012-03-09 | 积极发展OLED有机发光材料,在LED领域,重点发展大功率LED封装,表面贴装LED产品 |

续表

| 地区 | 法规名称 | 颁布机构 | 发文号 | 颁布时间 | 主要内容 |
|---|---|---|---|---|---|
| | 《秦皇岛市人民政府关于印发〈秦皇岛市低碳试点城市建设实施意见〉的通知》 | 秦皇岛市人民政府 | 秦政〔2014〕42号 | 2014-06-05 | 构建秦皇岛市 LED 工程技术研究中心 |
| | 《石家庄市人民政府关于印发〈石家庄市战略性新兴产业发展规划(2014—2018)〉的通知》 | 石家庄市人民政府 | 石政发〔2014〕1号 | 2014-01-16 | 重点发展高度亮度外延片、蓝宝石衬底片制造及发光新技术、芯片及 LED 检测新技术,大功率 LED 封装及散热新技术、高效节能、长寿命的半导体照明材料与产品,提升芯片技术水平,加快发展辅料和封装制造 |
| 河北 | 《石家庄市人民政府关于印发〈石家庄市科学和技术发展"十二五"规划〉的通知》 | 石家庄市人民政府 | 石政发〔2012〕1号 | 2012-01-14 | 重点开发驱动 LED 背光源等关键配套材料和专用设备技术的研发和产业化 |
| | 《邢台市人民政府关于印发〈加快培育和发展战略性新兴产业实施意见〉的通知》 | 邢台市人民政府 | 邢政〔2012〕7号 | 2012-05-24 | 培育发展风光电一体化 LED 节能路灯、太阳能设备 |
| | 《河北省人民政府印发关于加快培育和发展战略性新兴产业意见的通知》(2011年修订) | 河北省人民政府 | 冀政〔2011〕147号 | 2011-12-31 | 支持建设廊坊、石家庄、秦皇岛、保定四大信息产业基地,加快建设石家庄国家半导体照明产业化基地,邯郸光电产业园等,推进石家庄化国家"十城万盏"LED 应用工程城市试点,扩大 LED 市政照明灯具应用 |

1) TFT-LCD 为薄膜体管型液晶显示屏 (thin-film-transitor liquid crystal display)

资料来源:CSA Research 根据公开资料整理

河北基本形成了材料、芯片、封装、应用、测试于一体的完整产业链，但企业规模普遍较小，集中度不高。石家庄是河北半导体照明企业最集中的地区，石家庄拥有半导体照明骨干企业 22 家，相关应用配套企业 150 余家。石家庄鹿泉开发区光谷科技园是目前河北省重点建设项目，产业园一期项目已吸引企业投入 6.05 亿元，部署了 LED 显示屏和防爆灯生产，预期投产后年产值可达 10 亿元左右。此外，在秦皇岛经济技术开发区、保定市高新技术开发区、正定科技工业园也有个别企业入驻，如表 20-7 所示。

**表 20-7　京津冀三地 LED 产业集群/园区**

| 地区 | 园区名称 |
| --- | --- |
| 北京 | 北京经济技术开发区、北京市大兴工业区、中关村科技园区海淀园 |
| 天津 | 天津西青微电子工业区、天津华苑产业园区、天津（滨海）光电信息产业园、天津滨海高新区银星光电产业园 |
| 河北 | 石家庄鹿泉开发区光谷科技园、石家庄经济技术开发区、秦皇岛经济技术开发区、保定市高新技术开发区、正定科技工业园 |

资料来源：CSA Research 根据公开资料整理

由于国内最大的芯片企业厦门三安在天津的投资设厂，其成为我国北方最重要的 LED 外延及芯片产业基地之一。同时，在引进三星 LED 有限公司后，天津在中游封装制造环节也具备了一定能力，在天津汽车灯厂的带动下，LED 汽车前大灯应用处于领先地位。半导体照明企业及相关企业则分散在西青微电子工业区、华苑产业园区等。

总体来看，京津冀区域半导体照明产业布局较为分散，尚未形成明显的产业集聚。

## 第四节　京津冀半导体照明产业协同发展现状

京津冀区域分布有一个半导体照明产业化基地——石家庄国家半导体照明产业化基地，树立了四个"十城万盏"示范城市，即北京、天津、石家庄、保定，集中了全国最多的研发机构与高校，在研发创新、高端示范和应用等方面走在全国前列。区域内部也开展了多样化、多层次的合作。

企业层面：中科院半导体研究所与河北同光晶体有限公司、天津职业技术师范大学、南开大学、天津光电通信技术有限公司等在大尺寸碳化硅衬底制备、LED 白光通信等领域开展研发合作，促进半导体研发成果向天津与河北的转移。河北东旭集团计划投资 10 亿元在北京大兴建设东旭绿色节能照明产业园，为河北高端龙头企业做出表率，是两地产业对接先试先行的排头兵。河北立德电子将其领先的封装技术与北京申安集团的产品制造、工程渠道优势相结合，加快了 LED 光源模组技术、灯丝灯等技术成果的产业化进程。立德电子还被北京地铁公司指定为站台 LED 照明产品研发与生产基地。天津工业大学、河北工业大学、天津海宇照明技术有限公司、天津市汽车灯厂等单位联合开展"高亮度汽车 LED 前照灯"技术研究，有效地解决了 LED 前照灯的散热问题，完成了 LED 汽车前照灯的外形设计及系统组成，并逐步开始应用于生产。

联盟层面：作为半导体照明领域全国性的行业组织，CSA 总部位于北京，拥有 500 余家会员单位，其中京津冀成员单位占到 12%。CSA 与天津联盟、河北联盟携手搭建了京津冀区域产业对接合作的互动交流平台。

产业规划：CSA 发挥资源和专业优势，组织相关行业专家，在 2007 年石家庄申请"石家庄国家半导体照明产业化基地"时给予了建设性指导和推荐，在当地良好的产业基础上，石家庄成为我国第一批半导体照明产业化基地，并有效促进了河北半导体照明产业快速和可持续发展。2011 年，CSA 与天津联盟合作，组织专业人员协助天津滨海新区经济和信息化委员会制定了《天津市滨海新区新材料产业发展规划纲要（2011—2020）》，深入分析了滨海新区新材料产业发展的策略、重点、产业布局等，为有关部门提供了科学的决策支撑和可靠的行动参考。

联合研发：CSA 牵头建立的"半导体照明联合创新国家重点实验室"作为国内首个依托联盟建设的行业公共研发平台，对京津冀乃至全国半导体照明行业形成辐射。实验室目前开展的规格接口、可靠性、三维封装、白光 LED 4 个共性技术形成了 32 项专利、4 个国标，优先、优惠在成员单位推广应用。

在探索以联盟形式承担国家科技支撑计划试点工作的过程中，CSA 承担了"半导体照明应用系统技术集成与示范"重点项目，该项目下设 17 个子课题。在联盟组织下，京津冀三地的 19 家科研机构与企业联合，参与了 9 个子课题（表 20-8），内容涵盖 GaN 基 LED 关键制造技术、LED 外延芯片检测方法、高可靠驱动电源技术、智能化 LED 照明系统技术等全产业链，带动研发投入 1.3 亿元。截至 2014 年年底，已形成新产品 27 项，申请专利 254 项，发明专利 86 项，授权 173 项，形成国家标准 6 项，行业标准 13 项（表 20-8）。

表 20-8　国家科技支撑计划"半导体照明应用系统技术集成与示范"重点项目
京津冀区域成员合作课题

| 序号 | 组织单位 | 项目名称 | 承担单位 |
|---|---|---|---|
| 1 | CSA | 半导体照明产品检测与质量认证平台建设 | 北京半导体照明科技促进中心、中科院半导体研究所、中国电子科技集团公司第十三研究所、中国质量认证中心、中国照明学会、中国照明电器协会等 |
| 2 | | LED 外延与芯片测试方法及标准光源研究 | 中科院半导体研究所、中国计量科学研究院等 |
| 3 | | LED 光源及灯具耐候性、失效机理和可靠性研究 | 工业和信息化部电子第五研究所、北京工业大学等 |
| 4 | | 智能化、网络化、模组化 LED 照明系统技术研究 | 北京朗波尔光电股份有限公司、中科院半导体研究所、河北立德电子有限公司等 |

续表

| 序号 | 组织单位 | 项目名称 | 承担单位 |
|---|---|---|---|
| 5 | CSA | 影视舞台用大功率 LED 混光灯具开发与示范 | 北京清华城市规划设计研究院、北京星光影视设备科技股份有限公司等 |
| 6 | | 高可靠定向性 LED 室内照明光源产业化关键技术 | 清华大学、浙江生辉照明有限公司等 |
| 7 | | 替代型非定向性 LED 室内照明光源产业化关键技术 | 鑫谷光电股份有限公司、汉德森科技股份有限公司等 |
| 8 | | 高可靠、模块化 LED 路灯产业化技术研究及示范 | 锐晶光电科技有限公司、保定市大正太阳能光电设备制造有限公司等 |
| 9 | | 高可靠 LED 驱动电源技术开发及可靠性研究 | 北京朗波尔光电股份有限公司、天津工业大学、秦皇岛鹏远光电子科技有限公司等 |

资料来源：CSA Research 整理

**标准合作**：一是联合发布半导体照明产品检测信息。为规范 LED 器件开发和应用产品推广，指导检测流程与方法，联盟依托京津冀区域检测资源互补优势，联合国家电光源质量监督检验中心（北京）[1]、国家半导体器件质量监督检验中心（河北电子 13 所）[2]，连续 5 年发布 16 轮检测信息，为引导行业良性发展、树立消费者信心发挥了积极作用。二是开展标准制定、修订工作。在国家半导体照明工程研发及产业联盟标委会管理委员会组织下，国家半导体器件质量监督检验中心、中国电子科技集团第十三研究所、河北立德电子有限公司、天津三星 LED 有限公司、天津半导体照明联盟等共同参与制定了 13 项联盟标准，并发布实施。三是为重大示范工程提供检测服务支撑。2008年，CSA 组织设计单位、产品供应商、检测机构等开展了奥运"水立方"重大示范工程建设工作，国家半导体器件质量监督检验中心承担光源检测任务，为"水立方"工程的顺利完工提供了强有力的质量保证。

**示范工程**：在 CSA 组织和推荐下，北京、天津、石家庄、保定四地成功获得科技部批准的半导体照明"十城万盏"试点示范城市。截至 2014 年 6 月，三地共实施示范工程 441 项，应用灯具 120 万盏，节能 2.78 亿千瓦时。此外，CSA 还组织北京朗波尔光电、河北立德电子、北京利亚德、申安集团、易美芯光等作为主要技术负责单位，参与了奥运"鸟巢"、"水立方"、玲珑塔、人民大会堂、中南海紫光阁、国庆 60 周年天安门广场 LED 全彩显示屏、京开路沿线 LED 夜景照明等重大 LED 示范项目，其相关单位在共建项目中，形成了良好的互动与配合，为未来开展深入合作奠定了基础。

**人才培养**：在中科院半导体研究所、清华大学、北京大学、北京工业大学、天津工业大学等的参与和支持下，CSA 成立了人力资源服务工作委员会，共同开展人才培养工作。天津工业大学是工作委员会副组长单位，并作为 CSA 14 个 LED 职业人才培训基地之一，

---

[1] 国家电光源质量监督检验中心（北京）是我国两家国家级照明产品检测中心之一。

[2] 国家半导体器件质量监督检验中心是我国最权威的 LED 器件检测机构之一。

为行业输送了一批技术人才。在 CSA 组织下，北京工业大学、天津工业大学联合国内其他科研机构与企业，正在编写国内半导体照明行业首套系列行规教材"半导体照明技术技能人才培养"系列丛书，为半导体照明行业人才培养的规划化和可持续性提供依据和参考。天津半导体照明工程研发及产业联盟依托天津各大高校，为保定来福汽车照明公司等河北企业在技术支撑、人才培养、代培工程硕士研究生方面提供大量的支撑服务。

政府层面：目前专门针对 LED 产业的三地政府间合作减少，但在《北京市—河北省2013 至 2015 年合作框架协议》《北京市科委、天津市科委、河北省科技厅共同推动京津冀国际科技合作框架协议》《共建滨海-中关村科技园合作框架协议》《共同推进中关村与河北科技园区合作协议》等政策推动下，京津冀区域 LED 产业合作将更加深入和务实。

## 第五节　促进京津冀半导体照明协同发展路径建议

过去几年，京津冀三地在半导体照明产业布局方面还存在重复现象，各自产业发展思路尚不清晰，定位还不明确，产业对接基本处于自发和"点对点"状态，有计划的、系统的产业对接还未形成。但基于三地良好的产业发展基础和互补性，未来三地可以通过建立统一的政策、市场体系，理顺产业链条，围绕产业链构建技术创新链，整合区域内半导体照明创新资源，以共建产业园、共建联盟、共建共性平台等方式实现协同发展。

# 一、合作内容

科技成果转化与产业链配套。国内半导体照明领域主要研发机构大多集中在北京，有中科院半导体所、中科院物理所、清华大学集成光电子学国家重点实验室、北京大学宽禁带半导体中心、北京工业大学光电子技术实验室等一批研发机构，在高亮度 LED的外延生长、芯片制备技术等领域处于国内领先地位，北京还聚集了北方微、有研稀土、康美特、达博等一些国内领先的配套材料企业，此外，北京在创意设计、高端应用、科技服务领域拥有丰富的资源。而河北、天津拥有三星、立德、立翔慧科等众多封装和应用企业，可有效协同北京上游核心技术产业化，带动和提高津冀产业附加值，补充完善产业链条，从而形成创新链，提高价值链。

# 二、合作模式

## （一）共建产业园区

京津冀区域已分布有多个半导体照明产业园，但各个产业园之间尚未形成良好互动，三地可以通过共建产业园，带动区域间企业交流、要素流动、技术溢出、人才培养等，形成以园区共建的"点线"合作带动生产要素、企业主体、产业链条的"合作网络"，形成区域间产业发展的利益共享格局。

在共建模式上，可借鉴的已有模式如下：双方政府合作共建产业园区（如北京市经济和信息化委员会及河北省工业和信息化厅共建张北云计算产业园），先导型企业与地方政府合建园区（如东旭绿色节能照明产业园），跨省市间园区共建产业园区（如中关村海淀园秦皇岛分园），高校、科研院所等与地方政府合建等模式（如北京大学秦皇岛产业园），以引导企业向产业园区聚集。从产业对接需求和分工看，北京要突出首都优势，本着"创新驱动、应用牵引、服务支撑、文化特色"的总体思路，重点在技术研发、高端服务和特色应用方面布局。天津、河北发挥在封装和应用环节的优势，加快北京技术创新成果的产业化。从利益机制上看，以企业化运营管理为主体，税收和运营收益按出资比例承担或分享，探索京津冀共同发展"飞地经济"，建立基数不变、增量分成的利益分配机制。

## （二）共建产业联盟

产业联盟，作为产学研用相结合的新型社会组织，能够把拥有科技创新资源的高校、科研院所和离市场最近的企业直接联系起来，可以解决单个创新主体无法解决的问题，可以把创新链条上松散的产学研用"珍珠"串成"项链"，并成为实施协同创新的有效载体。

京津冀三地涉及半导体照明产业的联盟包括 CSA、中关村半导体照明产业技术联盟、天津市半导体光源系统产业技术创新战略联盟、河北省半导体照明产业技术创新联盟。以 CSA 为主导，充分协调三地联盟资源，促进跨区域企业、高校和科研院所联合开展关键技术研究、标准创制，共同申请国家重大科技计划和产业化项目，联合建设实验室、工程中心、中试基地、科技成果转化基地，促进各种创新要素按照市场规律在区域内自由流动和优化配置，共同搭建技术创新平台、科技服务平台（包括标准研制、专利服务、应用推广、金融支持、人才培养）、国际交流与合作平台，抢占技术创新与科技服务的两个制高点。

# 第二十一章　京津冀协同发展的影响因素与评价体系研究①

**内容概要：**京津冀协同发展作为重大国家战略将开启未来三十年我国发展新格局。构建京津冀协同发展指数（简称京津冀指数）是推动京津冀协同发展战略研究的重要突破点。京津冀指数研究坚持问题导向、需求导向和目标导向，以协同体系为基准，重点聚焦城乡协同发展与均衡度、城际协同发展与一体化、城域协同发展与竞争力三大领域，梳理出城乡差距、城乡统筹、城乡融合、产业链、服务链、治理链、资源承载力、协同创新力和区域影响力九个关键因素。在此基础上，以协同发展为考量重点，构建了包含三个目标层指标、九个准则层指标和若干具体测算指标的评价体系，从不同侧面评估京津冀协同发展的具体状况。

京津冀协同发展，不仅关系当下，而且影响未来。习近平总书记强调，京津冀协同发展意义重大，对这个问题的认识要上升到国家战略层面。这不仅是一种决策层级的上升，更是一个面向未来的基于世界经济和政治格局的战略布局。京津冀协同发展问题，要从全球、从东北亚、从中国的角度来看待，要从面向未来三十年打造世界级城市群的高度来谋划。未来难以预测，但需要判断。影响京津冀未来发展的重点在协同，难点也在协同。这正是开展京津冀指数研究的意义所在。

## 第一节　京津冀协同发展与京津冀指数

### 一、未来 30 年打造京津冀世界级城市群的战略研究

推动京津冀协同发展需要长远规划。当前，世界经济和政治格局正在发生重大变化，世界的焦点在亚太地区，亚太地区的重心在东北亚，东北亚的核心在环渤海地区，环渤海地区的中心在京津冀地区。我国正在成为影响东北亚乃至全球的重要力量。考虑国际利益、国际博弈及国际环境的变化，抢占东北亚地区的战略制高点，承担全球经济文化引领者的职能，释放大国影响，面向未来三十年打造京津冀世界级城市群，正在成为一项重大而紧迫的战略任务。

---

① 本章由北京国际城市发展研究院、京津冀协同发展研究基地、首科院联合课题组完成。连玉明担任课题组组长，朱颖慧、张涛、秦坚松参与了研究工作。

推动京津冀协同发展需要把握规律。过去城市群的崛起，强调的是集聚、竞争，是通过对周边或者其他地方资源的高度集聚，形成综合竞争力。而未来，更多强调的是均衡和合作。这些重大变化，要求我们用全新的理念和科学的指标来衡量京津冀的协同发展。这样才能够勾画、构想未来三十年京津冀世界级城市群的愿景、目标、功能与特征，才能够科学地研究和制定协同发展的战略思路。

推动京津冀协同发展需要找准特点。研究京津冀协同发展问题，除了要研究一般的规律，还要研究京津冀的特殊性。与未来三十年的世界级城市群对标，不能简单地与当前纽约、伦敦、东京或者长三角、珠三角地区等城市群的情况进行比较，也不能单纯地从产业、交通、生态环境等要素的一体化出发进行评价。从未来看，京津冀世界级城市群，更加强调内部的均衡发展、外部的互动发展和区域的竞合发展。北京作为我国首都，作为一个超大型城市，将探索一条经济、政治、文化、社会、生态文明建设"五位一体"的发展之路，为我国乃至全球城市提供借鉴和示范。

## 二、构建京津冀指数是推动京津冀协同发展战略研究的重要突破点

面向未来三十年，判断京津冀协同发展的趋势与愿景，重点要突破的一个问题就是构建京津冀指数。通过指数，摸清京津冀协同发展的现状底数，把握影响京津冀协同发展的关键因素，确定京津冀协同发展的实施路径。

从这个意义上说，京津冀指数是京津冀协同发展的风向标，它将表明京津冀协同发展的总体态势与变动方向；京津冀指数是京津冀协同发展的温度计，它将度量京津冀协同发展的水平变化与实现程度；京津冀指数是京津冀协同发展的晴雨表，它将揭示影响京津冀协同发展的重要因素与关键环节；京津冀指数是京津冀协同发展的观测员，它将研究和记录京津冀协同发展的变动特征与运行轨迹。

## 三、京津冀指数的协同性、前瞻性、创新性与独立性

京津冀指数具有协同性、前瞻性、创新性与独立性的特点。协同性是构建京津冀指数的决定性导向。前瞻性则体现在对长期影响因素的分析及未来发展趋势判断上。创新性体现为三个面向，即面向未来三十年京津冀打造世界级城市群的重大愿景、面向环渤海地区的更大格局、面向把北京建设成国际一流的和谐宜居之都的目标。独立性体现在社会机制、独立评价和权威数据等方面。这些特性保证了京津冀指数研究具有一定的科学性。

当然，我们的研究才刚刚开始，还有很多需要完善和改进的地方。由于当前统计体系的不健全，在数据收集与公开方面存在各种不完备和不规范的情况，都将使指标构建和评价结果具有一定的局限性。

## 第二节　京津冀指数研究的问题导向

### 一、城乡协同发展与均衡度问题

在我国三大城市群中，长三角、珠三角地区协同程度高的重要原因是这两个城市群的乡镇经济较为发达，已经形成了发达的城镇区域体系，其中，大城市带动、大中小城市和小城镇协调发展的城市功能体系完善，城市与农村的发展比较均衡。而京津冀区域协同发展的重要瓶颈在于没有形成结构清晰和层次分明的城镇体系。京津冀协同发展的一个重要导向就是要实现整个区域内城乡的均衡发展，发挥中心城市的龙头作用，推动区域均衡发展，形成大城市带动、大中小城市和小城镇协调发展、城乡一体的城市功能体系。解决京津冀城乡协同发展的问题，首要的任务是缩小城乡差距，打破城乡统筹的制度障碍，实现城乡融合发展。

### 二、城际协同发展与一体化问题

世界城市发展的规律显示，城市群是中心城市与周边城市相互作用的产物，城市群内部城市与城市之间必须有密切的互动关系并呈现一体化趋势。京津冀区域当前需要重点突破的问题就是如何实现一体化发展。城市群内部的一体化发展不仅仅是修公路、修铁路这么简单，其运行的基础是拥有健全的交通、流通、融通网络，即城市之间必须实现产业一体化、公共服务一体化、治理一体化。如果不实现产业的一体化发展，城市之间的一体化就失去了核心动力；如果不实现公共服务的一体化发展，城市之间的一体化就失去了发展基础；如果不实现公共服务的一体化，城市之间的一体化就失去了制度保障。

### 三、城域协同发展与竞争力问题

世界级城市群是指对全球政治经济文化具有控制力与影响力的城市区域体系。控制力主要表现在对全球战略性资源、战略性产业和战略通道的占有、使用、收益和再分配。影响力是一国文化与意识形态的吸引力，是通过吸引而非强制的方式达到预期结果的能力。硬实力和软实力是相辅相成的，影响力是控制力的前提。从本质上讲，世界级城市群是全球战略性资源、战略性产业和战略性通道的控制中心，是世界文明融合与交流的多元文化中心，也是国家硬实力与软实力的统一体。其雄厚的经济实力、巨大的国际高端流量与交易及全球影响力应该成为未来京津冀世界级城市群的基本特征。

## 第三节　影响京津冀协同发展的关键因素

### 一、城乡差距

　　实现城乡协同发展的首要问题就是缩小城市与农村的差距。城乡之间的巨大差距是京津冀无法实现协同发展的重要原因。京津冀区域大城市极化效应明显，中小城市规模偏小，小城镇发展缓慢，中小城市没有发挥以城带乡的作用，小城镇没有发挥联系城市与农村的功能，城市与农村之间联系断裂，导致城乡之间差距不但没有缩小，反而日益扩大。这是在京津冀协同发展过程中要着力破解的难题。

### 二、城乡统筹

　　城乡统筹发展需要突出以工促农、以城带乡的要义。而制度因素是阻碍京津冀区域实现城乡统筹的关键因素。京津冀区域不同城市、不同地区、城乡之间在户籍、公共服务、劳动就业、土地、城乡社会保障等制度上千差万别，当各类要素在京津冀区域内流动时，往往遭遇各类制度障碍，阻碍了要素在区域内的自由流动，这也是长期以来影响京津冀协同发展的重要方面。

### 三、城乡融合

　　城乡融合发展是推动京津冀区域新型城镇化发展的必然要求。新型城镇化的核心是人的城镇化，即要合理引导人口流动，有序推进农业转移人口市民化，稳步推进城镇基本公共服务常住人口全覆盖，不断提高人口素质，促进人的全面发展和社会公平正义，使全体居民共享现代化建设成果。

### 四、产业链

　　产业协同是京津冀协同发展的核心动力。产业能否实现一体化发展是京津冀协同发展是否成功的重要标志。京津冀区域在产业发展水平、产业结构等方面存在明显落差。实现京津冀产业协同发展有如下三个重点：一是发挥市场在资源配置中的决定性作用；二是服务业代表着京津冀未来产业的发展方向；三是要注重破除阻碍产业协同发展的制度性障碍。

# 五、服务链

推进公共服务一体化是协同发展的重要内容。公共服务水平的差异，直接影响京津冀产业对接、要素流动、功能转移等的实际效果。公共服务一体化是京津冀协同发展战略的重要组成部分，是推进三地协同发展的重要突破口。加快公共服务一体化建设，重点在于要实现社会服务的一体化和无缝对接，难点在于实现基本公共服务资源的共享，三地在基本公共服务方面要突破行政区划的界限，逐步实现对接共享并最终达到同一标准的状态。

# 六、治理链

北京的发展离不开京津冀区域的协同发展，京津冀区域的发展需要对接北京发展。当前北京面临着世界上所有城市在下一轮发展所面临的共同挑战，如气候变化、资源紧缺、网络时代的生产和生活方式等，同时还面临着发展中国家的城市所面临的人口过多、交通拥堵、房价高涨、生态环境等"城市病"问题。面对这些问题和挑战，北京、天津、河北任何一方都不可能单独应对，联合起来应对才是理智选择。因此，在市场原则、公共利益和认同基础上的跨界合作就显得尤为重要。而实现这种跨界合作，就必须建立一种政治、经济、社会、文化和生态各个方面与各地力量的联系方式，形成一个有利于促进各种社会力量创造跨界流动的一体化治理结构。

# 七、资源承载力

资源承载力是城市、区域、国家经济社会发展必须面对的永恒命题。随着城市化与工业化的发展，城市人口急剧增长、规模迅速扩张，城市和区域资源承载能力对城市发展的约束日益成为城市和区域发展的瓶颈。区域和城市可持续发展如何与承载力相协调，不仅关系到城市自身未来的命运，也关系到其周边地区能否实现可持续发展和科学发展的目标。

# 八、协同创新力

京津冀协同发展的根本动力在于创新驱动。京津冀协同创新的重要抓手是，把北京打造成为具有区域带动作用和示范效应的国家创新平台。这个平台的重要特点是创新资源密集、创新活动集中、创新实力雄厚、创新成果辐射广泛，其不仅要成为世界新知识、新技术、新产品、新产业的创新策源地，而且要成为全球先进文化和先进制度的先行者，从而催生新的生产方式和生活方式，引领人类文化文明的发展。

# 九、区域影响力

区域影响力是一个区域综合实力的表现，世界级城市群对全球政治、经济、社会、文化、生态等各个方面具有强大的影响力。评价一个区域是否具有影响力可以从如下三个方面进行考虑：一是雄厚的经济实力；二是巨大的国际高端资源的交易和流量；三是公平公正的市场环境，这是评价一个区域是否具有影响力的重要因素，只有处理好政府与市场的关系，打造公平公正的市场环境，对企业才具有吸引力，才能实现市场在京津冀整个区域配置资源的决定性作用，激发区域发展活力。

## 第四节　京津冀指数的构成与测算方法

### 一、京津冀指数的构成

京津冀指数以协同发展为考量重点，形成目标层、准则层和指标层三级指标体系。一级指标目标层以协同体系为基准，包括三个指标，即城乡协同发展、城际协同发展和城域协同发展。城乡协同重在解决城乡分离的问题，城际协同重在解决城市与城市之间的互联互通问题，城域协同重在解决区域整体的集聚、辐射和带动能力的问题。二级指标准则层按照因素分析法包括九个指标，下辖若干具体的三级测算指标，从不同层面综合评价京津冀协同发展状况，详见表21-1。

**表 21-1　京津冀指数评价体系的理论框架**

| 目标层 | 准则层 | 指标层 | 指标属性 |
|---|---|---|---|
| 城乡协同发展 | 城乡差距 | 城乡居民收入比 | 统计指标 |
| | | 城镇居民恩格尔系数与农村居民恩格尔系数差值 | 统计指标 |
| | | 城乡每千人拥有医院床位数比 | 统计指标 |
| | 城乡统筹 | 城乡居民社会养老保险覆盖率 | 统计指标 |
| | | 小城镇成长性指数 | 合成指标 |
| | | 工资性收入占农民人均纯收入的比重 | 统计指标 |
| | 城乡融合 | 常住人口城市化率与户籍人口城市化率差值 | 统计指标 |
| | | 城镇常住人口保障性住房覆盖率 | 统计指标 |
| | | 农民工随迁子女接受义务教育便利度 | 调查指标 |

| 目标层 | 准则层 | 指标层 | 指标属性 |
|---|---|---|---|
| 城际协同发展 | 产业链 | 服务业增加值占地区生产总值比重 | 统计指标 |
| | | 规模以上私营工业企业利润占比 | 统计指标 |
| | | 京津冀相互投资总量 | 调查指标 |
| | | 京津冀产业分工的匹配度 | 合成指标 |
| | 服务链 | 区域市场进入难易度 | 调查指标 |
| | | 新企业注册便利度 | 合成指标 |
| | | 城镇职工保险异地转移便利度 | 调查指标 |
| | | 三甲医院区域分布均衡度 | 合成指标 |
| | | 每万人城市轨道交通运营千米数 | 统计指标 |
| | 治理链 | 区域生态补偿机制完善度 | 调查指标 |
| | | 环境治理满意度 | 调查指标 |
| | | 跨区域协调机制的有效度 | 合成指标 |
| | | 区域协同发展的认同度 | 调查指标 |
| | | 跨区域执法体系的协同度 | 合成指标 |
| 城域协同发展 | 资源承载力 | 人均水资源拥有量 | 统计指标 |
| | | 人均城市建设用地 | 统计指标 |
| | | 地级以上城市空气质量达到国家标准的比例 | 统计指标 |
| | 协同创新力 | 区域相互开放实验室量 | 统计指标 |
| | | 科研机构共同申请国家项目量 | 统计指标 |
| | | 科技专家资源共享服务平台量 | 统计指标 |
| | | 京津冀联建科技成果转化基地量 | 统计指标 |
| | | 京津冀共建科技基金量 | 统计指标 |
| | 区域影响力 | 区域地区生产总值占全国比重 | 统计指标 |
| | | 区域城市首位度 | 统计指标 |
| | | 区域营商环境指数 | 合成指标 |
| | | 世界 500 强落户比例 | 统计指标 |
| | | 县域地区生产总值全国百强分布数 | 统计指标 |

# 二、京津冀指数的指标选取

## (一)城乡协同发展方面的指标选取

城乡协同是区域协同发展的基础,包括城乡差距、城乡统筹、城乡融合三个方面,体现了城乡协同发展的基本规律和发展阶段。

城乡差距重点刻画城乡二元结构状态下，城乡分离导致城市和农村在生产生活方面存在的差异情况，不断缩小城乡差距是推动城乡协同发展的第一步。这方面的重点指标包括城乡居民收入比、城镇居民恩格尔系数与农村居民恩格尔系数差值和城乡每千人拥有医院床位数比等。

城乡统筹是按照"工业反哺农业、城市支持农村和多予少取放活"方针，重点评价京津冀区域以工促农、以城带乡、城乡统筹发展的力度与成效。重点指标包括城乡居民社会养老保险覆盖率、小城镇成长性指数和工资性收入占农民人均纯收入的比重等。

城乡融合是城乡协同发展的目标和更高阶段，是以人的城镇化为核心，有序推进农业转移人口市民化，稳步推进城镇基本公共服务常住人口全覆盖。重点指标包括常住人口城市化率与户籍人口城市化率差值、城镇常住人口保障性住房覆盖率和农民工随迁子女接受义务教育便利度等。

## （二）城际协同发展方面的指标选取

城际协同是区域协同发展的本质，包括产业链、服务链、治理链三个方面。"链"的概念体现的是城市与城市之间的互联互通与分工协作，核心是一体化发展，其中产业、服务和治理则是城市的基本职能。

产业链重点评价区域产业结构调整的情况，在避免同质化的前提下，优化产业布局、加速要素流动。重点指标包括服务业增加值占地区生产总值比重、规模以上私营工业企业利润占比、京津冀相互投资总量、京津冀产业分工的匹配度等。

服务链重点评价以入驻企业和居民为服务对象的各类服务资源的跨区域配置与覆盖能力。重点指标包括区域市场进入难易度、新企业注册便利度、城镇职工保险异地转移便利度、三甲医院区域分布均衡度、每万人城市轨道交通运营千米数等指标。

治理链重点评价跨区域社会治理、环境治理的能力与效果，旨在引导京津冀地区建立跨区域的一体化治理结构。重点指标包括区域生态补偿机制完善度、环境治理满意度、跨区域协调机制的有效度、区域协同发展的认同度、跨区域执法体系的协同度等。

## （三）城域协同发展方面的指标选取

城域协同是区域协同发展的目标，基本着眼点是提升区域的综合竞争力，包括资源承载力、协同创新力、区域影响力三个方面。资源承载力反映的是基础，协同创新力体现的是动力，区域影响力刻画的是结果。

资源承载力主要是反映区域在资源承载方面的现实基础及建设人口均衡型、资源节约型和环境友好型社会方面的进展情况。从水、土地、空气质量三个方面进行指标选取，包括人均水资源拥有量、人均城市建设用地、地级以上城市空气质量达到国家标准的比例指标。

协同创新力是城市发展的基本需求，也是区域协同发展的根本动力。京津冀协同发展必须坚持以协同创新为引领。重点指标包括区域相互开放实验室量、科研机构共同申请国家项目量、科技专家资源共享服务平台量、京津冀联建科技成果转化基地量、京津冀共建科技基金量。

区域影响力既是提升区域竞争力的内在要求，也是引领和支撑环渤海地区在更高层次参与国际合作和竞争的战略需要。这部分指标设置的着力点在于，通过一系列举措，全面提升区域的综合实力，在更广泛的领域中接受全球化国际竞争的挑战，成为国际权威组织（政、经、文、商）心目中的首选或主选。主要指标包括区域地区生产总值占全国比重、区域城市首位度、区域营商环境指数、世界 500 强落户比例、县域地区生产总值全国百强分布数等。

# 三、数据获得、权重确定与指数计算

## （一）数据获得

评价指标体系中包括统计指标、调查指标、合成指标三类。统计指标来源于各类公开的统计年鉴及相关资料。调查指标来源于北京市哲学社会科学京津冀协同发展研究基地近百名学术委员会成员（主要来自京津冀三地学术研究机构和地方政府相关部门）的问卷调查。合成指标主要是通过对各类统计指标和调查指标的计算与合成获得。

## （二）权重确定

没有重点的评价就不是客观的评价。权重值的确定直接影响综合评估的结果，权重值的变动可能引起被评估对象优劣顺序的改变。在评价指标体系中，某一指标的权重是指该指标在整体评价中的相对重要程度。京津冀指数采取常用的专家打分法，即德菲尔（Delphi）法确定各级指标的权重。

## （三）指数计算

京津冀指数最终形成的是一个综合指数。基本思路是根据每个评价指标的上、下限阈值来计算单个指标指数（即无量纲化），再根据每个指标的权重最终合成综合指数。此种方法测算的指数既能实现纵向可比，也可做到横向可比。

# 建设全国科技创新中心
## ——产业篇

# 第二十二章　北京战略性新兴产业集群及基地形成机制、发展现状及布局研究[①]

**内容概要：**国际金融危机以后，全球经济面临新一轮的产业结构调整，世界上很多国家，特别是发达国家纷纷加大对新能源、生物医药、信息、节能环保等战略领域的投入，新一轮技术革命和产业革命正在孕育中。集群和基地建设是北京重点发展新一代移动通信、高端装备、节能环保等战略性新兴产业的重要举措。本报告从集群发展的一般规律出发，对北京战略性新兴产业集群和基地的发展现状、集群和基地发展面临的主要问题等进行了深入的研究，总结出北京产业集群发展的四种模式及三种集群与基地发展模式。在对其他国家或地区的产业集群研究的基础上指出，北京未来产业集群的发展要从传统产业集群转变到创新型产业集群。结合京津冀一体化、创新全球化的新形势特点，在优化布局和集群发展等方面提出了相应的政策建议。

近年来，北京已初步形成了战略性新兴产业集群发展的态势，产业创新资源广泛聚集、创新效率不断提升、创新产出显著增加，战略性新兴产业越来越成为首都经济的重要组成部分。截至 2013 年年底，北京战略性新兴产业总产值超万亿元，总体上形成了"大集中、小聚集"的发展格局，集群效应显著。在此期间，北京市还重点推进了十大高新技术产业基地，通过采取政府引导、市场为主体、吸引全社会资源投入的方式，力求将北京建成全国最重要的高新技术产业研发中心和生产基地。

## 第一节　北京战略性新兴产业发展现状

### 一、产业集群的规模和经济效益不断得到提高

从经济规模上看，北京新一代移动通信产业集群规模最大，其次是高端装备制造、节能环保、新材料、生物产业、新能源、航空航天、新能源汽车等其他战略性新兴产业集群。新一代移动通信（4G）产业在海淀、朝阳、石景山、亦庄四大主要聚集地已经吸引企业 3 000 余家，实现产值超过 2 000 亿元。轨道交通产业集群以丰台为核心，聚集企业 123 家，产业收入达到 543 亿元，全国规模最大的轨道交通产业集群。节能环保

---

① 本章由中科院科技政策与管理科学研究所课题组完成。刘会武副研究员担任课题负责人，王胜光、何燕、胡贝贝、赵夫增、冯海红、曹方、何志明、朱常海、张璐娜、林仁红、刘单玉、张莹参加了研究工作。

产业达到 2 000 多亿元，近年产值年均增长 30％以上。新材料产业集群以怀柔纳米新材料区、房山石化新材料区为主要聚集区。北京纳米科技产业集群产值达 74.5 亿元，企业数量近 200 家。生物医药产业南、北两大核心区共实现收入 556.4 亿元，占全市生物医药工业收入的 80％。新能源和可再生能源产业实现产值 360 亿元，占全市工业总产值的 2.3％。航空航天产业在载人航天、卫星应用、空间科学与技术等领域发展成效突出，中关村科技园区实现工业总产值 122.1 亿元。新能源汽车以昌平、大兴、房山"一园两基地"为主，整车产能达到 7 万辆，新能源汽车企业达到 90 家以上，年产值 30 亿元以上。

## 二、多种创新动力促进产业集群和基地的发展

从产业集群发展的创新动力来看，北京战略性新兴产业在创新资源聚集、产学研合作、企业孵化、产业联盟及政策、资金和项目支持等方面，都已经有一定程度的积累。一是创新资源富集，在人才、教育、信息传播、科研实力等方面相比国内其他省市具有先发优势；二是产学研合作紧密，形成了企业、高校、科研机构、政府、中介机构等各种创新主体积极参与、市场化运作的产学研合作格局；三是孵化模式多样化，形成了"创业导师＋持股孵化""早期投资＋创新产品构建＋全方位培育""项目＋资本开放式链接"等多元化发展格局；四是产业联盟活跃，协同创新突出，在推动国际交流与合作方面发挥重要作用；五是政府政策、资金、项目等支持密集，共同推动集群发展。

## 三、管理体制创新成为产业集群和基地发展的组织保障

在对产业集群或基地进行管理上，除了加强政策引导、资金管理等方式外，北京在体制机制上积极探索、先行先试，率先开展了企业产权制度、投融资体制、企业信用、知识产权、股权激励、行政管理等方面的改革试点工作，并且综合运用重点项目、基地挂牌、推动技术平台建设等多种方式对战略性新兴产业集群和基地进行重点培育和管理。

## 四、产业集群与基地的发展阶段存在四种不同选项

从产业集群和基地两维角度，与相对成熟和刚刚起步两个阶段一一对应，构成"2×2"分析矩阵。具体来看包括以下几类。

第一类：产业相对成熟，但基地刚刚起步。这个阶段，产业成熟性决定了产业收益具有稳定性，然而基地刚刚起步，所以也只能获得较小的收益。典型例子包括龙潭湖体育产业基地、北京高端制造产业基地、北京石化新材料科技产业基地、北京石龙高端装备制造业基地等。

第二类：产业相对成熟，基地也较为成熟。这个阶段属于"现金牛"阶段，风险

小、收益大，能尽快、尽最大可能地获得收益。典型例子包括中关村软件园、中关村生物医药园、朝阳 798 艺术区、丰台区轨道交通产业基地、宋庄原创艺术与卡通产业集聚区等。

第三类：产业刚刚起步，基地也刚刚起步。这个阶段，风险大、收益大，因此需要有一定风险承载的基地，科学判断，抢抓机会，或许能够取得跨越式发展。典型例子包括雍和园数字内容产业、中关村移动互联网产业基地、中关村北斗与空间信息服务产业基地、中关村创意产业先导基地、普天三网融合创新园等。

第四类：产业刚刚起步，基地时间较长。这个阶段产业往往风险大、收益小。这个阶段的产业基地很少，一般是超前布置的产业。典型例子为中关村环保科技示范园。

## 五、北京产业集群和基地发展面临的主要问题

战略性新兴产业的高速增长，也不可避免地面临一些发展中出现的问题：由于不同产业的发展在现阶段利好不同，企业往往集中于热门领域，市场竞争激烈，并且随着大批项目的落地，北京战略性新兴产业"遍地开花"，创新资源分散，不能得到充分的利用。第一，新的产业聚集区产业化链条缺失，创新资源缺乏，相应的配套设施还没有跟上；第二，各产业聚集区的定位趋于雷同，多数产业集群没有形成自己的特色，核心竞争力不强；第三，现有产业聚集地企业"群而不聚"，核心技术缺乏，产业发展与国际趋势存在较大差距；第四，产业在各区域重复布局严重；第五，政府主要通过"政策＋资金＋项目"的方式对不同产业基地进行资源配置，如何利用有限的资源发挥最大的效用还需要进一步探索。

通过以上问题可以看出，北京战略性新兴产业集群或基地亟须两个转型：一是由传统的产业链完善向引导企业开展创新型产业集群转型；二是由国内有影响力的创新型产业集群向有全球影响力的创新型产业集群转型。

## 第二节　北京战略性新兴产业集群和基地发展模式与趋势

## 一、四种驱动类型的产业集群

按形成机制的不同，北京战略性新兴产业集群主要分为龙头企业驱动型、政府驱动型、创新驱动型和市场需求驱动型四种类型产业集群。

（1）龙头企业驱动型产业集群。由一批处于核心地位的行业大企业凭借自身研发、营销网络等优势，带动中小配套企业发展，从而带动集群的发展。龙头企业按来源不同又可分为本地成长（如北京石化新材料产业集群、昌平新能源汽车设计与制造基地）和外部引入（如丰台轨道交通产业基地）两种类型。借助龙头企业技术或研发、制造方面的优势，这种类型产业集群成长快，企业间网络效应强，但是对龙头企业研发创新及技

术转换能力依赖性强，集群成长能力受龙头企业影响。

（2）政府驱动型产业集群。政府出于对平衡区域经济或改善产业结构等方面的考虑，着力于规划引导和政策倾斜，通过基础设施、园区招商、搭建公共研发平台等措施，构建"从上至下"的集群培育体系，加快区域产业集群形成发展，如怀柔纳米科技产业园的纳米产业集群。这种类型产业集群能缩短战略性新兴产业集群形成的时间，减少企业自行研发成本，对园区外企业也具有一定的示范带动效应。但对政府管理规划水平、政策支持力度等有较高要求，同时还需避免资产专用刚性、与市场需求脱离。

（3）创新驱动型产业集群。产学研在推动集群转型升级中发挥关键性作用，风险资本活跃，创新成果不断出现，产业转化率较高，形成了有效的创新生态网络体系，如中关村新一代信息技术产业集群。这种类型产业集群创新成果转化率高，最大限度地贴近了市场需求，同时又避免了由于研发成果无法产业化，创新活动乏力的缺陷。就世界范围来看，这也是最具创新生命力的产业集群，最适合战略性新兴产业集群发展。

（4）市场需求驱动型产业集群。国内外市场需求急剧增加，市场发展前景巨大，当地有较好的资源或产业基础，市场供求信息快速及时，企业市场行为活跃，集群对外吸引力强，如大兴新能源汽车科技产业园、密云新能源汽车产业集群等。这种类型的产业集群在消费终端市场空间基本不受限，创新要素自发聚集，集群规模能迅速扩大。但企业利益可驱动性强烈，容易导致终端产品趋同、产品结构不协调，存在市场机制失灵的风险。

# 二、三种集群与基地发展模式

从形态上看，北京战略性新兴产业集群和基地的发展模式分为以下三种。

## （一）集群带动基地发展模式

一般是基于原有产业集群优势设立产业基地。基地在成立之初就具有一定竞争力的产业基础，多在各区县开发区、中关村园区中最先出现，如海淀 4G 工程创新应用产业基地、4G 工程智能终端产业创新基地、石化新材料科技产业基地等。未来发展应当偏重于"强链"环节，着力于优化企业合作交流、创新资源国际化整合和创新产业化速度。

## （二）集群与基地一体化发展模式

基地会对周边企业形成强大的吸引力，提高支柱产业的集聚程度，集群与基地相互影响，共同促进。这类产业基地一般是在已经形成明显特色和比较优势的产业聚集区上成立的，如北京国家纳米科技产业化基地、丰台轨道交通产业基地、大兴生物医药产业基地等。未来发展除了"强链"之外，还需要加强国际化合作，推进基地整体品牌建设。

## （三）基地形成集群发展模式

主要是通过产业基地的建设，使某区域实现产业的由无到有，推动形成产业集群，这种模式主要是原来产业发展薄弱或者缺乏此类产业基础的地方在采用，如密云新能源汽车产业集群、石龙经济开发区高端装备制造业基地、永丰国家新材料高新技术产业化基地等。未来需要从科技人才、中小企业培育、科技金融、创新平台等角度全方位打造创新生态环境。

# 三、北京未来趋势：创新型产业集群

创新型产业集群是指围绕战略性新兴产业，通过制度建设和机制创新，以科技资源带动各种生产要素和创新资源集聚，形成以科技型中小企业、高新技术企业和创新人才为主体，以知识或技术密集型产品为主要内容，以创新组织网络、商业模式和创新文化为依托的产业集群。创新型产业集群发展模式将是战略性新兴产业集群化发展的主要模式，是现有产业集群发展的重要方向。

## （一）新型产业集群的特点

随着知识经济的到来，社会分工更为专业化、信息流通更为迅捷化、集体协作更为网络化、创新活动更为大众化，原有的产业线性发展形态也发生了变化，越来越体现为一种以技术创新为核心的、多方主体互动协同的网状发展结构。与传统产业集群相比，创新型产业集群更适应新时代的变化。具体来看，与传统产业集群相比，创新型产业集群在历史演进、形成动机、成长动力、内涵要求等方面有明显不同（表22-1）。

表 22-1　创新型产业集群与传统产业集群主要特征对比

| 特点 | 传统产业集群 | 创新型产业集群 |
|---|---|---|
| 历史演进 | 适应工业经济的时代背景 | 适应知识经济的时代背景 |
| 形成动机 | 致力于降低交易过程中的交易成本 | 致力于降低生产过程中的研发风险 |
| 成长动力 | 依赖于资本全球化 | 依赖于创新全球化 |
| 内涵要求 | 强调通过产业竞争优胜劣汰，促进产业发展 | 强调通过创新生态环境的构建促进产业发展 |
| 主要产业分布 | 以传统加工制造业为主，如纺织业、汽车零部件制造等 | 以高新技术产业和现代金融服务业为主，如纳米新材料、轨道交通等 |
| 典型产业集群 | 美国底特律汽车产业集群，中国浙江小家电、制鞋、打火机等产业集群 | 美国硅谷、加利福尼亚多媒体产业的企业集群，印度班加罗尔软件技术园，中国台湾地区的新竹科技园半导体硬件加工产业集群、中关村新一代移动通信产业集群 |

### （二）创新型产业集群形成机制

创新型产业集群是一个包含企业、高校、研发机构、政府、金融机构等在内的网络系统。核心层是企业，也是技术创新投入、产出及收益的主体。中间层包括与企业密切关联的高校及科研机构、地方政府部门、中介组织及金融机构，对技术创新提供信息、智力、资金或政策等支持。扩展层包括市场环境、技术环境、基础设施环境等环境因素，是创新活动的输出和交换层。三个层级的要素互动，形成了自主创新的动力，加速了创新的产生，促进了创新成果的传播，营造了创新的社会氛围。

创新型产业集群是自主创新与产业集群在市场竞争的环境中互相促进、互相演进的过程中形成的一种产业集群的高级形式。产业集群与自主创新的互动体现为两个循环：一个循环是产业集群拉动自主创新。产业集群要持续发展，必须引进和培养更多的企业创业，而自主创新的成果为企业创业活动提供基础。另一个循环是自主创新推动产业集群。自主创新带来庞大的创业群体和新的商业模式，推动产生快速崛起的全球化大企业，带动产业集群参与全球竞争（图 22-1）。

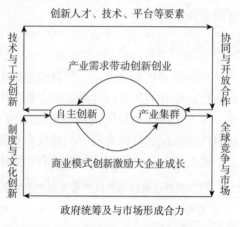

图 22-1　自主创新与产业集群互动机理

### （三）硅谷创新型产业集群的主要特点

从国际上看，美国的硅谷、中国台湾的新竹、印度的班加罗尔等，都是典型的创新型产业集群。以硅谷创新型产业集群的形成为例，其演化过程中主要呈现出以下特点：①产学研三方的紧密合作始终是集群技术创新扩散的动力和源泉；②政府在新兴产业集群形成初期，通过购买、资助等方式增加需求，并制定政策加强引导和监管，改善了集群创新环境；③开放的文化、创新的氛围、高校或政府等机构有意或无意的体制变革、商业模式的创新、企业间的联盟等有助于技术创新；④随着专业分工的细化，风险投资企业、科技咨询企业、外包服务等中介辅助机构的加入提高了企业创新效率；⑤主要通过个人原始创新、大企业衍生小企业、研发机构组建等方式衍生新的企业。

# 第三节　对策建议

创新资源的全球化正在加速，微软、谷歌、IBM 等跨国企业正面向全球抢占创新资源，需要北京加快全球科技创新中心建设。如何发挥市场的决定性作用，建立由市场决定技术创新项目、经费分配和成果评价的机制，对北京创新型产业集群布局有重大作用。同时京津冀一体化，将会迫使远郊区县产业加快发展步伐。因此，对北京发展创新型产业集群提出以下建议。

第一，继续实施政府引导性工程，围绕纳米、新能源、生物医药等新兴产业，开展企业需求和资源的系统性调研，从而筛选出未来 3～5 年可以实施的技术联盟工程、市场联盟工程等，推动产业集群创新提升，进而带动产业基地的协同发展。

第二，根据产业成熟性，适时把"政府主管、基地执行"的管理模式转向"基地主导推动、根据诉求政府服务"的方式。转型的条件包括产业相对成熟，或基地已经拥有了比较好的资源或条件，企业或基地具备了主导推动的时机和能力。

第三，优化布局进一步突出定向性和精准性。重点支持远郊区县，尤其是生态功能且人口较多的密云、平谷地区；支持产业竞争或发展中的关键要素；适度平衡经济规模，制订《骨干企业快速成长计划》。优化布局的手段由单项支持向协同支持转变，包括与天津、河北联合支持，加大政府采购，引导社会机构和社会资本方向等。政府优化方式由直接支持为主转向间接支持为主，引导社会组织支持战略性新兴产业集群或基地。政府优化支持重点由技术创新向社会创新、市场创新和财富获得转变，包括促进企业与互联网的结合、社会信用体系建设、创新创业风险补偿、社会组织创新、通过产业引导资金等。

围绕布局优化与集群政策转变，建议近期可以启动以下三项政策措施。

一是针对骨干企业和创新集群成长，制订《骨干企业快速成长计划》，经过 3～5 年的发展，在新兴产业领域，增加形成 5～10 家年销售收入超 100 亿元的大型企业，预计到 2020 年，七大新兴产业和高端服务集群规模占园区总规模的 80% 以上。

二是塑造良好的创新创业生态环境，激发创业活力，制订《产业基地创业生态环境建设专项计划》，未来 5 年，每年新注册科技型企业增加 20%，进一步扩大创业群体，提升创业规模。

三是为加快创新国际化，制订《集聚整合国际创新资源促进新兴产业快速成长专项计划》，疏通全球创业通道，加强与美国硅谷、以色列、中国台湾等国家或地区的合作，形成创业内生机制。

# 第二十三章　北京能源互联网技术及产业发展研究[①]

**内容概要**：在全球应对气候变化、各发达国家竞相抢占新能源和可再生能源发展先机的大背景下，发展能源互联网成为各国关注的重点。本报告在梳理美国、日本和欧盟支持能源互联网发展的政策和研究进展基础上，对发展能源互联网系统的体系架构、关键技术进行了系统总结。结合对北京现有能源技术与产业发展的基础优势分析，提出了北京发展能源互联网需要攻克的关键技术与产业发展路径，并从政策、人才、国际合作等角度提出了对策建议。

分布式新能源、可再生能源与互联网技术相结合的能源互联网的出现，将使人类摆脱能源、资源、环境束缚，因此也成为国际上特别是发达国家备战新一轮产业革命的重点之一。我国是世界上最大的能源消耗国，也是仅次于美国的第二大二氧化碳排放国，如何在确保能源供应的同时保护环境，是我国发展面临的巨大挑战，而建设能源互联网将可能是我们目前的最优选择。因此，我国也应在这些领域加强顶层谋划，抢占新产业革命相关核心技术的战略制高点。

## 第一节　能源互联网的内涵及国内外发展现状

能源互联网是通过先进的电力电子技术、信息技术和自动控制技术，将大量由分布式发电装置和分布式储能装置构成的新型电力网络节点互联起来，实现能量和信息双向流动的能量对等交换与共享网络。第一，能源互联网是一个能源共享网络，任何一个能源生产者都能够将所生产的能源通过一种外部网格式的智能型分布式电力系统与他人分享；第二，能源互联网是一种智能型能源网络，智能能源网络系统与天气的变化相关联，使电流及室内温度会随着天气状况的改变和用户的需要而改变；第三，能源互联网将建立一种新型的能源供需模式，在"以消耗决定电力生产"模式之外，将实现"以电力生产决定消耗"模式的实际应用。

能源互联网的发展将推动能源技术、能源供给侧及电力体制等的改革，支撑社会生产模式转型，创新商业模式和创造就业机会，促进产业升级，并形成新的增长点。作为未来可能的智慧能源解决方案，能源互联网具有深远的影响和重大的意义。

从发展趋势看，基于现代网络产业、控制技术和信息技术，以新能源、大型能源基

---

① 本章由北京城市系统工程研究中心课题组完成。徐丽萍副研究员担任课题负责人。

地、分布式电源和智能电网构成的"能源互联网"，将成为第三次工业革命的重要支柱。近年来，国内外学界、产业界和政界对能源互联网的关注也不断加强。从国际看，美国、日本和欧盟是对能源互联网研究和计划实施最为积极的国家和地区。美国政府、高校和科研院所、行业协会与企业都参与到这一项目中来。美国政府关于能源互联网的资金和政策支持力度不断增加，美国白宫于 2014 年宣布实施支撑与能源互联网相关的电网创新项目等一系列的政策措施；2008 年，美国国家科学基金项目开展了"未来可再生电力能源传输与管理系统"研究；美国的 Xcel Energy 电力公司也自 2008 年开始在博尔德（Boulder）启动智能电网城市建设工作，这也将是全世界第一座智能电网城市。在欧洲，德国联邦经济和技术部启动了"E-Energy"（智能电网）促进计划，并在 2008年年底开始投资实施该计划；2011 年，欧盟发布了《能源基础设施》的战略报告，并且欧洲议会正在用立法的方式确立能源互联网在实现欧盟节能减排和可再生能源利用中的地位。日本电气事业联合会近期正式发表了《日本版智能电网开发计划》，其研究和计划实施的重点领域是分布式发电与新型材料技术。从国内看，我国政府高度重视，并组织了一系列的研究，主要涉及的领域包括能源互联网发展战略和政策瓶颈、技术架构、智能电网和智能能源网领域等，同时多家电网公司先后启动了试点工程和实践研究。

## 第二节　能源互联网的体系架构与关键技术

能源互联网是信息技术与能源体系相融合的产物，作为一种互联网式电网，它将改变传统输电网的模式。第一，能源互联网中使用智能能量管理系统，其充分考虑了可再生能源发电的特点，强化可再生能源发电系统和电网之间的链接和交互，使可再生能源发电被充分利用，最大化整个电路网络的收益；第二，在能源互联网系统中，传统电网用户不仅是电力使用者，也是电力生产者；第三，能源互联网系统采用预测控制的范式，促使电力系统可以基于早期的潜在危险预测主动采取行动。因此，作为未来电网基础设施的发展方向，能源互联网不仅仅是分布式发电和微电网（局域网）的组合，还包括大电网，即它是由大量局域网按照层级方式组成的整个电力网络。

## 一、以互联网理念构建的新型信息-能源融合的体系架构

从基本架构来看，能源互联网是以互联网理念构建的新型信息-能源融合"广域网"，它以大电网为"主干网"、以微网（可以小到每家每户）为"局域网"，多个局域网形成地区广域网，以开放对等的信息-能源一体化架构真正实现能源的双向按需传输和动态平衡使用，可以最大限度地适应分布式可再生能源的接入。因此，能源互联网的系统构成主要包括可再生能源发电装置、分布式储能装置、电力智能输配装置、智能能量管理系统、智能负载设备五个功能系统。

# 二、建设能源互联网的关键技术

由于能源互联网是智能电网在应用范围广度和技术深度方面的扩展，因此本报告仅着重讨论能源互联网体系（区别于一般智能电网）中独特的或核心的关键技术。

（1）面向能源互联网的储能技术。在能源互联网中，储能发挥着平抑可再生能源不稳定性的重要作用。到目前为止，已经开发了多种形式的储能方式，主要分为化学储能和物理储能。化学储能主要有蓄电池储能和电容器储能及近几年新兴的氢能储能，物理储能主要有飞轮储能、抽水蓄能、超导储能和压缩空气储能。在电力系统中应用较多的储能方式还有超级电容器储能、压缩空气储能等。

（2）可再生能源发电并网技术。其主要包含大规模可再生能源接入电网安全稳定控制系统、可再生能源发电站综合控制及可靠性评估系统、可再生能源功率预测系统、高效低能耗能源采集和转换设备、风/光/储互补发电及接入系统等，这些系统可以加快可再生能源发电产业的发展，提高清洁电能用于终端能源消费中的比重。

（3）智能配电关键技术设备。采用先进的计算机技术、电力电子技术、数字系统控制技术、灵活高效的通信技术和传感技术，研制符合能源互联网要求的配电装备、高级配电自动化及运行优化系统、柔性配电技术、分布式电源接入及微网运行控制装备，实现促进配电网电力流、信息流、业务流的双向运作和高度整合，构建具备集成、互动、自愈、兼容、优化等特征的智能配电系统，运行方式自适应管理、配电系统节能降耗、分布式能源即插即用、新型储能装置与配电网的智能协同运行等目标。

（4）先进输变电技术设备。在能源互联网中，输电网的功能将由单纯输送电能转变为输送电能与实现各种电源相互补偿调节相结合，对输变电技术的要求是降低传输损耗、延长传输距离，能够实现大容量可再生能源的可靠接入。

（5）电网运行智能监控与防护技术。准确及时的测量信息是实现复杂电力系统安全高效运行的基础。基于卫星精确授时的新型同步相量测量技术［PMU（phasor measurement unit，即同步相量测量装置）/WAMS（wide area measurement system，即广域测量系统）］可以提供复杂电网的全景动态过程，目前正在逐步形成新一代的电力系统——动态能量管理系统。电网运行智能监控与防护技术主要包括智能传感与量测技术、预测与自动控制技术、安全防护技术三个方面。

（6）智能用电关键技术。提供能量双向流动服务、供需互动平台、节能服务，促进用户能效提高是能源互联网在终端用户方面的主要功能。智能用电关键技术主要包括终端用户用电信息采集技术、智能用电检测技术、电动汽车充放电技术、智能化用电通信系统、用电设备自动控制技术、用电需求响应技术、用电能效管理系统等。智能用电服务面临的新挑战和新要求主要体现在客户侧分布式电源广泛应用、终端能源综合利用效率提高，供电服务分散化、缺乏互动，以及电力市场化营销发展机遇面临挑战等方面。

（7）先导材料技术。新一代半导体材料——宽带隙半导体向人们展现出一个新的机遇，即更小、更快、更便宜和更高效的电力电子技术将应用于个人电子设备、电动车辆、可再生能源并网、工业级变速传动马达和更为智能、灵活的输电网络等。美国研究人员开发出一种新型的可自愈的强化纤维材料，有可能用于输电线缆的外部绝缘封装，提高线网的可靠性。

（8）电力电子技术。能源互联网关键在于能源流与信息流的深度结合，建立构建于信息架构上的能源网络，能源与信息的两相融合，实现发电、输电、变电、配电、用电的智能化管理。这些目标的实现都需要依托于当今电力电子技术的发展与成熟。

## 第三节　北京研发能源互联网的资源优势和关键技术

### 一、北京发展能源互联网的必要性

北京建设和发展能源互联网非常有必要，并且有一定的现实基础。北京是能源消耗大市，加快发展能源互联网可以有效实现减排目标。我国提出计划 2030 年的碳排放量回到 2010 年的水平，在 2020 年左右达到排放高峰。京津冀提出消减煤炭的目标是，2015 年北京要减少 1 500 万吨，天津要减少 1 000 万吨，河北要减少 4 000 万吨。发展能源互联网还可以实现以下目标：一是为国家能源体制改革提供切入点；二是为绿色经济提供丰富的商业模式；三是为创新型科技产业提供技术支撑；四是实现能源基础设施架构本身的重大变革，构建新型的信息能源融合网络；五是建设能源互联网是跨越多学科领域的综合系统建设工程，涉及众多行业、技术、研发的尖端变革将给先进制造业、能源、新材料、信息通信行业等带来一系列的变革，促进这些产业的升级换代。此外，国家计划到 2030 年将全面建成智能电网，北京计划 2015 年或 2016 年将全面建成智能电网，这些都将为北京发展能源互联网奠定基础。

### 二、北京研发能源互联网的资源优势

建设能源互联网需要相关行业加强电力成套软、硬件装备生产及综合配套能力，在电网监测控制、智能管理、双向互动、智能决策、规划设计和市场运营等领域提供高层次配套服务。北京科研资源雄厚，高新技术企业聚集，在进行能源互联网建设方面具有先天的优势。

#### （一）具有雄厚的科研力量

北京拥有众多的高校、电力研究机构及世界著名电力设备供应商的合资企业或研发机构等，为能源互联网技术的发展提供技术和人才资源。依托这些机构或企业，北京有机会在未来智能电网产业链中占得制高点，成为全国智能电网的示范基地、智能电网技术研发基地和智能电网设备生产基地。总部位于北京的国家电网公司是国内电网的主要建设、运营和管理者，也是目前国内在智能电网建设方面的决策者，其直属的中国电力

科学研究院是其关键技术的支撑单位，是国内智能电网标准体系研究与制定、核心技术研究、试点建设方案制订等方面的主导单位，在智能电网研究方面具有非常强大的实力。清华大学直接参与了科技部、能源部等政府部门制定智能电网战略规划的工作，已经开展了智能电网相关的多项科研工作。华能等各大发电集团在新能源发电领域已经进行了长期的投入和积累。四方继保、科锐等公司在智能化输变电技术、智能化配用电技术等领域，具有一定的领先优势。普能和金能作为国内最具实力的钒电池生产企业，其所生产的全钒液流电池在电力储能行业具有非常广阔的应用前景。

### （二）具有多个电网示范应用项目

2009 年 7 月未来科技城正式"落子"昌平，未来科技城智能电网综合示范工程是国家电网公司 2011 年三个智能化综合示范区之一，涵盖了发、输、变、配、用、调度、通信信息各个环节。2011 年 12 月 30 日，北京电网 110 千伏央企园智能变电站投运，该站是为未来科技城提供电源保障的五个 110 千伏新建变电站之一，也是未来科技城智能电网示范项目的重点建设内容。2010 年 11 月，海淀区循环经济产业园再生能源发电厂项目首次发布环境评价公告，该厂建成后每年将向华北电网输送电能约 2.2 亿千瓦时，同时还可以根据当地需求，向周边居民和单位供热。

### （三）具有完整的横纵向产业链

一是北京电力行业的高新技术企业云集，有很强的科研和技术成果转化能力；二是产业链上的企业比较完整，特别是在配电网领域和信息技术领域；三是通信与信息技术相关产业非常发达，为能源互联网这一跨专业、跨学科的新兴领域提供强大的基础技术平台；四是国家电网总部及行业主管部门地处北京，利于信息沟通与产业组织。

### （四）国家和地方政策给予支持

除国家关于发展再生能源、智能电网等方面的政策支持外，北京市还出台了一系列的计划和优惠政策。例如，《北京技术创新行动计划（2014—2017 年）》中有 4 个专项计划中涉及与能源互联网技术有关的内容；《北京市 2013—2017 年清洁空气行动计划》提出"八大污染减排工程"，其中的第一项"源头控制减排工程"就是要研究完善北京地区电网等能源空间布局和中长期发展规划，推动能源清洁化发展和科学化配置；《北京市电动汽车推广应用行动计划（2014—2017 年）》为电动汽车发展所需的能源互联网技术提供支撑。

## 三、北京建设能源互联网的重点技术研发方向

目前建设能源互联网尚需解决众多的技术难题，主要包括高效低能耗能源采集和转换设备、能源互联传输所需的超导材料和技术、能源互联互通技术、新型能源存储材料等。结合区域具体情况，北京在能源互联网领域的重点技术研发方向主要有以下几

方面。

（1）智能配电设备。其包括第二代电力电子变压器技术、能量路由器、支路型逆变器、直流配电网接入技术（EMS/PQ/Lay）、宽禁带功率半导体器件。

（2）微电网领域。其包括大容量、高可靠快速切换固态开关，微网变流器，微网控制器，离网微电网系统，分布式发电/微网系统集成技术。

（3）电网运行智能监控与防护技术领域。其包括电子式互感器、配电网智慧管理系统、电网芯片控制技术。

（4）储能设备的重点技术方向。其包括高温超导储能装置、全钒液流电池大规模集成技术、集中型储能电站、分布式储能系统、基于锂离子电池储能模块的大容量化技术、锂离子电池储能系统集成技术、储能系统监控终端平台及控制技术。

（5）智能输变电设备。其包括高温超导电缆、新一代电力线载波通信技术、常温超导电缆。

（6）可再生能源发电并网。其包括分布式电源标准化换流装置及电能控制装置、风力发电变流器、大规模间歇式电源有功/无功功率控制装置、间歇式电源发电功率预测与协调控制系统、集中型并网逆变器、并网型光伏电站接入技术、分布式光伏系统、光伏直流并网变流器。

（7）智能用电领域。其包括智能楼宇用能服务系统、电动汽车充放电技术、智能用电检测装备、用户智能能效管理系统、智能用电交互终端、智能电能表、第二代智能插座、建筑智能电池。

## 第四节　对策建议

大力开发利用新能源和可再生能源，提高能源利用率，建设能源互联网已成为构建首都"高精尖"经济结构的重要载体，是优化首都能源结构、抢占新一轮国际竞争战略制高点的重大举措，对于增强首都创新能力、培育未来经济战略支撑、实现绿色可持续发展都具有重要意义。但北京在发展能源互联网方面的相关政策主要是围绕智能电网的建设和发展，还没有直接针对能源互联网发展的相关政策。随着集中与分布相结合的新一代电网的不断发展，相关政策的保障将越来越重要。

# 一、加快顶层设计、系统布局

建议开展深层次的顶层规划和前瞻性基础研究。统筹考虑，系统布局，明确思路，促进协调发展。设立相关基础研究项目，对能源路由机制与算法、相关标准协议、信息物理融合机制等关键基础理论问题进行研究。建议国家和政府层面尽快组织多方面相关力量，结合国情开展更多的研究和探索，理清思路，目标明确，并从国家利益角度设计和制定我国能源互联网的发展战略、路线图，进而有序推进能源互联网的发展。

## 二、促进人才队伍建设，发挥科技引领作用

围绕发展能源互联网的主目标，开展基础技术的研发，鼓励原创技术，最终掌握支撑能源互联网的核心技术，需要组建一支能源互联网研究的专家队伍，确定一批有深入研究价值的课题，形成一定技术突破，建设一定规模的示范项目，支持一定比例的基础学科建设，带动一批相关产业发展。

## 三、实现政府引导与市场配置相结合

我国目前缺少能源互联网、智能电网、智慧城市、物联网等技术发展和融合的统筹规划思路，应该由政府牵头和主导，站在国家整体利益最大化角度，产学研紧密配合，尽快开展全方位的研究和思考，明确核心思路、发展目的和预期效果，避免各领域各自为战、互不关联和衔接、效率低下、资源浪费。北京可以以发展能源互联网为契机，构建集能源输送、资源配置、市场交易、客户服务于一体，统一开放、竞争有序的区域电力市场体系。

## 四、积极参加国际合作

应积极在能源互联网相关高新技术领域进一步加强与国外的合作，参与和组织实施重大国际合作项目，进一步提高我国在相关领域的国际地位和话语权。积极抓紧开展能源互联网关键设备标准编制，按照国家标准化管理部门的要求，积极推动企业标准向国家标准的转化、国内标准向国际标准的转化。

# 第二十四章　北京无人机与航空应用服务产业发展研究①

**内容概要：**近年来，无人机应用逐渐向民用领域扩展，航空装备的无人化、小型化和智能化已成为未来航空业的发展方向。但总体来看，在无人机与航空应用服务产业发展过程中，低空政策不明朗、高端技术未掌握、成本高等问题依旧制约着民用无人机产业化进程。本报告依托北京无人机与航空应用服务产业技术创新联盟，通过对国内外无人机与航空应用服务产业发展情况进行调研，摸清了北京通用航空及无人机应用服务产业现状，分析了无人机与航空应用产业发展所面临的技术瓶颈和产业壁垒，明确了无人机与航空应用服务产业发展路径图，提出了北京无人机与航空应用服务产业发展政策建议，为政府相关部门制定产业推进战略提供了决策参考。

## 第一节　无人机与航空应用服务产业发展概述

无人机几乎是随着航空事业的出现而同时出现的，其自 1917 年诞生之日起，至今已有 90 余年的发展历史。在新军事变革的牵引和新技术革命的推动下，特别是在信息技术飞速发展突破了超视距数据链相关技术后，以往无人机所面临的可靠制导和通信问题等技术瓶颈逐步突破，其发展速度骤然提升，应用领域也迅速扩大。

## 一、无人机的定义

无人机的全称是无人驾驶飞机，是利用无线电遥控设备和自备的程序控制装置操纵的不载人飞机，机上虽无驾驶员，但安装有自动驾驶仪、程序控制装置等设备，地面、舰艇上或母机遥控站人员通过雷达等设备，对其进行跟踪、定位、遥控、遥测和数字传输。相比有人机，无人机具有成本优势、无伤亡优势和机动性优势。

## 二、无人机与航空应用服务产业链

无人机和传统的航空制造业产业链一样，产业链长，涉及产业众多，包括监管层、

①　本章由北京市科技信息中心课题组完成，秦颖副研究员担任课题负责人，唐超、张文力、范晏彬、隆涛、王瑞、刘斌宇参加了研究工作。

系统设备层和应用服务层。其中，监管层贯穿整个产业链的始终，系统设备层包括无人机的研发制造和载荷的研发制造，应用服务层包括载荷的应用服务、无人机成果的应用服务和无人机的延伸服务等，其具体的产业链如图 24-1 所示。

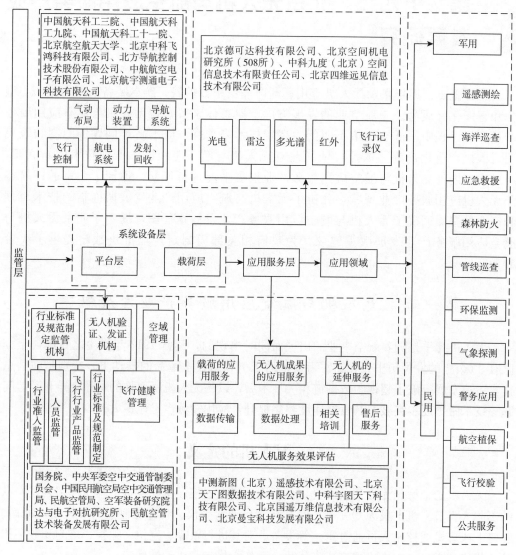

图 24-1　无人机与航空应用服务产业链图

## 三、无人机与航空应用服务产业对上下游的影响

无人机与航空应用产业的发展具有明显的产业带动作用。无人机的发展带动了位于产业链上游位置的微电子、微机械、材料、光电、红外线、遥感等基础学科和专业的技术进步，同时也带动了其下游行业应用等配套延伸产业的快速发展。下游产业的发展会

带来更多的需求，从而反馈到整个产业链中，促进无人机与航空应用服务产业链本身的发展，这是一个循环的过程。

## 第二节　全球无人机与航空应用服务产业发展现状

据国际无人机系统协会（Association for Unmanned Vehicle Systems International，AUVSI）的统计，当前有 51 个国家 511 家研发、制造商及 54 个国际联合机构参与无人机的研发生产，目前，全球无人机与航空应用服务产业的发展势头良好。

## 一、全球无人机与航空应用服务产业处于快速发展期

据《2013 年—2017 年中国无人机行业市场需求预测与投资战略规划分析报告》统计，2012 年全球民用无人机市场规模总计达到约 1 000 亿美元。业内专家预计，到 2015 年其产值将达到约 1 700 亿美元，前景十分广阔。

### （一）全球无人机监管体系发展水平不一

现阶段，无人机与航空应用服务产业还没有全球统一的标准与规范，相关标准及规范各国发展水平不一，这在很大程度上制约了无人机与航空应用服务产业的发展。

全球无人机监管体系发展最为成熟的国家要属美国。美国材料与试验协会（American Society for Testing and Materials，ASTM）中有专门关于无人驾驶空中飞行器的分协会组织。目前，美国民用无人机相关标准有《无人机发现与规避系统的设计与性能规范》《无人机系统设计、制造和测试标准指南》《无人机系统标准术语》《微型无人机操作指南》《无人机飞行员和操作员的发证和定级》等。

### （二）全球无人机平台发展技术成熟

经过 20 世纪漫长的萌芽期和酝酿期，伴随着 21 世纪初的反恐战争和数次局部冲突，无人机终于迎来了快速发展期，研制投入和采购需求呈现爆发式增长。从全球无人机研制的区域市场构成来看，世界无人机市场主要被美国、以色列和欧洲少数国家和地区瓜分，其中，美国在无人机的研发和应用上远远领先于其他国家，所占份额达到惊人的 69%。

### （三）全球无人机载荷发展迅速

随着光电技术和数字技术的飞速发展，无人机的有效载荷种类和技术已经有了惊人的发展，从早期的光学照相机已发展到今天的 SAR、红外相机、多光谱相机、激光雷达等载荷。

### （四）全球无人机航空应用服务发展呈现多元化

随着时间的发展，无人机民用已经逐渐被人们接受并越来越看重，现在无人机已经在国土测绘、防灾减灾、海洋调查、搜索营救、核辐射探测、交通监管、资源勘探、国土资源监测、边防巡逻、环保监测、森林防火、气象探测、农业植保、管道巡检等多个领域根据需求提供应用服务。

## 二、全球无人机与航空应用服务产业发展趋势

### （一）平台与载荷的融合式发展

随着无人机在各行业的实际应用，无人机平台与载荷的集成度逐步提高，平台与载荷正在进行深化融合式的发展。无人机系统已出现传感器共通、信息共享、硬件共用、结构共形、功能互为备份等新特点。

### （二）多样化、系列化发展

随着无人机在军、民两个领域的充分应用，无人机的优势愈加凸显。为满足用户在不同航程、不同空域、不同载荷能力间的个性化需求，无人机产品更为多样化、系列化。

### （三）多用化平台发展

无人机可以根据搭载的不同载荷，完成各种不同的任务。今后我们要提高无人机对多种载荷、多种任务的适应性，力求做到一机多用。

## 第三节　中国无人机与航空应用服务产业发展现状

在我国，无人机首先用于军事，但随着国家信息化建设、地球信息技术产业的发展，民用无人机市场逐渐受到重视。除了国内工业部门（包括院所和航空、航天集团公司）以外，更多民营企业开始研发生产性价比高、成本低，可满足国土测绘、海洋调查、电力巡线等领域业务需求的民用无人机。

## 一、我国处于起步阶段的无人机与航空应用服务产业

据业内专家分析，目前我国无人机的市场规模约为 100 亿元，预计 2015 年达到 170 亿元，无人机行业发展潜力巨大。全国约有 170 多家单位在生产无人机，中国航天科技集团、中国航天科工集团、兵器集团等无人机研制的中坚力量兼顾军民两用市场，民营企业也在近几年开始介入民用无人机市场。我国无人机与航空应用服务产业结构逐

步完善，规模越来越大，服务范围越来越广。

### （一）中国无人机平台发展具有良好的发展潜力

中国无人机平台发展起步于 20 世纪 50 年代末，主要发展方向为军用无人机。90年代以来，在国家支持和任务带动下，西北工业大学、北京航空航天大学和南京航空航天大学三所高校的无人机事业蓬勃发展，并相继成立了无人机专门研究机构。迄今，上述三所高校已为国家研发了大量各种用途的无人机。自 2000 年以来，随着军方对无人机系统的需求明显提升，除航空院校外，中国航天科工集团、中国航天科技集团、兵器集团等单位也纷纷开始研制无人机，大大加快了中国无人机的发展步伐。

### （二）中国无人机载荷种类丰富

中国无人机载荷设备是伴随着无人机的发展而发展的。随着国内众多载荷技术的迅猛发展，再加上从事研究载荷的企业和机构对无人机市场的看重，无人机载荷的研发投入加大，在重量、传输等方面有了很大的进步。同时，载荷的种类（红外相机、激光、雷达等）越来越丰富，提供的载荷服务（航空拍摄、影像实时回传等）也多种多样，还可以根据不同的需求提供特定的载荷。

### （三）中国无人机航空应用服务前景良好

中国无人机航空应用服务适用范围广泛，种类多。由于无人机具有经济性、安全性、易操作性等特点，中国很多民用领域对无人机都有着旺盛的需求。目前，中国民用无人机在国土测绘、海洋应用、电力应用、应急救援、气象应用、环保应用、森林防火、警务应用八个领域具有良好的市场前景。除此以外，中国的无人机航空应用服务，如数据服务、售后服务及培训服务等也已逐步布局展开。

## 二、中国无人机与航空应用服务产业发展趋势

### （一）制定民用领域无人机标准规范，提高无人机系统的可靠性和安全性

从国外无人机的发展来看，制定无人机行业标准是航空领域向民用无人机开放的前提。美国已经开始编制无人机适航标准，欧洲航空导航安全局也出版了全球首份军用无人机在民用领域使用的标准，而中国这方面尚处于空白阶段。目前，中国的无人机发展还面临着缺乏系统全面的设计规范、制造规范、适航规定、使用规范、认证规范及售后服务规范，无人机产品成熟度和先进性难以度量，可靠性和安全性没有客观的评价标准等问题，因此亟须制定相应的政策、法规来规范无人机市场。

### （二）无人机系统向一体化、低成本方向发展

从市场竞争力来看，经济性是制约民用无人机发展的主要因素。特别是在民用无人

机领域，用户需求多样，技术门槛低，研制单位多，市场竞争尤其激烈。在通过一体化设计、模块化设计、集成化设计等手段满足定制需求的基础上，降低成本是发展的必然趋势。

### （三）无人机应用向面向服务为主发展

从营销方式来看，无人机应用可分为面向产品制造和面向售后服务。因无人机价格高、操作难度大限制了无人机平台的销售，今后为满足用户特定需求而定制服务的营销模式有着很大的发展前景。因此，民用无人机未来的发展应逐步从面向产品为主转向面向服务为主。

## 第四节　北京无人机与航空应用服务产业发展现状

北京无人机与航空应用服务产业的政府关注度高、扶持力大，产业链齐全，监督管理部门、产业龙头企业聚集，平台和载荷研发制造优势明显，人才、资金、资源丰富，并已在电力巡线、农业植保等领域开展应用。据业内专家分析，2012 年北京无人机与航空应用服务产业市场规模达到 20 亿元。总体来说，北京的无人机与航空应用服务产业在中国处于领先地位。

### 一、北京汇聚了军航、民航、地方政府和相关公共平台的资源优势

北京空域管理部门和研究机构聚集，有着国家空域技术重点实验室、中国民用航空局空中交通管理局、中国民航科学技术研究院、北京航空航天大学等权威单位，汇聚了军航、民航和地方政府的资源优势，正逐步研究和提出无人机安全运营管理等方面的行业生产运营管理相关标准和规范建议，研制无人机空域协调管理、无人机飞行安全管理和无人机空管仿真等系统，旨在为规范全国无人机制造、运营、应用和管理的安全有序发展打下基础，现已制定了《民用无人机空中交通管理办法》等规定办法。

2013 年 5 月，在北京市科学技术委员会的牵头下，首都通用航空产业技术研究院在北京成立，其主要深入开展通航经济、通航运行管理、通航技术、通航机场建设等主要领域的研究和实践。

2013 年 8 月，在北京市科学技术委员会的牵头下，北京无人机与航空应用服务产业技术创新联盟在北京揭牌，联盟覆盖无人机平台研发、载荷研发及无人机应用服务全产业链，旨在协调并凝聚联盟成员优势资源与能力，提升核心竞争力，构建公共服务平台与公共研发平台，促进全产业链紧密合作与创新发展，实现北京无人机与航空应用服务产业的全面突破。

## 二、北京无人机平台发展有着坚实的基础

北京集聚了多家无人机平台研发制造的龙头企业，包括大型国有企业、中小型民营企业、中外合资企业等，覆盖了无人机产业链的研发、生产、应用服务的整个体系。北京在无人机产业链上游拥有学科建设和技术储备优势，在产业链下游的配套产品方面有一定积累，在售后服务和人员培训方面潜力空间很大，这些都是北京的无人机平台研发制造水平处于国内领先地位的促进因素。

## 三、北京无人机载荷技术国内领先

北京无人机载荷设备的发展很快。北京有专门从事载荷研究的院所和机构，它们有着雄厚的研发基础。目前，北京成功研制了轻小型雷达、多光谱相机、红外相机、三维多视立体相机等多种载荷产品，其中，中科九度（北京）空间信息技术有限责任公司研制的 miniSAR 载荷和中国航天科技集团公司第五研究院 508 所研制的多光谱相机已达到国内领先水平。

## 四、北京无人机航空应用服务已逐步展开

随着无人机的普遍应用，越来越多的航空应用服务逐渐展开。目前，北京无人机航空应用服务已在电力巡线、农业植保、应急救援等领域展开。同时，一些无人机企业已开展操控手培训、售后服务等方面的工作。

### （一）电力巡线

冀北电力检修分公司承担北京地区 75% 以上的电力输送任务，电网总长度达 8 617千米。由于电网基塔多设在地势险峻地段，尤其遇到极端天气时，人工巡检存在困难。冀北电力检修分公司自主研发出电动固定翼无人机和多旋翼无人机，其只需要通过充电就可以携带摄像机、照相机、红外设备等进行巡检。

### （二）农业植保

2013 年，北京植保专防队引进现代化多旋翼、单旋翼小飞机，探索了低空无人机专业化施药技术，力促冬小麦病虫专业化统防统治比率达 70% 以上，进一步提高了作业效率和效果，同时减少了机械作业对作物的直接伤害。2013 年，北京植保部门利用低空施药器无人机在北京市顺义区现代农业万亩示范区进行了小麦中后期"一喷三防"专业化统防统治作业。

## （三）应急救援

在 2012 年北京"7·21"洪水中，北京使用无人机对受灾地区进行拍摄，传回了灾区的第一手资料。2013 年 7 月，门头沟消防支队根据四旋翼无人机实时传输图像、垂直起降、空中悬停等突出特点，积极组织开展了一系列无人机操法创新工作，促进了无人机侦查能力的全面提升。

# 五、北京无人机与航空应用服务产业面临的问题

## （一）空域管理和适航等标准缺乏

我国无人机安全运营体系构建尚处于初期阶段，无人机生产厂家众多、型号繁杂，缺乏空管、适航、生产制造及运营服务等方面的政策、标准、规范，导致目前无人机执行任务时经常处于不受控状态，空域使用矛盾突出，无人机自身安全得不到保障，严重制约了无人机的使用和产业发展。

## （二）无人机动力等核心技术落后，关键部件依赖进口

动力技术是目前北京乃至全国无人机发展的最主要瓶颈。我国在系统载重、空气动力、发动机、轻质结构及高精度导航等诸多方面与国外相比还存在相当大的差距，发动机等关键部件仍需从国外进口，严重制约了国内无人机产业的发展。

## （三）应用领域存在局限性

由于北京的特殊政治地位，相对于其他地区，其空域管制非常严格，限制了北京无人机应用服务的发展。目前，无人机只在电力巡线、农业植保等领域有一定应用。

# 第五节　北京无人机与航空应用服务产业发展目标

通过对国内外无人机产业发展概况、北京无人机与航空应用服务产业基础情况进行分析，结合对北京市现有产业现状和未来产业发展形势进行的充分分析，我们确定了北京无人机与航空应用服务产业发展的总体目标、近期目标和远期目标，内容如下。

# 一、总体目标

完善北京无人机产业体系建设，制定无人机空管、适航、生产制造及运营服务等方面的相关政策及标准规范，完善无人机平台谱型，研制出高性能的中小型平台和轻小型的载荷，培育龙头企业，加强重点领域的应用服务，形成产学研用一体化运营模式，带

动全国整体产业的发展。预计 2015 年，北京无人机与航空应用服务产业市场规模将达到约 40 亿元。

# 二、近期目标

（1）无人机监管方面：制定空域管理政策标准、行业准入标准、操纵手认证标准。

（2）无人机平台方面：统一无人机平台型号划分标准及质量定级标准，制定无人机生产制造规范，研制高性能轻小型无人机平台，总产量达到 300 架具。

（3）载荷方面：研制小型、高精度、低成本载荷。

（4）应用服务方面：培育国土测绘等重点领域应用服务的龙头企业，立足北京、服务全国，重点开展北京地区环保监测领域的应用服务工作。

# 三、远期目标

（1）无人机监管方面：制定运营服务标准规范，进行空域分类，建立严格的监管体制。

（2）无人机平台方面：完善无人机平台谱型，研制大型长航时无人机平台。

（3）载荷方面：航空遥感等核心传感器件国产化。

（4）应用服务方面：重点开展北京地区应急救援和警务应用领域的应用服务工作，形成研发、生产、销售、服务一条龙的运营模式。

# 第六节　对策建议

## 一、加快无人机与航空应用服务产业相关政策的出台，进一步完善低空空域管理法规体系

在政策方面推进低空空域开放，在需求上加强引导，以促进无人机与航空应用服务产业的良性发展。以法律的形式，对空域管理使用进行全面的、具体的规范，进一步完善低空空域管理法规体系，争取获得相关试点政策与行政审批支持，营造良好的产业发展政策环境。

政府部门要立足产业发展及军民融合，重点推进管理标准，如市场准入、频谱要求、适航与安全性相关要求的建立；尽快建立行业及政府主导的适航技术标准、适航认证管理和飞行管制法规、相关人员的培训标准与飞行资质认证体系。

## 二、突破核心技术研发，建设共性技术平台，形成优势产品，为大规模产业化提供支撑

政府要加大在无人机平台、载荷等相关技术上的研发投入，着力从平台、载荷、处理器智能化、空管和通信等关键技术着手，缩小无人机性能与要求间的差距，解决产业化发展过程中的核心技术问题，研制北京地区无人机与航空应用服务领域中的优势产品，为大规模产业化提供支撑。

## 三、培育无人机与航空服务产业提供商，推动无人机与航空应用服务产业发展

加强无人机与航空应用服务产业发展的顶层设计，结合公共管理、行业应用和大众生活等领域的应用需求，提出切实有效的解决方案，促进无人机与航空应用服务产业的发展。

（1）结合北京公共管理、行业应用等领域的需求，将无人机应用于人工影响天气、环境应急监测、空中缉毒、救灾侦查等城市安全服务管理领域，培育北京新的经济增长点，提升城市精细化管理服务能力。

（2）培育北京地区无人机与航空应用服务领域龙头企业，依托北京无人机与航空应用服务产业技术创新联盟，结合我国在气象探测、国土测绘、海洋调查、应急救援、森林防火、电力巡线、环保监测、警务应用等领域的应用服务需求，培育北京地区无人机与航空应用服务领域龙头企业，优选出满足需求、技术领先、市场前景广阔的创新服务，立足北京、面向全国进行示范推广。

## 四、建设无人机与航空应用服务产业园

结合北京科技产业整体布局以及区县发展定位、通用航空及无人机产业建设未来规划，聚集市区两级政府的科技、金融、政策、土地、人才、环境资源，重点在房山、平谷、密云发展无人机装备应用服务产业基地，为企业提供场地资源等相关服务，形成可持续的生态环境，实现产学研用一体化。

# 第二十五章　北京智能机器人产业发展路径研究①

**内容概要**：智能机器人的发展程度是衡量一个国家制造业水平和科技水平的重要标志。本报告从产业规模等方面介绍了国内外智能机器人产业的最新进展，并对其发展进行了预测。中国已成为全球第一大机器人市场，智能机器人制造产业不断推进。目前，北京已经拥有较完整的智能机器人产业链，具备了培育和发展该产业的基础，并拥有很好的人才和环境优势，但目前还存在产业化培育不足、相关产业政策不足等方面的问题。本报告提出了北京智能机器人产业发展的重点、目标和产业发展路径，并从整合产业优势资源、创新商业模式、促进产业集聚和进行技术攻关等角度提出了促进北京智能机器人产业发展的对策建议。

机器人是一种自动的、位置可控的、具有编程能力的多功能机械手，这种机械手有几个轴，能够借助可编程序操作处理各种材料、零件、工具和专用装置，以执行各种任务。机器人是一种半自主或全自主工作的机器，它能完成有益于人类的工作。机器人技术集机械、信息、材料、控制、医学等多学科知识于一体，不但具有技术附加值高、产品应用范围广等特点，而且已经成为重要的技术辐射平台，对带动智能装备发展、提高突发事件处理水平、改善人民生活质量及增强军事国防实力都具有十分重要的意义。

## 第一节　国际智能机器人产业发展现状、特点和趋势

根据使用范围，我们将应用于生产过程的机器人称为工业机器人，将应用于特殊环境的机器人称为专用机器人（特种机器人），将应用于家庭或直接服务人的机器人称为（家政）服务机器人。

## 一、国际工业机器人产业规模不断扩大

从市场需求、国际贸易、专利技术三方面看，目前国际工业机器人产业正处于旺盛的成长期，发达国家对机器人的需求将保持稳定增长趋势。

工业机器人整机的世界规模已达 100 亿～120 亿美元，年销售约 16 万台套，累计

---

① 本章由北京生产力促进中心课题组完成，高谦副研究员担任课题负责人，北京航空航天大学机器人研究所王田苗教授担任课题顾问，陈国英、周恢、马连铭、陶永、贾净、苏颖、安冉参加了研究工作。

装机量达 120 万～150 万台套，相关软件、零部件及系统集成应用整体规模达 300 亿～500 亿美元。2013～2015 年，全球工业机器人销量以年均 5％的增速增长，美洲以年均 5％的增速增长，亚洲、大洋洲（包括澳大利亚和新西兰）以年均 6％的增速增长，欧洲以年均 2％的增速增长。汽车产业、汽车零部件制造业、电子电气工业和金属机械加工业是需求增长的主要拉动力。

目前，日本是全球最大的工业机器人市场，ABB、KUKA、FANUC、YAS-KAWA 四大企业占据 80％的工业机器人市场，韩国位列第二，美国、德国随后。

工业机器人技术正朝着高性能化、标准化、智能化、环保化方向发展，具体体现在控制通信、感测、即插即用、人性化程序设计、与人工合作、加工单元等方面。从技术水平来看，亚洲国家（除日本外）主要以生产单轴型的机器人为主，美国重点发展国防用机器人及益智娱乐机器人，德国锁定高阶机种，日本朝着全方位的产业用机器人方向发展，因此，目前约 60％的工业用机器人来自日本。

从产品供应链的角度来看，机器人行业领先型企业往往在上游关键模块和主要零部件领域占有一定优势。在工业机器人产业链上游——关键模块领域，领先型企业已经布局，它们是产业链下游的主要领导者。下游用户需求主要集中在汽车、电子电气、塑料及化工、金属、金属制品及机械设备制造等行业，制药及食品等行业对机器人的需求也实现了持续增长。

今后，新一代工业机器人的开发竞争将会更加激烈，云计算等先进的信息技术还缺乏向空间和周边环境发挥物理作用的动作功能。因此，机器人护理器械和自动驾驶汽车将成为连接 IT 基础设施与现实世界的接口。

## 二、服务机器人正在形成产业

家庭服务机器人是继个人电脑之后超常规发展的行业。进入 21 世纪，家庭服务机器人得到了高速发展。2002 年全球家庭服务机器人仅销售 60 万台套，到 2011 年便突破性地达到 750 万台套，年平均增长超过 40％。特别是清洁服务机器人行业，据测算，2012～2015 年全球仅清洁服务机器人销售数量从 2012 年的 180 万台套（9.4 亿美元销售额）增加到 1 100 万台套（48 亿美元销售额），年平均增幅为 128％。根据美国市场研究公司预测，2015 年全球服务机器人市场规模将达约 200 亿美元，其中，擦窗机器人市场份额将接近 50％，家庭安防机器人市场份额位列第三，扫地机器人作为最先进入家庭的服务机器人，约占市场份额的 1/3。

此外，随着基础设施和大型设备的老化，在公共与防灾领域的机器人的需求还有可能增加，智能机器人也将为劳动人口的减少做出相应的贡献。

## 第二节　国内智能机器人产业发展状况和发展趋势

我国工业机器人整机规模 30 亿～50 亿元，相关软件、零部件及系统集成应用整体规模 100 亿～300 亿元；服务机器人刚刚开始发展，龙头企业 3～5 家，规模在 5 亿～10 亿元，相关小企业 30～50 家；近 3 年市场增长率 20%～30%。

# 一、我国智能机器人产业化发展的新局面已初步形成

在国家的大力支持下，我国机器人研发已经基本实现了从实验、引进到自主开发的转变，尤其是水下机器人居世界领先水平，促进了我国制造业、勘探业等行业的发展。目前，我国现有机器人研究开发和应用的工程单位超过 200 家，其中，从事工业机器人研究和应用的单位超过 80 家，技术研发与成果应用取得的成绩显著。

## （一）智能机器人相关产业快速发展

我国智能机器人产业保持快速发展态势，规模持续扩张，汽车及汽车零部件制造业，电子电气行业，金属、金属制品及机械设备制造业是最大的几个应用行业，所占份额分别为制造业领域智能机器人总量的 58.6%、16.8% 和 13.1%。在医疗、教育、娱乐、家庭服务、应急救援、野外勘测、资源开发、军事装备等领域，专用机器人、服务机器人也发挥着重要作用。除 2009 年外，2005～2011 年我国主要机械结构类型的工业机器人安装量均保持增长，直线/直角/坐标型机器人和圆柱坐标型机器人是主要增长机型。

## （二）智能机器人产业主要分布在沿海经济发达地区

据调查，我国智能机器人产业主要分布在长三角和环渤海经济区，主要企业有沈阳新松、哈尔滨博实、海尔哈工大、广州数控等。近年来，许多外资企业也不断落户我国，如 ABB、YASKAWA、川崎、FANUC 等。

## （三）国产机器人在我国市场中所占份额仍需进一步提高

我国国产机器人市场占有率较低，大部分市场由国外品牌的智能机器人企业占有，仅瑞士 ABB、日本 FANUC 和 YASKAWA、德国 KUKA 四家企业在中国市场的占有率就达 80% 左右。面对国外企业的压力，我国本土机器人企业奋起直追，除沈阳新松、广州数控、奇瑞等老牌企业外，不断涌现众为兴、利迅达等中小企业与外国企业争锋，未来本土企业占国内市场份额将逐步提高。

# 二、我国智能机器人产业化发展面临的主要问题

虽然我国的智能机器人已经具备一定规模，但是与世界先进水平相比，仍存在较大差距，具体表现在以下方面：一是产业规模小，市场占有率低，自主品牌市场认知度不高；二是创新能力薄弱，核心技术和核心关键部件受制于人；三是在智能机器人的应用方面存在较大差距；四是国家鼓励智能机器人产品方面的政策偏少。

# 三、我国智能机器人产业发展趋势

（1）国内智能机器人市场将不断扩大。随着我国工业自动化程度的提升，机器人应用密度必定上升。预计到 2015 年，我国市场销售的工业机器人将达 35 000 台套，中国将成为全球最大的工业机器人市场。未来汽车行业与电子行业的快速发展将为工业机器人的发展提供更广阔的空间。

（2）产业转型和技术升级速度将不断加快。近十年来，我国已经掌握了工业机器人设计、制造、应用过程中的多项关键技术，某些关键技术已达到或接近国际先进水平，我国工业机器人在世界工业机器人领域已占有一席之地。在经济规模上，工业机器人的发展或许不能给国家及地方的经济规模带来非常大的增量，但能为未来产业发展提供平台和通道，可以加快实现我国由制造大国向制造强国的战略转变，加快我国机械工业的产业转型和升级，促进智能制造装备产业的发展，这对我国未来先进制造技术的核心竞争力的提升具有重要意义。

## 第三节　北京智能机器人产业发展状况与资源优势

北京顺应时代发展的要求，高度重视在全球范围内吸引和集聚创新资源，高度重视以智能机器人技术创新促进战略性新兴产业发展，通过应用工业机器人、专用机器人、服务机器人的新技术、新工艺、新方法、新模式，推进高端制造装备升级换代，转变经济增长方式，加快推进以先进机器人技术带动相关制造领域科技含量与产品附加值提升的战略性调整，努力在新一轮智能机器人科技和产业竞争中抢占先机，提升北京高端装备制造业整体竞争力，培育智能机器人战略性新兴产业，实现可持续发展。

## 一、北京智能机器人产业发展状况及趋势

北京已初步形成智能机器人产业链，具有发展工业机器人的装备制造能力，但目前产业体量较小，尚未形成产业集聚。数字化设计方面，北京有北京航空航天大学、清华大学、北京博创兴盛科技有限公司等高校、科研院所和企业；关键部件研制和生产方面，北京有北京博创兴盛科技有限公司、北京机械工业自动化研究所、中国科学院自动化所、北京理工大学等高校、科研院所和企业；整机研制和生产方面，北京有北京航空航天大学、北京理工大学、中科院自动化所等高校及科研院所，有首钢莫托曼、北京博创兴盛科技有限公司、北京紫光优蓝、机器时代、北京利而浦电器等企业；应用方面，智能服务机器人主要应用于国防科工、公共安全、助老助残、医疗康复、家政娱乐、文化教育等方面。北京拥有众多现实和潜在的用户，主要的机器人用户企业有北京宝昇科技有限公司、北京长力精密机械有限公司、北京先锋自动化机械设备有限公司等。

# 二、北京发展智能机器人的优势

北京在企业、创新平台、人才等方面具有非常好的基础，完全具备发展智能机器人所需的前提条件。同时，北京在智能机器人产业发展上，应该"善用外力，顺势而为"，借助工业行业产业升级之势、国家产业政策之力，卡位关键环节，构建智能机器人产业优势。

（1）具有良好的产学研合作基础。北京注重与高校、科研院所及知名企业的联系，加快集聚创新要素。北京有北京航空航天大学机器人研究所、北京机械工业自动化研究所、清华大学、北京理工大学等多家优势创新平台。

（2）具备发展智能机器人产业的优秀人才基础。北京本地企业已经拥有一批机器人研发人才，还有大批优势高校，如清华大学、北京航空航天大学、北京理工大学等都有研究机器人多年的团队。除了机器人的研发团队基础，北京装备制造业的研发基础为智能机器人的发展提供了大量创新人才。

近年来，北京始终坚持以人才带动高端产业发展的理念，确立了高起点发展装备制造业的思路，即要么与国内顶级研究团队合作，要么与世界排名前列的跨国公司合作，为智能机器人的研发模式和人才引进积累了丰富的经验，也成为不断吸引人才集聚的有力支撑条件。

（3）具备发展智能机器人的外部创新条件。北京汽车零部件企业较多，这些潜在的用户企业与制造商协作创新，将有力推动北京智能机器人的快速发展。

（4）京津冀地区的产业基础和产业环境为北京吸纳、整合优势资源提供了便利条件，有利于北京利用网络组合等优势力量，形成优势互补。通过资源整合，京津冀地区高端装备制造资源和平台可为北京智能机器人产业的起步提供高平台支撑。北京可在现有产业合作基础上构建机器人产业合作网络，为北京智能机器人产业进入区域性产业链条提供通道和机遇，并可以为产业的快速发展提供充足的养分。

（5）从网络功能演化的方向来看，京津冀地区机器人产业发展之初就是走国际合作的道路。当前，北京正在将产业发展重心转向技术发展，在将来有可能真正转向技工贸的道路。北京加快机器人产业发展，加快集成研发资源，有较大机会成为智能机器人全球创新网络的重要节点。

# 三、北京智能机器人产业发展存在的问题

## （一）产业化培育不足

目前北京对特殊服役环境机器人给予了重点支持，解决了国家安全与装备的特殊需求，但智能机器人产业对民生科技与地方经济产业的拉动作用有待加强。

## （二）相关产业政策不足

如何结合地方经济与产业需求，引导调动地方政府给予财政金融政策扶持、租赁服务、补贴应用服务是智能机器人发展面临的政策难题。

## （三）市场需求有待培育，企业投入与创新不足

由于国外产品的品牌与质量较好，自主研发的产品质量相对较差，用户不放心真正使用，而且目前国外品牌产品降价后，其价格与国产产品的销售价格相差无几，自主研发产品的市场有待进一步开发。

## （四）产学研脱节现象较为严重，原创性技术不多

目前研究主要集中在少数高校和科研院所，企业创新能力有限，缺乏创意理念和原创性成果，产学研脱节现象较为严重。

## （五）创新体系建设尚处于起步阶段

在战略规划、研发平台、人才培养、标准制定、国际合作等诸多环节上还存在不足，尚处于起步阶段。

# 第四节　对策建议

北京装备制造业经过多年的发展，已经形成了门类齐全、颇具规模的装备制造业体系，但智能机器人产业及其在区域内制造企业的应用还处在起步阶段。因此，当前应按照"全球视野、招商引智、市场导向、应用优先、整机牵引、差异发展、突破基础、系统提升"的产业发展思路，大力发展机器人产业，做大做强一批整机生产、解决方案设计和配套服务企业，形成一批"专、精、特、新、优"的基础零部件制造企业，延伸产业链，使北京成为在国内具有较大影响的特色产业集聚区，促进北京经济的健康快速发展。

## 一、继续布局前瞻性项目，开展重大关键技术攻关，占领技术高地

在前期工作的基础上，设立北京智能服务机器人产业发展专项基金，依托具有较强研究开发和技术辐射能力的科研院所或企业，集成高校、科研院所等相关力量，建设若干特色突出的北京市服务机器人重点实验室及工程（技术研究）中心，并向相关企业开放。

继续在机器人设计、核心功能部件、复杂环境适应、集成工艺、安全可靠及应用等环节布局重大科技项目，推动智能机器人产业基地建设，通过北京扶助产业共性技术开

发，推动重大自主创新项目实施，促进智能机器人产业链上各企业的协调发展。

## 二、成立北京智能机器人产业技术创新联盟，推进全产业链协同发展

推动成立覆盖机器人设计、核心部件研发、集成制造、可靠测试、产业推广应用等产业链各环节的智能服务机器人产业技术创新联盟，促进知识、技术和人才有效集成，充分发挥各方优势，支持服务机器人生产企业结构调整、产业升级和专业化发展；以共享和服务为核心，支持开放式的技术研发，建立支撑服务机器人技术应用的公共服务平台；建立服务机器人技术测试、认证管理和质量监督检验机构，推进实施服务机器人的性能检测和产品认证，从而整合产业链上下游资源，统筹全产业链协同发展。

## 三、创新商业模式，以市场拉动服务机器人战略性新兴产业发展

引导智能服务机器人产业的市场培育与发展，创新商业模式，拓宽投融资渠道，积极培育市场，以市场需求拉动产业发展，将智能服务机器人培育成北京市高端装备制造业新的经济增长点。

（1）鼓励社会资金对服务机器人产业化的投入。发挥产业政策对社会资金的引导作用，鼓励社会资金、民间资本投入服务机器人领域；通过贴息引导、担保、风险基金及上市融资等方式，多渠道筹集服务机器人项目经费；鼓励创业投资和股权投资基金投资服务机器人领域的企业和项目，鼓励社会资金通过参股或债权等多种方式投资服务机器人项目，积极发展支持服务机器人中小企业的科技投融资体系和创业风险投资机制。

（2）支持金融机构助力机器人科技成果转化。综合运用无偿资助、偿还性资助、风险补偿、贷款贴息、创业投资及后补助等措施，引导金融和投资机构更多参与科技计划的实施；建立机器人科技成果转化项目库，吸引更多社会资本投资于机器人科技成果转化项目；用活金融资源，有效运用金融机制放大财政资金的支持作用，提高机器人科技创新绩效。

（3）开展税收优惠试点工作。积极推行公共安全、助老助残、文化教育、医疗卫生、科学考察、军事等关键行业或领域应用国产机器人的"首台套"税收优惠政策；加大从事机器人研发和应用企业自主创新投入的税前扣除等激励政策的力度；积极支持机器人领域的中小企业制订改善中小企业劳动环境的技术开发计划、中小企业的试验研究费减税等政策；对国产机器人的推广给予扶持，实现批量化生产。

（4）加大政府采购力度。将自主创新的国产服务机器人产品纳入财政性资金优先采购范围，并在政府采购中规定采购中小企业产品的合理比例；扩大政府对国产服务机器人的采购力度，将公益性服务机器人产品纳入国家财政支持的装备配置范围。

（5）鼓励行业应用。制定服务机器人行业应用规范，促进服务机器人在各领域的综合应用；围绕服务机器人在公共安全、助老助残、文化教育、医疗卫生、科学考察、军事等领域的创新应用需求，在统一的应用规范框架下，大力推进服务机器人在各领域的综合应用。

（6）推进政府灾害应急等重大应用工程。重点推进公共安全、极端天气、地震等人为或自然灾害应急装备管理规定的实施，指令性推进灾害应急服务机器人装备的应用；支持开展新型装备、应用技术、执勤训练技术等系统研究，以应用促发展。

（7）鼓励个人应用。实施服务机器人消费财政补贴政策，推进娱乐服务机器人的发展和普及，鼓励基于网络的机器人服务业的发展。

# 四、加强宏观指导协调，促进产业聚集发展

建立多部门联合的协商机制，研究、部署、协调和指导北京智能服务机器人技术发展的长效管理和运行机制；制定和实施覆盖北京服务机器人的发展规划，全面协调北京服务机器人的科技与研发、标准与检测、产业与示范等体系的建设和发展；积极引导产业链上下游的北京内外优势资源聚集，建立服务机器人研发、制造和展示中心，布局形成北京服务机器人产业聚集区。

# 第二十六章 大数据助推首都"高精尖"产业发展研究——以高端装备制造业为例①

**内容概要：**制造业的数字化、网络化和智能化是新工业革命的核心技术，是实现"中国制造"向"中国创造"转变的基础。本报告结合世界主要国家发展大数据应用的政策环境，梳理了大数据在我国产业的应用情况，特别是在我国高端装备制造业中的应用；分析了大数据在北京高端装备制造业中的应用发展现状，指出了存在的企业间信息化水平不整齐、企业层次分布不均匀、企业数字化程度不平衡等问题。在此基础上，本报告针对北京高端装备制造业发展中对大数据应用的科技需求及发展重点，提出从规划重点产业的大数据应用需求、建立大数据应用标准两个方面实施"精机工程"，促进大数据助推北京高端装备制造业发展的对策建议。

## 第一节 大数据在国内外高端装备制造业中的应用情况

当前，制造业已成为全球性产业，各企业为节约成本，在不同地区进行资源分配已是制造业运作的常态。随着整合范围不断扩大、关涉领域不断延伸，企业进行跨国设计、采购、组装、制造、营销、服务比过去要零碎和复杂。在这一背景下，要想进一步提高生产效率、提升竞争力，需要善于利用大数据来提升价值链的效率。

### 一、世界主要国家发展大数据应用的政策环境

许多国家政府都认识到了大数据的重要作用，纷纷将开发利用大数据作为夺取新一轮竞争制高点的重要抓手，实施大数据战略。作为大数据的策源地和创新引领者，美国大数据发展一直走在全球最前列。奥巴马政府在 2009 年推出的 Data.gov 成为美国最重要的数据开放平台，截至 2012 年 11 月，Data.gov 共开放 388 529 项原始数据和地理数据，涵盖农业、气象、金融等约 50 个门类；2013 年 5 月，美国又发布了《大数据的研究和发展计划》，提出"通过提高我们从大型复杂的数字数据集中提取知识和观点的能力，承诺帮助加快在科学与工程中的步伐，加强国家安全，并改变教学研究"。

英国在大数据方面的战略举措如下：英国商业、创新和技能部在 2013 年对发展

---

① 本章由北京生产力促进中心课题组完成，张泽工研究员担任课题负责人，高谦、陈国英、周恢、贾净、苏颖、李也白参加了研究工作。

大数据投资 1.89 亿英镑；开放了有关交通运输、天气和健康方面的核心公共数据库，并在 5 年内投资 1 000 万英镑建立了世界上首个开放数据研究所；政府将与出版行业等合作，以尽早实现对由公共资助产生的科研成果的免费访问，英国皇家学会也在考虑如何改进科研数据在研究团体及其他用户间的共享和披露；英国研究理事会将投资 200 万英镑建立一个公众可通过网络检索的科研门户。

法国为促进大数据领域的发展，以培养新兴企业、软件制造商、工程师、信息系统设计师等为目标，开展了一系列的投资计划。法国政府在其发布的《数字化路线图》中表示，将大力支持包括大数据在内的战略性高新技术。法国软件编辑联盟号召政府部门和私人企业共同合作，投入 3 亿欧元资金用于推动大数据领域的发展。法国将投入 1 150 万欧元用于支持 7 个未来投资项目，目的在于"通过发展创新性解决方案，并将其用于实践，来促进法国在大数据领域的发展"。

日本总务省于 2012 年 7 月发布了"活跃 ICT 日本"新综合战略，其中最受关注的是其大数据政策。日本正在针对大数据推广的现状、发展动向、面临的问题等进行探讨，重点旨在利用大数据产业的数据以及电子服务建立政府信息公共网站，提供各系统之间的信息交流平台，最终建立全国统一的政府信息服务系统，以期对解决社会公共问题做出贡献。2013 年 6 月，安倍内阁又正式公布了新 IT 战略——"创建最尖端 IT 国家宣言"，全面阐述了 2013～2020 年以发展开放公共数据和大数据为核心的日本新 IT 国家战略。

# 二、大数据在我国产业的应用环境

在大数据技术及应用方面，我国缺乏大数据生态系统中处于支配地位的领军企业，并在大数据技术、产品方面缺乏领先性及自主性，与国外发达国家还存在着很大的差距。

在政策与法律层面，虽然目前我国大数据产业缺乏国家层面的政策，但是在相关的国家战略中已经涉及大数据技术与发展规划；与国外相比，我国在政府数据开放方面还没有相应的法规出台，在一定程度上制约了我国大数据产业的发展；我国关于网络用户隐私保护的问题在相关法律中有所涉及。

在产业层面，我国大数据产业集聚区位于经济比较发达的地区，北京、上海依旧是发展的核心地区；我国大数据产业链雏形已经显现，主要涉及数据的收集、存储、分析和应用等几个主要环节，国内很多信息技术企业也纷纷开始向数据的管理、应用和服务转型。

在人才层面，大数据产业迅速发展，数据科学家的概念应运而生，数据科学家是指能采用科学方法、运用数据挖掘工具对复杂多量的数字、符号、文字、网址、音频或视频等信息进行数字化重视与认识，并能寻找新的数据洞察的工程师或专家。人才短缺是制约我国大数据产业发展的重要因素。

## 三、大数据在我国高端装备制造业中的应用

　　近年来，徐工集团通过实施两化融合，不断探索创新营销模式：一是大力发展电子商务平台。二是加快物联网技术的研发和应用（2012年推出新一代物联网智能信息服务平台，突出精细化作业、智能运营、自助平台、可视化管理和零距离服务）。三是大力发展移动应用平台（构筑手机移动平台，整个服务过程都通过手机移动平台来完成，有效改善了客户售前、售中、售后的过程管理）。目前，徐工集团90％的产品在研发设计方面实现了CAD（computer aided design，即计算机辅助设计）二维设计向CAD三维设计的转变。此外，徐工集团还依托自助分析平台（self-analysis platform，SAP）构建了包含产品研发与工艺、生产计划与控制、采购与物流六大业务领域一体化运作平台，实现了物流、资金流、信息流及工作流的四流合一。

　　三一重工总装车间成为行业最先进的数字化工厂，总装车间分为装配区、高精机加区、结构件区、立库区、展示厅、景观区六大功能区域，厂房规划全面应用数字化工厂仿真技术进行方案设计与验证。目前，在质检信息化方面，三一重工通过良好供应规范（good supply practice，GSP）、制造执行系统（manufacturing execution system，MES）、计算机辅助制造（computer aided manufacturing，CAM）及质量管理信息系统（quality information system，QIS）的整合应用，实现了涵盖供应商送货、零件制造、整机装配、售后服务等全生命周期的质检电子化，并实现了统计过程控制（statistical process control，SPC）分析、质量追溯等。

　　广船国际自主研发了造船设计、制造、管理数字一体化平台——GSI-SCIMS（即造船计算机集成制造系统），该平台按照造船设计、制造、管理数字一体化的思路发展，核心业务管理主要覆盖以下几个方面：一是数字化设计，包括船舶产品数据管理、设计过程管理、设计图档管理、设计变更管理，并为下游的制造、生产、管理自动发布设计信息源；二是数字化制造，实现对内场分段制造过程管理、管子加工过程管理和制造过程的精度控制；三是生产管理，进行生产规划编制与负荷分析、分段搭载网络编制、各种日程计划编制与负荷分析、生成工作包、派工单、企业决策支持和车间生产管理；四是对物资物流的纳期、订购合同、物资出入库、托盘预约领料、设备证书、焊材进行管理等，保证物资的及时供应，降低库存和采购成本；五是对物资来货、制作、安装过程和售后的质量问题进行计划和跟踪管理，保证船舶产品的质量等。

## 第二节　大数据在北京高端装备制造业中的应用发展现状

## 一、北京高端装备制造业布局情况

　　经过近60年的发展，北京高端装备制造领域积累了较雄厚的技术实力，形成了门

类较齐全、技术较先进的整机和功能部件产品：①高端数控装备产业发展迅猛，年均利润率 13%，远高于全国 5% 的平均水平，位列全国首位；主导产品技术水平较高，居国内领先地位，重型制造、精密加工技术、磨削技术等在国内处于领先水平。②工业机器人产业发展尚处于起步阶段，产业化能力有待进一步加强。③3D 打印的研发及产业化等方面初步形成材料、数字化设计、关键部件、整机和应用服务的 3D 打印全产业链，并成功应用于大型金属复杂构件直接制造、医疗器械与健康服务、创意设计等领域，具备快速发展 3D 打印产业的基础。

## 二、大数据在北京高端装备制造业中的应用现状

两年多来，"精机工程"在北京高端装备制造领域共投入科技经费 3 亿余元，带动社会研发投入 20 亿元，高端数控装备、智能装备、3D 打印等重点领域取得多项关键技术突破，并逐步形成完善的产业链。

在高端数控装备产业方面，"精机工程"启动以来，北京市科学技术委员会以数控联盟为抓手，建设了北京航空制造工程研究所、机械科学研究总院先进制造技术研究中心等市级国际合作基地；面向航空航天、汽车等重点行业需求，通过市统筹项目、重大科技项目等手段推动北京高端数控装备产业发展；在高精密测控技术、高精高效磨削技术、电火花加工技术等方面布局了一批"精机工程"公共研发平台；结合北京市海聚工程、百名领军人才及科技新星等人才培养计划，培养北京高端数控装备领域优秀人才；进一步明确了工程的产业聚集重点区域，引导资源集聚，逐步形成发展特色。

在智能机器人产业方面，北京市科学技术委员会积极推动筹备北京智能机器人产业技术创新联盟。该联盟以科技部为依托，汇集机器人生产厂商、高校、科研院所及市场需求客户四大群体，形成了从政府顶层设计到实际用户需求的官、产、学、研、用一套完整的产业技术创新体系。根据国家专项及市场需求，联盟内成员单位结合自身优势开展联合攻关，共同攻克技术难题，并将技术成果进行市场化转变，从而不断提升中国机器人技术水平，促进机器人产业长效发展。

在 3D 打印产业方面，北京拟构建 3~4 个以企业为主体，产学研用协同创新的 3D 打印技术创新研究院或应用服务平台，以推动北京成为引领全球的 3D 打印技术高地和人才聚集地。以龙头企业为核心，建设 3D 打印产业园，集群式推动 3D 打印产业发展，努力建成世界知名的 3D 打印产业基地，增强北京市高端制造业的核心竞争力，培育未来经济增长点。

## 三、大数据在北京高端装备制造业应用中存在的问题

大数据在北京高端装备制造业应用中存在的问题包括企业间信息化水平不整齐、企业层次分布不均匀、企业数字化程度不平衡、企业数据中存在信息孤岛、大数据与高端

制造业融合困难、企业管理不规范、大数据技术人才缺乏等。

## 第三节　北京高端装备制造业发展中大数据
## 应用的科技需求及重点发展方向

## 一、大数据在北京高端装备制造业中的技术作用

北京高端装备制造业主要集中在数控机床制造、智能机器人制造、3D打印行业，以及汽车制造、航空航天行业。这些行业的共同特点是以用户需求为基础的数字化设计、数字化加工、数字化制造、数字化仓储、数字化检测及供应链的协同协作。互联网、物联网，特别是移动互联网技术的推广应用，使得用户与企业、用户与设备、企业与设备得以在信息交互上连接为一体。这些技术的正确运用能够拓展产品生命周期管理（product life-cycle management，PLM）范围，帮助高端装备制造业准确理解用户的需求，迅速应对市场变化并进行业务环节整改。

尽管利用互联网、物联网、移动互联网技术能够使用户与企业、用户与设备、企业与设备在信息交互上连接为一体，但并不代表这些业务数据逻辑上已经连成一体。如果数据不能逻辑上连接为一体，就不能深度应用。在这些业务数据体系之上利用数据仓库技术或非关系型的数据库（not only structured query language，NoSQL）技术整合数据是解决数据集成的办法之一。例如，将用户需求、用户意见、经销商反馈、市场反馈、故障反馈、维修保养反馈等变化数据体系与设计数据、加工数据、工艺数据、零部件数据、制造数据、仿真数据、检测数据、质量标准、供应商数据等固定数据体系集成在一起，构建逻辑上关联的数据仓库或NoSQL，再利用大数据技术或许能够解决以下一些典型问题：①若用户通过互联网或移动互联网反映设备的某些功能不好用或不方便这个问题相对集中，那么，通过数据仓库或NoSQL能查到该设备零部件的工艺数据，对比工艺数据和零部件功能可以调整设计数据进行修正。②若用户通过互联网或移动互联网反映设备的某些零部件易损、达不到使用年限这个问题相对集中，那么，首先通过数据仓库或NoSQL查到维修保养反馈记录证明用户的反馈，其次通过数据仓库或No-SQL查到该设备零部件的工艺数据，对比工艺数据和仿真实验数据判断是设计问题还是零部件质量问题。如果是设计问题可以调整设计数据进行修正，如果是某批次零部件质量问题则可以通过供应链追踪到零部件供应商。该方法有助于企业从众多零部件提供商中筛选优质供应商。

另外，通过分析国内外经济形势数据、地区气候数据、产品销售数据和用户反馈数据，利用数据仓库或NoSQL对产品和零部件销售形势进行预判，对企业快速调整生产计划、提高资金周转率、减少产品和零部件库存都有帮助。

可以看出，大数据应用就是通过企业的变化数据体系向固定数据体系传递用户需求和市场信息来改变固定数据体系的参数，使利用固定数据体系的数字化制造系统快速适

应用户要求和市场变化。在高端装备制造业，大数据技术应用带来的效益将渗透于整个产业价值链，主要表现在设计研发、供应链管理（supply chain management，SCM）、生产制造、销售、售后服务等环节。其中，设计研发和生产制造数据这种固定数据体系的积累最为关键，是企业主要的核心技术。而不论用户需求这种变化数据体系还是设计研发和生产制造数据这种固定数据体系每天产生大量的结构化数据、半结构化数据和非结构化数据，如何通过强大的算法更迅速地完成数据的价值"提纯"是目前大数据汹涌背景下亟待解决的难题。在海量数据面前，实时获取所需信息，处理数据的效率非常关键。

## 二、北京高端装备制造业发展中大数据应用的重点发展方向

未来北京高端装备制造业将重点发展 3D 打印和智能机器人两大领域。在 3D 打印领域，北京在其产业链的各环节均有布局，技术方面也在全国处于领先水平，具备产业链上下游带动、共同发展的基础；在材料研制方面，拥有北京矿冶研究总院材料所、北京有色金属研究总院等专业研究机构；在数字化设计方面，拥有数码大方、北大方正电子等专业公司；在激光器研制和生产方面，拥有北京国科世纪激光技术有限公司、中科院理化技术研究所、中科院光电研究院等机构；在装备研制、生产等方面，拥有中航天地、北京航空航天大学、清华大学、中航工业北京航空制造工程研究所（625 所）、隆源、殷华、太尔时代等相关单位；在产品应用方面，拥有中航天地、北京工业大学、中国人民解放军总医院、北京大学口腔医院等单位。同时，北京市计算中心等已开展 3D 打印的相关应用研究。

在工业机器人领域，北京有中电华强、首钢沃托曼、北京自动化技术研究院、北京石油化工学院、北京工业大学、北京信息科技大学、中航工业北京航空制造工程研究所（625 所）、北京航空航天大学、机械科学研究总院、北京博创兴盛机器人技术有限公司等相关单位正在开展研究，涉及激光焊接、水下焊接与切割、反恐、搜救、检测机器人等多种领域，但批量生产少，产品市场占有率低，关键技术和功能部件基本依赖进口。

### 第四节 实施"精机工程"，促进大数据助推北京
### 高端装备制造业发展

## 一、根据"精机工程"要求，规划重点产业的大数据应用需求

在 3D 打印、智能机器人企业中贯彻"技术＋装备＋服务"的 PLM 模式，完善产业链上下游整合；在进行产业链整合时，确定大数据在各种系统中的应用范围；关注 3D 打印、数字化制造等先进技术，以及工业机器人及智能、柔性生产线等的研发和行业应用，特别是对大数据需求、系统协同、应用标准等问题的研究。

在北京市科学技术委员会的引导和支持下，建立以企业为主体的、其他专家参与的专业团队，通过产学研用深度合作，突破大数据应用关键技术，推动北京 3D 打印、智能机器人等数字化制造方面的技术研究和产业发展，提升制造业的数字化水平；鼓励并推动与企业应用结合的云计算技术、大数据技术研究以及新一代 CAD/CAM、企业资源计划（enterprise resource planning，ERP）、客户关系管理（customer relationship management，CRM）、SCM 等软件的开发及应用研究。

## 二、建立大数据在北京高端装备制造业中的应用标准

北京高端装备制造业主要集中在数控机床制造、智能机器人制造、数字化制造（3D 打印）行业，这些行业内的企业一般都具备数字化制造的能力，基本都配备了 CAD/CAM、ERP 系统，甚至配备了 SCM 系统。也就是说，这些企业基本上达到了数字化制造企业的标准。但是，若按照 PLM 模型考量，还应包括对个性化需求开展的用户公益研究以及产品质量检验检测、数字化物流等内容。

因此，北京高端装备制造业的企业大数据应用标准的首要条件就是企业经营必须参照 PLM 模型，其他相关标准条件还包括固定数据体系和变化数据体系逻辑上要连成一体、固定数据体系和变化数据体系能实时产生业务数据、企业有私有云平台能存储大数据并能在线处理大数据、有面向需求的大数据挖掘方法和大数据预测模型、有懂技术和企业管理的专业技术人员团队。

# 第二十七章 移动通信（4G）产业支撑首都经济社会发展研究[①]

**内容概要**：本报告通过分析国内外移动通信（4G）产业发展路径，对北京移动通信（4G）产业未来布局及创新导向做出了前瞻性预判，分析了北京移动通信（4G）产业与社会经济各方面的相关性和影响力，总结了 4G 产业发展对移动互联网、大数据、云计算等技术的推动和促进作用，以及对首都社会经济发展的产业贡献率和辐射引领，并为北京 4G 产业的发展提出了战略方向和技术路线，为北京在创新应用、高端产品、测试平台、标准制定等"4G 工程"各环节取得新突破提供了实践和理论指引。

当前，世界各国正在加速推进信息化，全球的产业格局也在金融危机后开始了新一轮的结构重组，许多国家都加大了新兴战略产业的投入。发达国家利用技术的优势开辟着朝阳产业的新领域，新兴市场国家也逐渐调整以前过度倚重传统产业和单纯追求国内生产总值（GDP）的发展模式，在低碳经济、绿色经济、数字经济等时尚领域加大政策扶植力度。信息技术的应用促进了全球资源的优化配置和发展模式创新，对政治、经济、社会和文化的影响愈加深刻，围绕新一代移动通信（4G）技术及其应用的国际竞争亦日趋激烈。在 4G 网络的建设过程中，政府积极的推动成为各国开展长期演进（long term evolution，LTE）网络部署最为重要的驱动力，尤其是日本政府的政府意志对通信行业固定资产投资的干预最为明显。其主要因素在于，4G 产业建设确实能够成为刺激经济发展的催化剂。

1980 年以来，我国通信业呈现蓬勃发展的可喜局面。工业化、城市化、消费及信息化的发展不断催生对通信基础网络的需求，通信产业成为改革开放以来发展最快的基础产业之一。我国已初步建成覆盖全国、通达世界、技术先进、业务全面的国家信息通信基础网络，4G 试商用已经开始，大规模商用在即。伴随着市场逐步开启的是移动通信业的迅速发展，到 2012 年，我国移动通信业业务收入 7 933.8 亿元，电信固定资产投资 3 613.8 亿元。

## 第一节 北京移动通信（4G）产业具有明显的优势

北京属于我国一线城市，拥有庞大的现有网络和用户规模，孕育着规模巨大的通信

---

① 本章由赛迪顾问股份有限公司课题组完成，王武军研究员担任课题负责人，王漪、陈畅、陈文基、殷继旺参加了研究工作。

基础设施服务市场。北京云集了爱立信、小米科技等国内外领先的通信设备和终端生产企业，产品涵盖交换机、通信基站设备、传输网设备、路由器、移动智能终端设备等关键环节产品。北京以产业园区为基点建立了多个移动通信产业集群，从产业链的纵向和横向突破单个企业的发展瓶颈，形成了上下游联动的聚合式产业联盟，对链条上的每个环节都实现了竞争力的提高和技术上的突破。

## 一、移动通信（4G）产业核心技术标准的引领者

北京在移动通信（4G）产业领域内的优势十分明显，并且始终处于国内发展领先的第一梯队。主导我国移动通信技术标准制定的中国移动技术研究院总部中国移动技术标准化工作的主要承担者，在创新业务和创新原型产品方面有着较强的前瞻性技术研究和现网技术支撑实力。移动互联网和新一代移动通信产业是北京六大产业集群之一，在移动通信技术自主创新和应用产业化、商用化的发展中也发挥了强大的辐射带动作用。

## 二、以产业基地为核心构建完善的移动通信（4G）产业链

北京拥有移动互联网产业集群（中关村）、通信产业基地（亦庄硅谷）和3G应用产业示范基地（石景山区），同时也聚集了大量的互联网企业、独立软件提供商，在手机游戏、手机视频、移动电子商务、移动阅读、移动定位服务（location based services，LBS）、移动支付、移动搜索、社会性网络服务（social networking services，SNS）等众多移动互联网应用领域拥有数量领先全国的龙头企业，实现了从上游的芯片制造、移动终端，到中游的移动应用、移动安全、移动支付等，再到下游的移动互联网咨询全覆盖，构建了完整的移动互联网产业链条。

## 三、北京是全国重要的通信产业研发创新基地

北京云集了众多知名高校和科研院所，在4G技术标准制定和核心技术研发等方面的领先优势最为明显。2011年年底，北京启动了"北京新一代移动通信技术及产品突破工程（4G工程）"，在4G标准制定、芯片设计、设备研制等方面聚集科技资源优势，推动了北京在4G时代领跑全国，并带动了北京物联网、空间信息及内容服务等相关产业发展。北京具备较为完整的移动通信产业链条，产业链中的多个环节的核心企业及运营商均在北京设立总部及研发中心，包括众多运营商、软件提供商、内容服务商及跨国公司的总部。北京是全国移动通信产业的战略策源地、最佳的品牌塑造和传播基地，占据了产业的制高点。

# 第二节 移动通信（4G）产业对北京发展的战略性推动作用

## 一、启动新的经济增长极

### （一）移动通信（4G）产业拉动通信产业发展

电信产业在邮电行业中占据主要地位，2008 年以来，电信产业对邮电行业增长率的贡献值大幅度上升，主要原因是第三代移动通信（3rd-generation，3G）产业进入发展阶段，4G 产业将从 2016 年进入发展阶段，并对通信产业的高商业价值产生回报。

### （二）移动通信（4G）产业促进第三产业结构升级

电信业虽然在第三产业中占据的比例不大，但是对第三产业增长的贡献率却达到了10% 甚至更高。结合 4G 产业对产业链拉动作用的分析可以推测，移动通信（4G）产业的发展将对第三产业结构升级起到更大的作用。

### （三）信息消费边际效应更为显著

通过构建生产函数模型分析得出，每消耗 1 亿元的固定资产投资，对 GDP 的边际贡献仅为 0.999 4 亿元，而每消耗 1 亿元的信息，对 GDP 的边际贡献为 1.87 亿元，后者约是前者的两倍。

### （四）移动通信（4G）产业拉动 GDP 增长

通过构建带拐点的线性回归模型分析得出，2006 年 3G 产业进入启动阶段后，北京电信业务量的增速平均每年提高 109.08 亿元。基于 3G 的数据规律，我们预计北京2014 年进入启动阶段的 4G 产业，至 2020 年，将使电信业务量增加近 3 000 亿元，对GDP 的拉动总额近 6 000 亿元。

## 二、推动北京信息化建设

信息化指数法（index of information）是分析一个国家或地区社会信息化水平的测度方法，可以宏观地显示社会信息化程度的纵向趋势并进行横向比较。我国自 2011 年宽带建设大幅度跃进后，互联网用户大量增加，电子书、网络邮件、网络电话和网络会议的用户量增多，致使平均每百人定有报刊数及电信业务量降低。与此同时，各种通信服务收费水平不断降低，致使邮电业务总量已经不能全面反映我国的信息量。为了客观反映我国当前的信息化程度，本报告通过对信息量、信息装备水平和信息主体三个一级指标的综合考虑分析，确定北京信息化指数的分割点为 2006 年。以 3G 产业对北京信息化指数的影响为参照，我们预计北京开展 4G 产业后，信息化指数平均每年增加 30 左右，超过之前的 16.27。

## 三、推动北京工业转型升级

信息化使北京传统工业产生质的飞跃，加大信息化改造力度、提高信息传输质量和速度，可以充分发挥信息技术、信息资源的优势。信息化是北京高新技术产业生存和发展的基础，信息产业本身便是高新技术产业的重要领域，这一产业具有极强的渗透性和融合性，其产品和服务可有机地渗透于工业化的各个领域，使之产生倍增的效益，是所有高新技术产业所必需的配套产业。高新技术的发展提高了移动通信（4G）的信息传输质量和速度，可以充分发挥信息技术、信息资源的优势，同时也在产品设计、制造、技术标准、人力资源配置、服务体系和服务方式等各个环节均实现数字化和网络化，全面提升产业层次，提高产业的综合经济效益。

## 第三节　北京发展移动通信（4G）对区域创新具有较强的辐射作用

与所有产业相同，移动通信（4G）产业既需要输入又需要输出，形成上下游的辐射链或辐射枝，每条辐射链或辐射枝又延伸出新的链或枝，有的甚至形成新辐射源。移动通信（4G）产业辐射具有明显的地域性特征，越靠近辐射源的产业受到的影响越大，越远离辐射源的产业受到的影响越小。

## 一、对京津唐的辐射作用

（1）北京移动通信（4G）产业对天津和唐山相关产业具有辐射作用。由于天津距离北京相对唐山而言较近，天津受到影响的相关产业更多、范围更广，所受辐射强度也更大（辐射强度大小通过定性理论分析及系数估计值大小确定）。北京移动通信（4G）产业对天津的辐射作用显著地体现在移动通信终端产业、电子器件制造业工业两个方面，对唐山的辐射作用显著地体现在通信设备、计算机及其他电子设备制造业企业工业。例如，北京移动电话机产量每增加 1 万部，将带动天津电子器件制造业当期产值增加 700 万元；北京上一年移动电话机产量每增加 1 万部，将制约天津电子器件制造业当期产值 1 400 万元。又如，2013 年北京移动业务量每增加 1 亿元，对 2014 年唐山通信设备、计算机及其他电子设备制造业企业工业增加值的拉动金额为 0.39 亿元。

（2）京津唐经济圈中不同地区受北京移动通信（4G）产业的辐射范围不同，具体表现为天津受到辐射的产业数量多，且大多为紧密层和过渡层中的产业；唐山受到辐射的产业数量少，且主要是过渡层中的产业。天津移动终端制造业、电子器件制造业受北京移动通信（4G）产业的辐射作用显著，唐山通信设备、计算机及其他电子设备制造业受北京移动通信产业的辐射作用显著。

（3）北京移动通信（4G）产业对京津唐经济圈中相关产业的辐射作用具有滞后效应。例如，前两年的北京移动电话用户数量和移动业务量都会对天津移动电话机产量造成影响；北京当年及上一年的移动电话机产量都会对天津电子器件制造业产生影响；上一年北京移动业务量、移动电话用户数量及上一年天津移动电话产量会对唐山通信设备、计算机及其他电子设备制造业企业工业增加值造成影响。

# 二、对华北地区及全国的辐射作用

华北地区包括北京、天津、河北、山西、内蒙古等地，北京移动通信（4G）产业对华北地区及全国的辐射作用与北京移动通信（4G）产业对京津唐经济区的辐射作用类似。移动通信（4G）产业在北京开展后，北京移动通信产业规模将会得到大幅度提升，对上游辐射链或辐射枝上的企业产品的需求量也将大幅度增加。但受地理区域、工作场所、人员和成本的限制，距离北京越远的地区受辐射影响越小，且主要体现为技术支撑、人才培养、技术标准指导及新兴业务的推广和扩散等间接辐射。

# 第四节　北京移动通信（4G）产业发展整体战略

北京具备发展移动通信（4G）所需要的配套技术产业、人才等多方面的领先优势，拥有领跑全国的技术实力和产业环境，尤其是在 4G 技术标准制定和芯片等核心技术开发方面领先全国。但面对上海、深圳等实力较强省市的竞争，北京需要在核心技术的产品研发上实现技术突破，并有效解决核心产品设备制造能力不足的现状，保持北京在移动通信（4G）产业中的优势地位。

# 一、以业务创新作为核心驱动力

强化产业技术的创新和前瞻性研发攻关的部署，在完善移动通信（4G）产业链的同时积极推进移动应用服务的创新和产业培育；从依靠传统制造业转向依靠人才优势，发展差异化应用和创新型商业模式，开展自有知识产权的研发，推进产业结构向高端优化升级，提高产业稳定、可持续发展的能力；通过移动通信（4G）产业的发展带动多个战略性新兴产业的发展和应用，包括移动互联网、移动商务、移动政务、应急指挥、远程医疗、远程教育、文化创意等多个领域。

## 二、优化产业空间布局，明确产业分工与合作

按照不同区域不同产业链环节定位的思路，明确各区域的资源配置和空间布局，明确区域产业发展的定位，使最优质的资源和空间形态相互协调发展，由产业功能集中变为按照产业链的支撑协作关系形成多功能区域共同支撑，实现产业链上多点支撑、均衡协作的战略格局。

## 三、推进先进技术成果落地，完善产业配套支撑政策

政府应鼓励北京企业自主研发的移动通信（4G）产业的新技术和新产品尽快从实验室走向市场，通过多举措发挥产业园区创新型孵化企业的创新技术培育功能；通过政府示范、展会推荐、参与国际交流等多种渠道实现企业科技成果嫁接；推进北京产业园区和科研院所等高新技术研发基地的互动，通过技术转移促进企业引进更多的科技成果并实现落地转化。

# 第五节　对策建议

## 一、引导集群内产业链重心上移，培育产业创新能力

加大力度发展分时长期演进（time division long term evolution，TD-LTE）终端的基带芯片和整机制造产业，促进产业化进程，引导用户，尤其是高端用户向 LTE 迁移。在终端制造产业加速商业化进程的同时，还需要以业务创新为目标规划整体的产业集群发展战略，其实质是提升手机产业链的发展重心：要由"硬"到"软"，即由单纯注重终端生产制造转移到更加注重软件应用创新上来。

## 二、加快核心技术和自有标准的开发，拓展移动通信（4G）典型应用区域

移动通信（4G）产业为新业务和新应用的发展提供了强大的网络基础，从而使终端设备厂商和整机设计企业对上游元器件企业提出更高要求。包括基带处理器、大容量内存、射频芯片等核心元器件的设计和集成精度等要求越来越高，上下游研发、制造的配合成为目前业界首要关注的问题。以大唐移动为代表的本土企业在 TD-LTE 4G 标准中掌握着大量核心专利，北京应把握机遇，推进 4G 标准的 TD-LTE 规模试验网的商业化进程，并争取在高标准的用户、高带宽业务体验和高质量网络性能示范方面成为全国的示范性城市。政府应发挥引导作用，推动 TD-LTE 智能终端的商用进程，并进一步

推进移动通信（4G）技术在医疗卫生、应急交通、旅游服务、城市管理、智慧城市等方面的应用，拓展 TD-LTE 示范网的示范覆盖行业。

## 三、发挥产业链的协同效应，推动区域一体化进程

充分利用首都经济圈的辐射优势，加强区域合作与产业链上下游的协同开发，布局产业链的核心高端环节，在更高层次和更大空间内推动北京移动通信（4G）产业的布局和生态圈的完善，提升北京的竞争力和影响力。北京要利用自身高端技术人才优势，在 TD-LTE 技术标准、核心的终端芯片及 LTE 无线模块芯片技术研发上实现突破。同时，也要积极引导产业沿京津唐及华北地区等对外辐射发展，推动产业化的制造业向区域内外围城市转移，支持在京的总部企业到北京周围城市建设生产和配套服务基地，实现合理的产业链分工。

## 四、建立产业联盟，打造强大的应用生态系统

移动通信（4G）网络的最大优势是网络速度优势，应用服务提供商要和运营商形成紧密互动，通过网络的提升给用户带去丰富优质的通信体验。北京要大力发展移动通信高端产业功能区和产业园区，通过设立合作投资区和产业基金、产业和技术联盟等方式，促进高科技企业间的技术合作，通过政策激励鼓励研发创新活动。国内设备商在 LTE 领域国际竞争中，应该从目前 3G 发展中汲取经验。中兴、华为、大唐移动、中国移动等重要的设备商、运营商近年在 LTE 方面投入了巨大的人力物力。其在 LTE 产业后续发展中，应该明确未来目标，组建专利池、专利联盟或加入现有国际专利联盟，以消除专利壁垒，提高自身在专利谈判中的话语权。

# 第二十八章　北京能源消费与碳排放现状、预测及低碳发展路径选择[①]

**内容概要：** 随着全球气候变化问题的不断升温，城市低碳发展在国际上越来越受到关注。在经济高速发展的背景下，如何保持能源消耗和二氧化碳排放处于较低的水平，已成为世界各主要城市发展过程中遇到的共同问题和共同追求。本报告在梳理国内外城市低碳发展实践的基础上，着重分析了北京能源消费与碳排放现状及未来发展趋势，对工业、交通、建筑三大重点领域的能源消费碳排放状况进行了深入研究，探讨了北京低碳发展战略和路径选择。

## 第一节　国内外城市积极探索和实践低碳发展模式

自 2003 年英国能源白皮书《我们能源的未来——创建低碳经济》最早提出"低碳经济"开始，与低碳相关的各种命题受到广泛关注。欧洲、北美、亚洲等国外发达国家乃至我国一些先试先行的城市均在城市发展战略中融入了低碳化的发展目标。

## 一、伦敦加强和完善碳交易体系

英国在碳交易方面具有先发优势，早在 2002 年就自发建立了碳交易体系，早已成为全球最重要的碳交易中心。2006 年欧盟通过交易所交割的碳交易量中，有 82% 来自英国伦敦，2010 年伦敦在全球二氧化碳排放许可的交易中占有 75% 的份额。如今，伦敦还计划尝试在碳管理、碳审计、碳测量和碳的计算系统方面，为碳管理提供一系列低碳金融管理方案。伦敦政府为构建低碳城市，提出一系列能够在 2025 年之前令该市二氧化碳排放量每年减少 1 960 吨的措施。

## 二、东京都实施低碳城市建设计划

东京都开始低碳城市建设始于 20 世纪 70～80 年代的公害治理，特别是 90 年代初开始的垃圾治理活动，其发展历程主要有 1987 年制订《东京都环境管理计划》、1992年制订《东京都地球环境保全行动计划》、1995 年制订《东京都防止全球变暖对策地区

---

① 本章由北京工业大学循环经济研究院课题组完成，李云燕副教授担任课题负责人，郭建鸾、庄贵阳、张菁菁、崔铁宁、郭秀锐、羡瑛楠、王静、赵国龙、张彪参加了研究工作。

推进计划》，但最关键的低碳城市发展建设时期是 21 世纪。例如，2000 年东京都正式成立了环境局，提出了"绿色东京计划"；2002 年制订《新东京都环境基本计划》，2006 年之后先后提出的《东京都可再生能源战略》《十年后的东京——东京在变化》成为东京都低碳城市建设的宏观战略。其中，《东京都可再生能源战略》强调新能源的开发使用，以替代传统的高碳能源，并大胆提出到 2020 年把可再生能源占能源总消耗量的比例提高到 20%。为此，东京都十分重视第二代生物柴油燃料（bio-diesel fuel）开发、公交巴士燃料电池化、东京都沿海风力发电、废弃物发电、太阳能发电，并且全面探索海洋温差发电、潮汐发电及波浪发电等可再生能源。

## 三、纽约建立城市排放清单

纽约在城市低碳发展方面也处于领先地位，其人均碳排放水平远远低于美国其他城市和美国的平均水平。纽约市规划委员会于 2005 年开始组织编制《纽约市（2006—2030 年）城市总体规划》，提出到 2030 年全市要额外减少 30% 的温室气体排放，即减少 4 870 万吨二氧化碳的排放。纽约还建立了城市排放清单，对城市范围内的碳排放进行测算与统计，通过设定基年排放基准线水平，为低碳发展战略的制定提供有效的客观依据。2007 年 4 月，纽约第一次公布了城市温室气体清单，为城市减排目标的制定设定了基准。以 2005 年为基年，到 2030 年之前，城市排放水平比基年下降 30%；市政部门运营的排放到 2017 年比 2006 财政年度减少 30%，这一精确的减排目标为低碳城市发展战略及措施提供了衡量标准。

## 四、国内城市低碳发展实践

我国低碳城市建设相对起步较晚，但进展迅速。2010 年 7 月，国家发展和改革委员会公布了《关于开展低碳省区和低碳城市试点工作的通知》，明确在我国"五省八市"开展低碳城市建设。到目前为止，我国已确定了 6 个低碳试点省区，36 个低碳试点城市，低碳试点已经基本在全国全面铺开。尽管众多的地区开始低碳发展的尝试，但发展程度参差不齐，发展模式也各不相同，大到国家级、省级的低碳示范区，小到低碳乡村、低碳社区，部分地区实施综合型的低碳规划，部分地区则重点致力于新能源、低碳产业的发展。这些城市或地区的低碳发展经验及其推广价值还有待实践的检验，存在的问题也需要在发展中不断加以解决。

## 第二节　北京能源消费与碳排放现状及未来趋势

## 一、能源消费和碳排放取得积极成效

北京人口增长迅速，地区生产总值持续增长，能源消费总量快速增加，由 2000 年的 4 144 万吨标准煤增长到 2012 年的 7 177.7 万吨标准煤。能耗强度呈逐年下降趋势，由 2001 年的 1.311 吨标准煤下降到 2012 年的 0.436 吨标准煤。第一产业能源消费量变动不大，基本在 100 万吨标准煤左右；第二产业能源消费量基本持平，2012 年为 2 426.1 万吨标准煤；第三产业能源消费量迅速增长，从 2000 年的 1 080.9 万吨标准煤增长至 2012 年的 3 252.1 万吨标准煤，年均增长率达 9.7%。生活能源消费量急剧增加，从 2000 年的 533.5 万吨标准煤增长至 2012 年的 1 398.7 万吨标准煤，年均增长率达 8.41%。

全市碳排放量快速增长，由 2000 年的 10 194.2 万吨上升至 2012 年的 17 657.1 万吨。碳排放强度呈逐年下降趋势，由 2001 年的 2.946 吨/万元下降为 2012 年的 1.073 吨/万元。其中，第一产业碳排放强度下降缓慢，2012 年为 1.914 吨/万元；第二产业碳排放强度下降幅度较大，由 2000 年的 5.143 吨/万元下降至 2012 年的 1.535 吨/万元；第三产业碳排放强度有所降低，由 2000 年的 1.270 吨/万元下降到 2012 年的 0.645 吨/万元。

随着北京森林面积和绿化覆盖率的增加，森林资源的碳储量也在增加，碳汇能力不断增强。北京森林面积由 2005 年的 619 243.2 公顷，增加到 2012 年的 691 341.1 公顷；城市绿化覆盖率由 2000 年的 36.5% 增加到 2012 年的 46.2%，林木绿化率由 2000 年的 42% 增加至 2012 年的 55.5%；2006 年碳储量为 845.1 万吨，2012 年达到 933.31 万吨。

## 二、未来能源消费与碳排放面临总量控制和结构调整的双重压力

经济发展使能源消费碳排放的结构发生显著变化。到 2020 年，北京居民消费水平将达到 86 862 元/人，城市进入加速成长阶段，第二产业比例不断下降，基本达到工业化成熟期。到 2022 年第三产业的比重将超过 80%，北京城市化将进一步发展。未来十年，北京能源消费碳排放量将持续上升，且工业、交通、服务业和居民消费等将成为能源消费碳排放量持续上升的主要因素。

能源消费及碳排放量压力将进一步增大。到 2020 年北京能源消费总量将达到 10 985 万吨标准煤，是 2012 年的 1.53 倍；万元 GDP 能耗为 0.189 吨标准煤，比 2012 年减少 56.7%；碳排放总量 22 944 万吨，比 2012 年碳排放量增加 29.9%；万元 GDP 碳排放量 0.344 6 吨，比 2012 年减少 65.1%；第三产业碳排放量将进一步增加，第一产业、第二产业碳排放量将逐步减少。北京市进一步减排的空间狭小。

碳汇能力亟待进一步加强。与直接减排措施相比，增汇措施不仅可以达到间接减排的效果，获得巨大的综合效益，而且操作成本低、易施行，可以说是应对气候变化进程中最为经济、现实和有效的手段，因此发展城市森林碳汇成为最为重要的

碳汇形式。2013~2022 年北京城市绿化覆盖率将不断增加，由 2012 年的 46.2％
增长到 2020 年的 51.8％，但增长比较缓慢。

## 第三节　北京低碳发展面临的主要问题与挑战

### 一、发展低碳工业

北京能源消费量较高的几个行业主要为石油加工、炼焦和核燃料加工业，电力、燃
气及水的生产和供应业，非金属矿物制品业，化学原料和化学制品制造业，交通运输设
备制造业，其能源消费量占工业能源消费量比重依次为 24.81％、19.34％、10.34％、
6.96％、5.11％。能耗强度最高的行业为石油加工、炼焦和核燃料加工业，2012 年其
能耗强度为 4.121 1 吨标准煤/万元。

### 二、发展低碳交通

北京交通运输行业能源消耗量持续上升，占北京市能源消费总量的比重快速增加，
2012 年交通能耗 1 235.1 万吨标准煤，占全市能源消费总量的 16％左右。北京出行方
式发生了很大变化，机动车拥有量由 2005 年的 246.1 万辆增长到 2012 年的 520 万辆，
年增长率为 11.2％。其中，私人汽车由 2005 年的 154 万辆增长到 2012 年的 407.5 万
辆，年增长率为 14.9％。北京六环内中小汽车的二氧化碳排放量占到 70％左右，而轨
道交通的二氧化碳排放量仅为 3％~7％。

### 三、发展低碳建筑

北京各类建筑面积都呈逐年上升的趋势，尤其是城镇住宅面积和公共建筑面积
的增加最为明显。2012 年城镇住宅建筑面积是 1995 年的 3.5 倍，公共建筑面积也
增长了 1 倍多。建筑采暖和运行耗电是建筑能源消耗量中最主要的两项，能耗合计
接近建筑能源消费总量的 70％，达到全社会能源消费总量的 30％以上。2012 年建
筑用能和碳排放总量分别为 3 382.82 万吨和 9 917.11 万吨，建筑用商品能源总量
达到了全社会能源消耗总量的 40％，并且逐年增加。2012 年建筑用商品能源总量
比 2005 年增加了 42％，碳排放增加了 60％。据预测，2020 年城镇民用建筑能耗
需求总量为 4 360.5 万吨，比 2012 年增长 28.9％，二氧化碳排放量为 10 726.8
万吨。

## 第四节　北京低碳发展战略的路径选择

### 一、编制低碳发展规划，深化能耗考核机制

按照北京低碳发展的理念和目标要求，编制北京低碳发展规划，确定低碳发展目标和任务，深化能耗考核机制，实行能源消费总量和能耗强度"双控"考核。首先，进一步完善节能考核实施办法，把能源消费总量和能耗强度目标作为区县节能目标考核和部门节能工作评价的重要内容，实行区县、部门、重点用能单位相结合的综合节能目标分解考核机制，制定完善的节能目标考核评价和行政问责制度。其次，建立覆盖整个城市的二氧化碳排放监测预警系统，有效掌握二氧化碳排放的一手数据，及时有效控制能耗的不合理增长。最后，健全工业、建筑、交通、公共机构等重点领域能耗统计，建成市、区、重点用能单位三级节能监测统计分析综合平台，实施能耗考核评价全过程管理机制。

### 二、调整能源结构，构建清洁能源体系

进一步调整能源结构并优化用能方式，坚持能源清洁化战略，构建以电力和天然气为主、太阳能和地热能等为辅的清洁能源体系。一是继续提高电力在终端能源结构中的比重，积极引进外埠清洁优质能源。到 2017 年，使电力占全市终端能源消费量的比重达到 40% 左右，外调电比例达到 70% 左右。二是继续大力发展天然气，优化利用天然气的方式。实现电力生产燃气化，加快推进东南、西南、西北、东北四大燃气热电中心建设。三是加快发展太阳能、地热能及风能、生物质能等可再生能源，建立健全多元化的能源供应体系。四是加快压减燃煤和清洁能源改造工作，逐步推进城六区无煤化和远郊区县燃煤减量化。到 2017 年，使北京燃煤总量比 2012 年削减 1 300 万吨，煤炭占能源消费比重下降到 10% 以下。

### 三、调整产业结构，深度推进工业节能

进一步加快经济结构战略性调整步伐，努力提升现代服务业占地区生产总值的比重。一要强化资源环保准入约束，制定严于国家要求的禁止新建、扩建的高能耗高污染工业项目名录，原则上禁止建设钢铁、水泥等高耗能、高污染项目，新建项目原则上采用清洁能源，不再新建、扩建使用高污染燃料的项目。二要淘汰压缩污染产能。对高耗能、高排放、高污染行业实施产能总量控制，鼓励通过兼并重组压缩产能。三要深入实施北京工业行业能效对标，加大节能技术改造力度，系统提升工业能源利用效率，使行业标准成为推动工业节能的重要工具。四要强化企业节能管理，鼓励企业建立全流程绿

色管理体系，深入实施低碳清洁生产。

## 四、大力发展低碳建筑，大幅度提高建筑节能水平

强化建筑节能，必须大力发展低碳建筑。一是严把新建建筑的节能减碳关。推进低碳建筑标准体系建设，制定一套符合北京实际的可操作的低碳建筑标准体系；加强对建筑节能设计标准执行情况的监督检查，注重从设计到实施的全过程控制；提高新建建筑节能设计标准，对新建居住建筑严格执行节能 75% 的强制性标准；健全低碳建筑技术体系，研发高效保温隔热材料，加强建筑材料的保温性，提高供暖系统的使用能效；加强建筑中的空调、采暖、通风、照明、供配电及热水供应等能耗系统节能，提高建筑节能水平；推行建筑能耗标识制度，推广低碳建筑的分级认证制度；试点推进绿色建筑示范项目，促进绿色住宅产业化发展。二是全面启动各类既有建筑节能改造。改进建筑用能结构，因地制宜推进太阳能、地热、风能、生物质能等可再生能源的建筑应用，提高建筑用能效率，降低碳排放量；广泛应用低碳建筑技术，如外遮阳、自然采光、自然通风、建筑绿化等低碳建筑设计技术；继续推进供热系统节能改造，实施供热计量改革，加快建筑用能的计量、监测体系的建设。

## 五、加快发展低碳交通，强化交通节能力度

发展低碳交通体系，建设"公交城市"。一是大力发展公共交通系统。要建立公共交通和轨道交通优先、其他交通方式辅助发展的交通模式，加大对公共交通的投入力度，力争使 2017 年中心城区公共交通出行比例达到 52%。同时，应调整公交车结构，发展新能源和清洁能源公交车辆，到 2017 年，实现新能源和清洁能源公交车辆比例达到 65% 左右的目标。二是严格控制机动车总量，减少私家车出行比例。制定并组织实施更为严格的小客车数量调控措施，到 2017 年年底，使全市机动车保有量控制在 600 万辆以内。三是提高机动车能耗效率。进一步提高新车排放标准，研究推动实施机动车新车第六阶段排放标准。四是推动机动车结构优化调整，提高新能源、清洁能源车的使用比例，积极为电动汽车、油电混合动力车等提供相关税费优惠和配套服务设施。五是完善机动车排放检测管理，对全市机动车检测场监测过程实施在线监控，整合监控数据，实现机动车排放可视化动态网络监管。

## 六、开发推广低碳技术，促进低碳清洁生产

积极研究开发并推广应用包括能源高效利用技术、减量化技术、新材料技术、替代能源技术、再利用技术、资源化技术、生物技术、智能电网技术等在内的低碳技术，有效发挥先进技术在节能减排中的特殊作用，促进清洁生产，提高能源附加值和使用效率，保障能源供应安全并控制碳排放；将不同类型的低碳能源技术广泛应用于工业、建

筑、交通、农业等领域；通过政策引导和信息服务等手段，鼓励企业加快研发和消化吸收低碳技术；鼓励高校、科研院所与龙头企业、行业协会等联合开展重大共性低碳技术的科研攻关等。

## 七、全面提升生态环境功能，增强碳汇能力

以提升生态服务功能为核心，全面扩大绿化空间，整体提升城市绿化水平。一是要巩固山区绿色生态屏障体系。加强以门头沟、平谷、怀柔、密云、延庆五个区县及房山、昌平的部分地区为核心的约占全市总面积70%区域的生态涵养区建设，巩固首都绿色生态屏障，增强森林生态系统的综合服务功能。二是构筑平原绿色生态网络体系。结合道路建设、流域治理、矿区生态恢复等重点工程增加绿地面积，沿主干道路、大中河道及部分铁路线改建通道绿化带，完善一批绿色生态景观走廊；加强城市绿色缓冲带建设，提质增效第二道绿化隔离带，大力推进沟通市区与郊区的楔形绿地建设。三是要完善城市绿色生态景观体系。加强城镇人工生态系统建设，提高城市自身的生态功能；推动大尺度城市森林建设，构建完善的城市公园体系。

## 八、完善碳排放权交易规则，发挥碳交易市场的作用

进一步完善碳交易相关法规政策和配套实施细则，强化对碳交易的认知和碳资产的管理能力，积极构建碳交易信息发布和供需平台，加强对碳市场运行的跟踪服务，提高碳交易的规模数量和碳市场的运行效率。探索建立北京"碳源—碳汇"交易制度，推动北京各地区碳源和碳汇交易。对区县的碳源、碳汇进行核定，对碳平衡状况做出统计，并以此为依据建立北京"碳源—碳汇"交易制度。碳排放量高的城市核心区在享受生态效益的同时，应拿出一部分经济效益，对碳汇贡献大的生态涵养区进行补偿。

## 九、建立健全促进北京低碳发展的财税政策体系

建立健全促进北京低碳发展的财税政策体系，首先要健全低碳发展财政投入政策，加大财政预算资金投入，在节能减排、清洁能源开发、低碳技术研发、低碳产业发展等领域，形成稳定的多元化资金投入。其次，运用财政补贴政策鼓励企业实施低碳清洁生产。通过财政补贴，补偿生产企业节能改造的费用，引导和鼓励企业节能减排；对清洁生产、开发和利用新能源、废物综合利用等项目进行贷款贴息；对环保低碳等项目，在贷款利率、还贷条件和折旧政策等方面给予补贴优惠；对使用清洁能源企业实行价格补贴。尝试通过对部分高碳排放行业征收碳税，完善关于降低碳排放的税收优惠政策。对从事低碳技术研究和成果推广的企业给予税收支持，实行技术转让收入税收减免、技术转让费税收扣除、引进技术的税收优惠等。

# 十、倡导低碳生活理念，践行低碳消费方式

北京生活消费领域的节能减排作用举足轻重。生活消费的节能减排主要通过倡导低碳生活理念，践行低碳消费方式来实现。推动全社会对低碳生活理念和低碳消费方式的倡导，要加大对相关低碳政策的解读和宣传力度，争取全社会对低碳生活政策的理解和支持，切实提高公众绿色出行、低碳生活的主动性和积极性。通过宣传教育，让民众对低碳生活有形象化、具体化的认知，如让民众知道自己每天的出行、居家、消费、办公等哪些行为会造成碳排放增多，自觉地减少碳排放。

# 第二十九章　北京生物医药领域投入产出效率分析[①]

**内容概要**：生物医药产业是全球高新技术产业竞争的焦点，也是我国战略性新兴产业的重点选择。《"十二五"国家战略性新兴产业发展规划》明确指出，生物医药产业必须以研发创新驱动企业发展。2010年4月，北京启动了G20工程，通过强化创新驱动实现产业从"小、散、弱"向"高、聚、强"转变，2012年产业规模突破千亿元，创新驱动效应进一步凸显。本报告通过分析近十年来北京生物医药产业投入产出效率，指出了存在的问题，提出了产学研用相结合引导企业加大创新投入、构建创新环境、提升产业创新效率的对策建议。

## 第一节　北京生物医药领域投入产出效率分析概述

### 一、北京生物医药领域运行概况

2003~2012年，随着医药卫生体制改革稳步推进、人口老龄化进程加速、城镇化步伐逐渐加快及城镇居民人均可支配收入水平不断提高，北京生物医药领域呈现快速发展态势。从运行指标来看，十年实现增加值千亿元，达到1 349.9亿元；年均增长速度为15.2%，高于全市工业平均水平5百分点；规模以上工业比重从2003年的5.3%上升到2012年的8.5%；主营收入利润率基本保持稳定，从2003年的14.9%增长到2012年的16.7%；就业人数由2003年的4万人增长到2012年的7.8万人。

从生物医药领域增加值的变化趋势可以看出（图29-1），在经历了2005~2008年的高速发展后，生物医药领域增长态势逐渐回归到稳定快速的增长水平。在规模以上工业增速平稳回落的背景下，社会人口老龄化以及农村人口城镇化等客观因素保证了医药需求的稳定性增长，生物医药领域市场增长动力依然强劲。但受药品降价政策延续、医药贿赂调控力度加大及市场竞争加剧的多重影响，行业增速或将面临放缓压力。

---

① 本章由北京生物技术和新医药产业促进中心课题组完成，张泽工研究员担任课题负责人，北京市统计局的周博、贾海洁、李珊珊、北京生物技术和新医药产业促进中心的程伟、高颖、张雅丽、易香华、冯昊、朱修篁、宣文洋参加了研究工作。

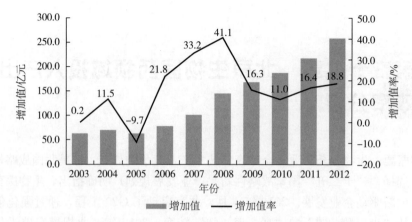

图 29-1    2003～2012 年生物医药领域增加值和增加值率情况

# 二、生物医药领域投入产出影响因素分析

基于产业组织学中的 SCP（structure-conduct-performance，即结构-行为-绩效）范式理论，产业结构、企业行为、经济绩效三者之间存在因果关系，产业结构决定产业内的竞争状态，从而决定企业的行为及其战略，最终决定企业的绩效。本报告在 SCP 范式理论的基础上，拟结合生物医药产业要素投入、研发效率和制度环境等五个维度，分析生物医药领域投入产出效率的特点和症结所在（图 29-2）。

图 29-2    生物医药领域投入产出影响因素示意图

## （一）产业结构，通过研发投入间接影响产出效率

从生物医药领域的产业结构来看，化学药、医疗器械、生物医药和中药是生物医药领域发展的主要力量。其中，化学药凭借其突出的品牌优势和较高的规模优势，在生物医药产业份额中位居首位。根据贝恩分类法，北京生物医药领域形成了以化学药为主要力量的竞争型产业。为增强竞争力，众多生物医药企业一部分通过加大研发投入、提升研发效率的途径开发新产品，另一部分通过改进流程工艺、降低生产成本的方法扩大市

场份额。高度竞争的市场结构对投入产出效率的影响，更多是通过影响研发投入来实现的，从而间接影响产出效率。

## （二）所有制，高外向性有望提升"技术溢出"效应

2003～2012 年，股份制和三资企业年均增长速度分别为 17.7％和 18.6％，分别快于生物医药产业平均水平 0.7 百分点和 1.6 百分点。2012 年，股份制和三资企业在生物医药领域的比重高达 97.9％，比 2003 年提高了 7.9 百分点，成为生物医药领域的绝对领军力量。随着所有制环境外向性的增强，跨国企业技术溢出[①]效应和先进的管理经验有望进一步提高生物医药产业投入产出效率的整体水平。

## （三）要素投入，资本投入对生物医药产业增长贡献较大

科技进步对经济增长的贡献率或全要素生产率（total factor productivity，TFP）一般是划分粗放型和集约型两种增长方式的主要依据，国际上使用的定量标准之一是科技进步贡献率。科技进步贡献率小于 30％的为粗放型，30％～50％的称为准集约型，50％以上为集约型，达到 70％以上为高度集约型。

基于新古典增长理论的经典柯布-道格拉斯生产函数模型，结合 2003～2012 年生物医药领域相关数据，2003～2012 年北京生物医药领域要素投入对经济增长贡献率测算结果如表 29-1 所示。

表 29-1　2003～2012 年北京生物医药领域要素投入对经济增长贡献率（单位：％）

| 年份 | 全要素生产率贡献率 | 资本贡献率 | 劳动贡献率 |
| --- | --- | --- | --- |
| 2003～2012 | 17.2 | 69.3 | 13.5 |
| 2003～2007 | 9.0 | 77.9 | 13.1 |
| 2008～2012 | 22.7 | 63.1 | 14.2 |

根据模型测算结果，我们得出以下结论。

总体来看，生物医药经济增长方式仍较为粗放，十年来其高速增长的主要推动力是资本投入，属于典型的资本驱动型增长模式。全要素生产率对产业发展的贡献率为 17.2％，比资本要素投入的贡献率低 52.1 百分点，比劳动要素投入的贡献率高 3.7 百分点，表明资本对生物医药领域增长的作用居于首要且决定性的地位，知识和劳动力的作用较弱。

分阶段看，2003～2007 年，生物医药领域增长主要依赖资本的投入，其对经济增长的贡献率达到 77.9％，全要素生产率的贡献率尚不足 1 成。2008 年以后，随着生物医药技术的更新换代和产业规模的不断壮大，虽然资本投入依然占据重要地位，但全要素生产率对产业发展的作用明显提升，对经济增长的贡献率达到 22.7％，比 2003～

---

① 跨国公司是世界先进技术的主要发明者和供应来源。跨国公司通过对外直接投资实现技术转移的行为会给东道国带来外部经济，即技术溢出。

2007 年提高 13.7 百分点，表明经济增长方式有了较大改善。

综上所述，十年来生物医药的经济增长绝大部分是资本投入贡献的结果，这也符合该领域迅猛发展的现状。同时，根据劳动生产率年均增长速度慢于增加值增长速度 7 百分点的数据资料，从业人员数量的增加弱化了经济增长的成果，这也进一步表明人力资本、技术进步和产业结构调整的优势远未发挥，而这也可能是全要素生产率对产业增长贡献较低的原因。因此，为避免生物医药领域发展过程中高投入、低产出、高消耗、低效率等问题的衍生和深化，我们亟须研究并提高各要素投入产出效率水平。

### (四) 研发效率，生物医药领域研发投入产出特点分析

北京是我国重要的科研基地和最大的科技人才聚集地，整体科技实力居全国之首。2011 年，全市拥有国家级大学科技园 14 个，科技企业孵化器 30 个，全年成交技术合同额达 1 890.3 亿元，占全国的 39.7%。

研发投入的特点：一是研发投入主要来自企业自筹。从研发的资金来源上看，生物医药领域研发经费支出中仅有 4.2% 来源于政府资金，94.8% 来源于企业，企业自筹资金比例高于规模以上工业平均水平 6.8 百分点。二是企业研发资金偏重自主研发。2008 年以来，全市生物医药领域企业自主研发和委托外单位开展科技活动经费支出比例基本保持在 9∶1 的水平上；2012 年北京生物医药领域研发经费外部支出在科研经费总支出中占 11%。

研发产出的特点：一是科技成果呈现稳步增长态势。从企业研发水平来看，北京生物医药企业申请专利数量从 2008 年的 609 项增长到 2012 年的 949 项，年均增长速度达到 11.7%。二是研发成果市场表现不一。从技术市场的交易单价和份额判断，中央在京院所、高校输出的技术合同在企业生产、医疗应用中发挥的作用逊色于企业研发的技术成果，"产" "学" 研究成果市场认可程度差距较大。科研院所科技成果 "夹生" 难消化，市场走向不看好，企业与高校研发成果市场表现不一的现象值得关注。

### (五) 制度环境，政策变革是企业研发决策的重要影响因素

随着我国加入世界贸易组织 (The World Trade Organization，WTO) 和医疗卫生体制改革的不断深入，国外知名医药企业逐步向国内医药市场进军，市场竞争环境较为严峻。2010～2011 年，在国家医保目录和各省医保补充目录产品确定和药品定价政策出台前后，生物医药企业产品生产战略不断调整。由于研发环节与市场竞争、流通体制机制等诸多环节紧密相连，政策变革将对企业的长期研发决策产生一定影响。

## 第二节　北京生物医药领域投入产出效率的测度

进行北京生物医药领域投入产出效率的测度研究时，首先要将生物医药产业，通用设备制造业，汽车制造业，电气机械和器材制造业，计算机、通信和其他电子设备制造业，仪器仪表制造业分别作为生产决策单元，以反映北京高技术产业的科技转化效率状

况。其次要将 2008 年至今的每一年的生物医药产业作为一个生产决策单元，观测生物医药产业科技转化效率的动态变化趋势及特点。

研发人员的数量是企业技术创新能力的重要体现，因此我们选取研发人员数（Input₁）反映研发人员投入水平。研发经费内部支出能够反映企业对研发活动的重视程度，是衡量产业、地区及国家科技实力的国际通用指标，因此，我们选取研发经费内部支出（Input₂）作为研发资本投入的指标。另外，我们还选取利润总额（Output₁）、增加值（Output₂）及劳动生产率（Output₃）作为技术创新产出的计量指标。

实证结果表明，与其他五大重点产业相比，生物医药产业的科技成果转化有效率高（其值为1）（表 29-2）。相比之下，除汽车制造业和仪器仪表制造业外，其他三大行业处于低效状态，而生物医药领域在科技转化效率方面则相对居于领军位置。

表 29-2　2012 年重点工业行业技术效率得分

| 产业 | 效率值 | 规模效率 | 规模报酬 | 纯技术效率 |
| --- | --- | --- | --- | --- |
| 生物医药 | 1.000 0 | 1.000 0 | 不变 | 1.000 0 |
| 通用设备制造业 | 0.872 3 | 0.998 8 | 下降 | 0.873 4 |
| 汽车制造业 | 1.000 0 | 1.000 0 | 不变 | 1.000 0 |
| 电气机械和器材制造业 | 0.697 0 | 0.996 7 | 下降 | 0.699 3 |
| 计算机、通信和其他电子设备制造业 | 0.369 3 | 0.777 1 | 下降 | 0.475 3 |
| 仪器仪表制造业 | 1.000 0 | 1.000 0 | 不变 | 1.000 0 |

就生物医药领域 2008～2012 年技术效率得分的动态发展情况来看（表 29-3），生物医药的效率得分总体趋近于 1 且较为稳定，效率得分在 [0.934 6, 1] 浮动。

表 29-3　2008～2012 年生物医药产业技术效率得分

| 年份 | 效率值 | 规模效率 | 规模报酬 | 纯技术效率 |
| --- | --- | --- | --- | --- |
| 2008 | 0.936 1 | 0.999 8 | 下降 | 0.936 2 |
| 2009 | 1.000 0 | 1.000 0 | 不变 | 1.000 0 |
| 2010 | 0.934 6 | 0.966 4 | 下降 | 0.967 1 |
| 2011 | 1.000 0 | 1.000 0 | 不变 | 1.000 0 |
| 2012 | 0.955 3 | 0.955 3 | 下降 | 1.000 0 |

2012 年北京生物医药产业的低效率属于规模低效：这类低效完全是由规模低效造成的，而纯技术效率有效，即纯技术效率值为1。因此，这类行业要达到有效就需要提高规模效率，要么是减小规模，要么是扩大规模达到规模经济。

2008 年和 2010 年北京生物医药产业科技转化效率低都属于纯技术和规模同时低效率（图 29-3），也就是说，此类行业的纯技术效率值和规模效率值都没有达到1。因此，要提高这类行业的效率，必须同时从技术能力和经营规模两方面着手，根据产业链发展情况，通过资产重组、拓展业务范围整合优质资源，提高行业规模效率，达到规模经济。同时，要注重通过技术改造与更新，进一步提升产品档次，改善企业技术效率，最终实现生物医药产业科技转化的有效性。

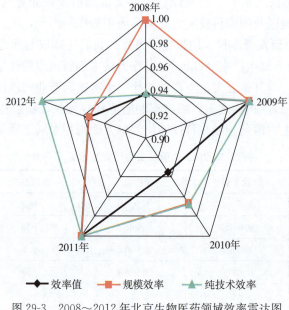

图 29-3　2008～2012 年北京生物医药领域效率雷达图

## 第三节　北京生物医药产业重点企业典型案例分析

生物医药产业的发展壮大离不开其中各个生物医药企业自身的良好发展。因此，要深入透彻地研究生物医药产业发展情况和投入产出效益，需要从研究重点企业着手，分析各个类型代表企业的发展路径。为此，课题组先针对两大生物医药行业——制造业和服务业的发展路径的共性问题进行深入探讨，然后在制造业和服务业中分别挑选出几家具有代表性的典型企业的投入与产出情况进行详尽的分析。

## 一、北京生物医药企业投入产出问卷调查说明

为深入分析近十年来北京生物医药企业的科技创新效益开展，强化政府对北京企业创新投入的引导力，本课题组设计了《北京生物医药企业投入产出问卷调查表》，并专门组织企业填写。

## 二、北京生物医药企业发展路径研究概述

通过对问卷调查返回信息进行收集和整理，课题组发现企业从创始到发展成为初具

规模、运行稳定的公司，整个发展路径大致分为三个阶段，即选择期、建设期和发展期。其中，发展期又分为三个阶段——起步期、稳定期和规模期，制造业企业以收入分别达到1亿元、3亿元和10亿元为进入发展期的标准，服务业企业以收入分别达到2000万元、5000万元和1亿元为进入三个阶段的标准（图29-4）。

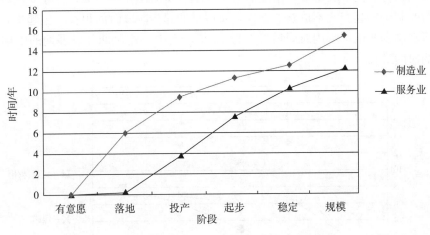

图29-4　制造业和服务业企业发展规律

## （一）制造业

总体来看，一个制造业企业从有意愿在北京发展到成长为规模较大的制造企业需要16年左右（图29-5）。相比较而言，以化学药和生物医药最长，中药和医疗器械最短。

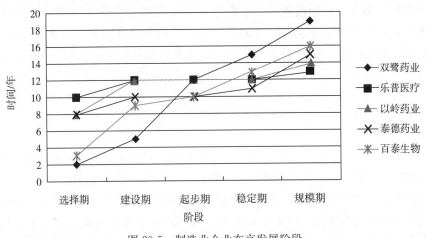

图29-5　制造业企业在京发展阶段

## （二）服务业

总体来看，一个企业从有意愿在北京发展到成长为规模较大的服务业企业需要 12 年左右（图 29-6）。外资企业保诺的特点是建设期长、发展期短；留学回国人员创办企业义翘神州的特点是发展稳健，落地后各个时期所费时间差距不大；行业专家转行成立企业昭衍受制于早起产业不成熟的条件，发展早期起步阶段时间很长，但起步后时间缩短；院所转制企业诺赛所用时间最长，为 18 年，其中，建设期和发展期的中期稳定阶段花费的时间最长。

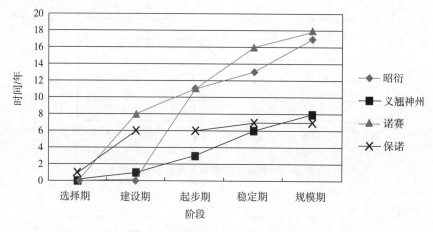

图 29-6　服务业企业在京发展阶段

## （三）从时间维度上看企业的发展过程

企业发展周期方面，制造业企业平均为 15 年，服务业企业为 12 年；单从发展期来看，服务业企业长于制造业企业，制造业企业发展期平均时间是 6 年，服务业为 9 年。从企业发展过程中的社会经济效益的角度来解释上述现象就是，服务业企业通过提供服务开展业务获得收益，其建设期较短，建设成本低，能较快进入发展期，但其发展期相对较长，即后续发展潜力较小，且企业规模相对较小；制造业企业通过生产制造相关产品，企业规模得到扩张，从而带动企业整体发展，其前期投入较大，但进入发展期后，发展潜力大。

（1）G20 工程通过改善产业环境缩短企业发展期。数据显示，无论是制造业还是服务业，企业投产的时间越早，其发展期越长，并且主要时间耗费在发展的起步阶段。这说明北京生物医药产业的成熟度逐渐升高，并且为企业的快速发展创造了条件。同时，2010年之前投产的企业的发展期（双鹭药业 14 年、泰德药业 5 年、百泰生物 7 年）长于 2010年之后投产的企业（乐普医疗 1 年、以岭药业 2 年）（图 29-7），这在一定程度上说明，2010 年启动 G20 工程以后，产业整体环境的改善对企业的发展起到了重要的推动作用。

（2）医疗器械企业、外资型服务企业、产品成熟的京外优秀企业发展期较短。乐普

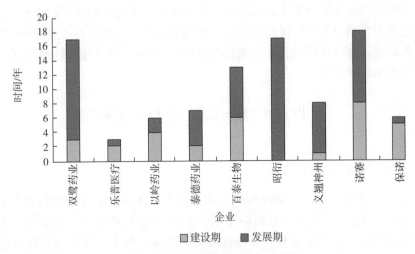

图 29-7　企业发展所用时间示意图

医疗和保诺的发展期都是 1 年，二者投产时间都是 2011 年，都是经过 1 年时间就发展到较大的规模，原因有两点：一是其投产时机较好，产业环境比较成熟；二是医疗器械相对药品的产业化速度更快，而外资企业由于经验丰富，服务产品和销售渠道成熟，一旦投产，产出速度很快。同时，产品和销售渠道比较成熟的京外优秀企业——以岭药业，在北京落地后投产当年企业规模就超过 3 亿元，2 年后超过 10 亿元。

（3）北京生物医药企业投入与产出特点分析。通过分析企业投入产出数据，课题组发现，北京生物医药企业规模有所扩大，2009 年企业投入最高为 11.9 亿元，2012 年企业投入最高为 20 亿元，是 2009 年的 1.68 倍；2009 年投入 5 亿元以上的企业只有 2 家，而 2012 年这一数值已经上升到 8 家，充分说明北京生物医药企业在短短 3 年间发展速度惊人。但从投入产出比值方面看，2009 年和 2012 年投入小于 2 亿元的企业占大多数，其投入产出比值分布在 0.2~1，而规模较大的企业的投入产出比值在 0.4~1 分布较多，说明企业规模越大，其投入产出效果会越平衡稳定。总体而言，制造业在投入上整体大于服务业，其中，生物医药和医疗器械投入较高，可能与生物医药前期研发投入较高、医疗器械造价投入较高有关。在产出上，企业发展初期，服务业企业产出率最高，但当企业发展到一定阶段后，制造业企业规模化程度越高，产出率越高。上述研究表明，服务业企业在企业发展早期投入见效快，但从长远来看，制造业企业更容易规模化，并且随着企业规模的不断扩大，其发展潜力和前景会更好。

## 第四节　北京生物医药产业发展的问题与建议

北京生物医药产业经过长期发展壮大，近十年取得不俗的成绩。制造业方面，产业规模从 141.3 亿元发展到 622.8 亿元；服务业对于整个生物医药产业发展的重要性也有所体现，成为优化调整北京生物医药产业结构的重要抓手。投入的效果必须以产出效果来衡量，高强度的投入能否带来高效益的产出是评价产业发展最现实的指标。通过上文产业整体层面和典型企业分析层面的研究，课题组发现在生物医药产业高速发展过程中存在的一些问题，针对这些问题，课题组提出了相关建议，希望能够帮助北京生物医药产业更快更好地创新发展。

# 一、北京生物医药产业存在的问题

## （一）资金总量投入不足

从资金投入总量来看，生物医药产业资金投入总体呈现逐年增长的趋势，尤其是2008年以来，增速明显提升。但相对于欧美发达国家企业来说，资金投入总量依然较少，尤其是研发经费，远远小于销售费用和其他成本费用，仅占销售收入的2.3%。研发资金投入强度可以衡量生物医药产业创新药物研发的资本投入规模，体现生物医药产业对创新药物研发的潜在支持程度，同时显示产业内企业对技术创新的积极性和创新预期的自信心。世界排名前十的跨国制药企业的研发经费能够占到销售收入的20%左右。高技术产业除了要加大资本和劳动力的投入外，更应该注重提高研发投入水平，只有以研发水平的提高为保证，企业才可以在日趋激烈的市场竞争中立于不败之地。

## （二）融资模式不够健全

融资问题已成为生物医药产业发展难以逾越的障碍。首先，生物医药企业初期由于规模偏小、实力较弱、研发风险较大，难以获得银行贷款。其次，尽管创业板市场相对主板市场对企业的入市要求低，生物医药企业初期也很难上市融资。最后，我国风险投资机制不健全、资本市场不规范，生物医药企业难以吸引到风险投资、天使基金、种子基金等。另外，虽然各级政府加大了对生物医药创新研发提供的资金支持力度，但政府资助的研发资金占资金总需求的比例仍然不大，只有少数企业可以得到财政资金资助。

## （三）研发存在双主体现象，成果转化效率低

我国真正的新药研发主体是政府所属的科研院所和高校，制药企业的研发能力相对较弱，大部分情况下，企业扮演的角色是将新药研发成果产业化。医药科技成果转化的问题在于，科研成果往往重视学术价值而忽视社会经济价值，致使科技成果不便于被吸收和转化。企业研发力量相对薄弱，且长期以来绝大部分企业都是通过粗放式的增长方式（即资金、人力的投入）来实现量的扩张，而以技术创新为主的集约式发展方式还没有成为企业发展战略的主流。造成这一现象最主要的原因在于我国过去几十年来经费的投入基本偏向于基础研究（多集中在高校和科研院所的基础研究），形成了大量低市场价值、无专利保护的实验室研究成果。而新药研发这一决定一个产品、一个企业、一个行业的核心竞争力的过程，却变成仅靠政策和资金支撑。虽然我国医药经济发展取得了

巨大成绩，但制药行业却没能形成真正意义的成果产业化。

# 二、对策建议

## （一）促进生物医药企业规模提升

2012 年 1 月 19 日，工业和信息化部发布的《医药工业"十二五"发展规划》明确指出，"十二五"期间将促进医药工业产业规模平稳较快增长，总产值将年均增长 20％，增加值年均增长 16％；力争到 2015 年，使销售收入超过 500 亿元的企业达到 5 家以上，超 100 亿元企业达到 100 家以上。技术创新的"阈值理论"和本报告的实证结果也再次支撑了这个结论：提升生物医药产业规模将更好地支撑研发需要，有利于实现产业的突破和自主创新升级。

## （二）采用"任务导向""产学研用"等方式实现政府研发导向性

由于生物医药科技创新成果研发周期长，耗用资金动辄数以亿计，企业自有资金很难独自支撑，亟须政府引导、共建。纵观发达国家生物医药成果转化经验，美国"任务导向"和日本"官产学研"模式均采用了产学研结合的创新方式，以期在缩短新技术研究和应用周期的同时加快科技成果转化。由科技部、卫生部等十部门联合制定的《医学科技发展"十二五"规划》也明确指出，"各级政府要加大对医学研究投入的力度"。因此，借鉴美国、日本等国生物医药领域的成功经验，加强政府研发的导向性作用，可从为生物医药领域的中小企业提供担保，引导投资机构对企业进行投资等途径着手，通过加大政府投入力度，提供多方融资渠道等手段，有效提高政府和企业的衔接程度，为生物医药领域的发展和研发型企业的创新起到重要推动作用，其主要方法如下。

（1）鼓励和引导企业实现二次创新。生物医药领域创新成本高、周期长和风险大的特点及企业自身资源的有限性，使得企业在长期研发投入和巨额科研投入等方面力有不逮。因此，在现阶段通过技术模仿、引进技术进行改造等方法实现技术的二次创新，可以在帮助企业发展的同时实现技术储备和技术人才的积累，最终实现原始创新，进行新药研发。

（2）加强多学科、跨学科人才培养机制的建设。产业创新发展需要有大量创新型人才作为支撑。欧美日等发达国家均采取有效方式加强多学科、跨学科人才的培养以保障国家未来科技创新的世界引领能力。我国也十分重视人才培养，但是传统教育方式培养的人才远远不能满足未来科技创新的发展需求。北京有全国最优秀、最集中的教育科研资源，虽然目前有的科研院所（如中科院）自觉与某些大学合作培养此类人才，但依然缺乏跨学科的人才培养和创业培训机制，不足以解决未来科技发展对于创新型人才的需求。因此，十分有必要学习国外的先进经验，给予专项投入经费或制订独立的教育发展计划，推动多学科、跨学科人才的培养，为未来储备科技创新人才。

# 第三十章　科技创新促进北京现代服务业发展研究[①]

**内容概要：**现代服务业是第三产业的重要组成部分，在首都经济社会发展中扮演着重要角色，也是促进第一、二产业发展的重要支撑。本报告主要分析了北京现代服务业发展的现状、创新模式和政策环境，指出了目前存在的问题，提出以科技创新提升三大服务业领域整体优势为着力点，实施"五大工程"引领现代服务业发展的对策建议和保障措施。

## 第一节　科技创新对现代服务业发展的促进作用

现代服务业是技术和知识密集型产业，科学技术特别是网络和信息技术对现代服务业的发展起着极为重要的支撑和引领作用。近年来，我国加强了现代服务业共性关键技术支撑体系、标准规范体系和科技创新体系建设，开展了现代服务业科技应用示范，提高了现代服务业科技发展水平，为现代服务业的创新发展提供了重要的技术和服务支撑。

### 一、现代服务业的内涵

现代服务业一词最早出现在 1997 年 9 月中国共产党第十五次全国代表大会报告中，是我国特有的提法，在国外尚不多见。目前，理论界对现代服务业的概念还没有形成统一的认识，本报告关于现代服务业的概念引用科技部《现代服务业科技发展"十二五"专项规划》中给出的定义：现代服务业是以现代科学技术特别是信息网络技术为主要支撑，建立在新的商业模式、服务方式和管理方法基础上的服务产业。它既包括随着技术发展而产生的新兴服务业态，也包括运用现代技术对传统服务业的改造和提升。

目前，关于现代服务业并没有统一、权威的分类体系。本报告采用北京市统计局发布的《北京市的现代服务业统计标准（试行）》的规定，认为现代服务业包括信息传输、计算机服务业和软件业，金融业，房地产业，租赁和商务服务业（剔除了代码为 73 大类的租赁业），科学研究、技术服务和地质勘查业，水利、环境和公共设施管理业（剔除了代码为 79 和 81 大类的水利管理业和公共设施管理业），教育，卫生、社会保障

---

[①]　本章由北京智识企业管理咨询有限公司课题组完成，刘芸进行了编辑。

和社会福利业（剔除了代码为 87 大类的社会福利业），文化、体育和娱乐业共 9 个门类的 22 个行业大类。

# 二、现代服务业与科技创新

## （一）现代服务业创新发展的内涵

现代服务业创新发展的内涵主要包括两个方面：一是通过包括信息网络技术为主的技术创新，为现代服务业创新发展提供强力支撑。现代服务业对技术创新的依赖既促进了技术的发展和创新，又提升了现代服务业的水平和质量，为其创新发展提供了有力支撑。二是通过技术融合和模式创新，在应用层次上实现现代服务业的跨越式发展。现代服务业通过综合应用多项技术创新成果，取得了更全面、更大幅度的技术平台优势，这一综合的技术应用体系，拓展了现代服务业活动的空间和时间范围，提高了包括个性化、安全性在内的多种服务质量，并降低了运行成本。

## （二）科技创新对现代服务业发展的作用

现代服务业的本质就是现代高科技化的服务业，当今电子商务、现代物流、电子金融、数字媒体、网络教育、数字化城市、信息安全等现代服务领域的发展无不依赖现代科技成果的应用和信息新技术的开发与支持。科技创新成为现代服务业发展的强大动力，在发展现代服务业过程中，必须高度重视现代科学技术对现代服务业的支撑作用，以科技创新引领现代服务业，充分发挥科技进步和技术创新对现代服务业的强大推动作用。

科技创新对现代服务业的发展具有较强的推动作用，具体表现如下：科技创新成为推动现代服务业发展的根本动力；科技创新提高了现代服务业的竞争优势；科技创新促进了传统服务业向现代服务业的跃升；科技创新为现代服务业的持续发展提供了有利条件。

科技创新成为推动现代服务业发展的根本动力。在服务经济发展的大环境下，国际竞争更加强调科技创新对现代服务业发展的推动作用，要积极抢占新时期发展的战略制高点。科技与现代服务业的融合发展使科技在现代服务业中的作用日趋显著，已经从后台支撑变成前台引领，移动互联网、物联网、云计算等创新应用技术成为国际科技竞争的新热点，推动新兴服务业态和新模式不断涌现，为现代服务业提供了更大的发展空间，科技创新和模式创新已成为推动现代服务业发展的关键。

科技创新提高了现代服务业的竞争优势。要提高现代服务业的竞争能力，一方面要提高服务质量，适应甚至是引导消费者的需求，向消费者提供满足其价值期望的服务；另一方面要不断降低服务成本及服务价格。现代服务业具有高技术含量、高人力资本的特点，随着经济的发展，人力资本成本必然会进一步提高。因此，提高服务质量、降低服务价格都需要在提高现代服务业的科技含量上下功夫。

科技创新促进了传统服务业向现代服务业的跃升。传统服务业向现代服务业的跃升主要体现为现代经营管理方式以及以信息技术为主的高科技的应用。在传统服务业向现代服务业升级的过程中，现代经营管理方式和科技的应用是互为一体、密不可分的，现代经营管理方式为传统服务业向现代服务业的跃升提供了方向，科技为现代经营管理方式的实现提供了技术保障。

科技创新为现代服务业的持续发展提供了有利条件。现代服务业必须依靠科学技术特别是信息技术的支撑才能够得到长足的发展。通过科技创新，现代服务业能够以第三方的身份，在生产者与消费者之间、生产者与生产者之间架起信息沟通的桥梁，使他们能够随时随地进行信息的互动交换，从而动态地调节社会供给与需求，实现经济的平稳协调发展。

# 第二节 北京现代服务业发展基本情况

## 一、北京现代服务业发展现状

现代服务业已成为北京的主导产业。北京已率先在全国建立了服务经济主导的产业结构，2013 年，北京服务业总量达 14 986.5 亿元，占全市生产总值比重为 76.9%，基本达到发达国家平均水平。

现代服务业新兴业态不断涌现。近年来，信息技术尤其是现代网络技术的飞速发展和应用催生了一批现代服务业新兴业态，如电子商务、网络游戏、门户网站、搜索引擎等，涌现出一批极具竞争力的新兴服务企业。其中，百度是全球最大的中文搜索引擎，搜狐和新浪是我国综合类和门户类网站的杰出代表，京东商城为 B2C 电子商务的著名品牌。此外，生物医药研发外包（contract research organization，CRO）、合同能源管理等新兴业态也逐渐发展壮大。这些新兴服务在现代产业链、价值链中处于高端环节，是获取竞争优势的制高点。现代服务业领域新兴业态已逐渐成为首都经济发展的新亮点，成为推动北京现代服务业发展和经济结构调整的新动力。

现代服务业科技创新取得新进展。2013 年，北京全社会研究与试验发展经费支出 1 185.05 亿元，相当于北京市地区生产总值的 6.08%；截至 2013 年年底，北京地区拥有 300 家国家级重点实验室、工程（技术）研究中心等科技创新基地，占全国的 1/3；累计认定市级重点实验室、工程技术研究中心等各类科技创新基地超过 1 000 家。

科技服务业实现快速增长。科技服务业是北京通过科技创新手段提升服务业发展的核心。2013 年北京市科技服务业科技创新取得较快发展，共有 20 695 件发明专利获得授权，全年技术合同成交额 2 851.2 亿元，比 2012 年增长 16.0%，占全国的 38.2%；流向北京的技术合同成交额 581.7 亿元，占成交总额的 20.4%。科技服务业已经形成了涵盖研发设计、工程技术服务、技术转移、创新创业、科技金融和科技咨询等领域的完整产业链，各个细分领域初具规模，众多创新业态不断发展壮大，为北京现代服务业的发展提供了重要支撑。

## 二、现代服务业创新的模式分析

北京现代服务业科技创新的模式来自于实践。近几年，一批现代服务业企业、高校、科研院所、产业技术联盟、创新创业载体等主体发挥各自优势，通过各种形式推动企业本身及产业链相关企业的发展，形成了协同发展的良好局面。此外，在相关主体服务于企业科技创新的过程中，逐渐形成了如创新工场、车库咖啡、中试企业等新的服务业业态。

模式一：龙头企业主导型。龙头企业通过建设企业技术中心、产业技术研究院等多种方式，大力推动科技创新，既为本企业的发展提供支撑，又为行业内相关企业的发展提供支持，极大地提升了相关企业的技术创新水平，如神雾集团——全产业链布局的企业技术中心，北斗星通——支撑国家战略实施的企业技术中心，科威国际——深耕技术转移业务的科技服务企业，普天研究院——面向集团和行业提供科技创新服务，中冶京诚——提供多领域、全流程的工程总包服务，伟嘉集团——面向联盟企业提供集成和中试服务。

模式二：创新载体主导型。科技企业孵化器、大学科技园、产业基地等创新创业载体通过搭建技术、融资、人才等各类公共服务平台，着力推动载体内相关服务业的科技创新水平。此外，创新载体作为一种新的服务业态，自身也得到了极大的提升，如创新工场——插上天使翅膀的专业创业服务机构，车库咖啡——首创开放式办公平台模式，亦庄生物医药园——"平台＋联盟＋中试＋产学研"助推企业发展，北京云基地——"基金＋基地"模式推动全产业链布局，北京集成电路设计园——"虚拟超市＋孵化器"模式助推行业发展。

模式三：技术联盟主导型。集聚了企业、高校、科研院所、中介机构、政府等主体的产业联盟和协会通过良好的机制，以专利、标准、项目等为纽带，积极地推动服务企业开展科技创新，推动新兴产业的形成和发展，如 AVS 标准组织——以"标准＋专利池＋联盟"的方式推动企业创新，中关村物联网产业联盟——"软硬结合"推进企业创新，闪联——以标准研制及产业化实现产业链企业协同创新，TD-SCDMA 联盟——推动自主知识产权标准的产业化应用，中关村下一代互联网联盟——以测试和检测助推产业发展。

模式四：高校院所主导型。高校院所等国家资源依托丰富的科教资源，通过开放实验室、中试基地等模式，为服务企业提供各类科技创新服务，较好地推动了企业的创新发展，一些相关机构也在发展中逐步成为提供专业化服务的科技中介机构，如中国铁道科学研究院机车车辆研究所——"平台＋检验检测服务"，中国农业科学院饲料研究所——"技术转移＋升级服务"，北京交通大学新能源汽车测试平台——新型的平台建设模式，北京理工大学电动车辆国家工程实验室——致力于推动电动车辆的研发。

# 三、推动北京现代服务业创新发展的政策分析

政策思路的转变——由"量"向"质"过渡。20 世纪 90 年代到 21 世纪初，为了尽快建立起服务体系、增加服务业供给，政策思路主要落实到"量"上，期望通过政策引导实现服务业的全面增长。从 2007 年开始，我国服务业政策思路逐步实现从"量"向"质"过渡，出台了《关于加快发展服务业若干政策措施的实施意见》等政策，明确提出把推动服务业大发展作为产业结构优化升级的战略重点。

政策着力点的转变——从传统服务业向现代服务业、新兴服务业转变。20 世纪 90 年代到 21 世纪初，服务业的政策着力点首先放到了商业、物资业、饮食业和文化卫生事业等传统服务业上，与科技进步相关的新兴服务业还没有成为政策支持的重点。从"十一五"开始，政策着力点已转移到现代服务业尤其是生产性服务业上，包括第三方物流、信息服务业、科技服务业、商业服务业、促进现代制造业与服务业融合互动发展等。可见，随着科技的不断进步，以科技作为支撑的技术先进型服务业逐步成为国家发展的重点。

现代服务业科技创新政策的不足具体表现如下：政策措施分布不均衡；以需求为导向的政策过少；以供给为导向的政策存在着力点偏差；针对制度环境的政策不完善；政策制定缺乏创新。

# 四、现代服务业创新发展存在的问题

近年来，在科技创新的影响下，北京服务业出现了生产要素迅速从传统服务业向现代服务业流动的势头，现代服务业发展迅速，在区域经济发展中的地位稳步提升。但与发达国家相比，北京现代服务业的总体发展水平仍然较为落后，科技创新、模式创新能力还有很大差距。

北京市现代服务创新发展存在以下不足。

第一，科技服务业专业化不强，支撑能力薄弱，主要表现如下：体制机制改革滞后，行业市场化程度较低；内资科技服务机构专业化服务水平和竞争力有待提升。

第二，信息网络基础设施薄弱、模式创新缓慢。北京信息网络基础设施依然薄弱，信息通信服务业规模较小，信息服务业对于地区经济社会的渗透深度和广度仍有较大差距。同时，在商业模式方面的原创能力不足，大多执行的是"Copy to China"的发展路径。

第三，尚未形成有利于现代服务业科技创新的发展环境。其主要表现在如下方面：政策环境尚不完善；融资环境没有得到足够的关注；创新人才不足；存在行业垄断和所有制垄断，市场化程度低。

## 第三节　国内外现代服务业创新模式的经验借鉴

### 一、国外现代服务业创新模式的经验借鉴

通过对欧盟科技服务业、英国创意设计服务业、美国硅谷信息服务业及法国索菲亚法国·安蒂波里斯科技园研发服务业的分析，我们得出以下结论。

（1）应加强技术创新和商业模式创新。服务业的长足发展高度依赖创新，而现代服务业新业态本身所具有的特征决定了其技术和商业模式创新的突出需求。

（2）应加大高端人才培养及引进力度。现代服务业是具有高技术、高人力资本、高附加值的产业，人才在现代服务业发展中起着非常关键的作用，不同背景不同经历的人才所具有的改变世界的理念和梦想是促进现代服务业新业态发展的推动力。

（3）应遵循区域产业发展的最初路径，发展具有比较优势的现代服务产业。最初的产业基础很大程度上决定了未来现代服务业发展的模式，对于处于发展中国家的我国而言，结合自身原有的产业基础、发挥自己的比较优势尤为重要。

### 二、国家现代服务业创新发展示范城市的经验借鉴

上海、广州、杭州、青岛、成都 5 个现代服务业创新发展示范试点城市的现代服务业全国领先，已经形成了适合自身发展的独特模式。其中，上海着力完善科技金融体系，广州布局科技中介体系，杭州注重发挥高新技术的支撑作用，青岛建立了独特的孵化器机制，成都积极引入各方面资源，可借鉴点如下。

（1）因地制宜，积极进行服务模式创新，以科技创新提升服务水平。在现代服务业提升的过程中，应结合各地具体情况，坚持以市场需求为导向，以服务创新带动科技创新，以科技创新支撑服务水平的提升。

（2）建立现代服务业科技支撑体系，积极建设科技中介服务体系。实施知识产权战略，推进科技创新载体建设；实施科技创新专项，完善创新创业体系，推进产业技术创新战略联盟建设；建设科技创新服务平台，强化科技共享机制。

（3）推动重大专项，通过科技创新引领现代服务业高端发展水平。在具体操作过程中，可通过聚集资源、集中突破等措施，借助科技创新推动现代服务业的高端化发展。

## 第四节　科技创新促进现代服务业发展的思路和措施

### 一、科技创新促进现代服务业发展的总体设想

密切结合全球服务业发展的新趋势和转变经济发展方式、调整产业结构的战略任

务，发挥现代服务业对实体经济的支撑引领作用，立足自身优势，服务全国市场，从用户端拉动科技成果转化应用，以技术创新和模式创新为引擎，加快培育新业态，创新体制机制，优化产业结构，完善发展环境，打造"北京服务""北京创造"品牌，做强科技服务业，做大基于信息技术的新兴服务业，优化生产性服务业，全面提升现代服务业竞争力，带动第一、二、三产业融合发展。

## 二、以科技创新提升"三大服务业"领域整体优势

依托特色优势，做强科技服务业。围绕基础研究、技术研发、成果转化、辐射发展等创新链，加快落实《关于进一步促进科技服务业发展的指导意见》，结合企业技术创新和公共科技服务需求，大力发展研发服务业、设计服务业、工程技术服务业和科技中介服务业，提高科技服务能力，促进科技服务产业化。

（1）推动研发服务业领先化发展。瞄准战略性新兴产业的发展需求，促进科技创新和战略性新兴产业发展的全过程融合，组织实施研发服务类项目，推动由技术驱动向需求驱动转型。发挥技术研发创新平台作用，支持企业、高校和科研院所通过产学研用合作等方式攻克关键技术、开展技术集成，提升研发服务水平。

（2）推动设计服务业规模化发展。全面落实《北京市促进设计产业发展的指导意见》《全面推进北京设计产业发展的工作方案》，加快实施首都设计产业提升计划，大力发展工业设计、建筑设计、动漫设计、环境设计等行业，扩大产业规模，全面推进"设计之都"建设，提升"北京设计"的国际影响力。

（3）推动工程技术服务业高端化发展。探索以关键技术、核心装备和前端设计为依托的工程技术服务业的集成化发展模式，鼓励工程技术服务企业开展工程总包和系统成套技术研发，促使其从提供产品向提供工程整体解决方案转变。鼓励工程技术服务企业通过兼并、重组和上市等途径做强做大。

（4）推动科技中介服务业专业化发展。发挥技术转移、科技孵化、咨询服务、检验测试等科技中介力量，推进科技咨询、知识产权服务、技术集成与中试、标准服务等机构发展，促进专业服务贯穿科技创新全过程。

加强服务模式创新，做大基于信息技术的新兴服务业。以云计算、物联网为重点，加强以信息网络技术为代表的现代科学技术在现代服务业领域的融合应用，大力开展服务模式创新，积极推动科技文化融合、社会化公共服务、新兴消费服务，提高产业竞争力，扩大产业规模。

（1）推动科技文化融合发展。深入了解文化科技需求，全方位、多渠道推动科技与文化的融合发展；积极培育创意产业等科技与文化紧密结合的服务业态，促进科技文化融合产业的聚集；积极探索以科技创新推动文化发展的工作模式，支持开展科技研发和成果转化应用，创新文化生产方式和传播手段。

（2）推动社会化公共服务全面发展。加强以信息网络技术为代表的现代科学技术在健康服务、教育、社会保障、城市公共安全等社会化公共服务领域的应用，支持新产品

和新技术的研发应用，创新服务模式，形成城市应急、安检、储备物资等物联网典型应用解决方案，提升社会化公共服务水平。

（3）推动新兴消费服务快速发展。重点围绕数字社区（家庭）服务、移动生活服务、智能家庭应用服务、空间位置综合信息服务等数字生活服务领域，加强信息网络技术推广与新模式研究，引领新兴数字生活消费服务产业快速发展。

加强新技术集成应用，优化生产性服务业。围绕生产性服务业共性需求及关键环节，加强信息网络技术的融合应用，推动制造业向制造服务化转变，大力改造提升生产性服务业，重点推进金融服务业、商务服务业、现代物流业等产业的发展，提高服务效率，增加服务附加值。

（1）创新发展金融服务业。加快推进金融业的科技创新能力建设，提升金融服务的质量和水平；积极培育第三方支付、电子银行等新兴业态发展。

（2）培育壮大商务服务业。提高传统优势行业的电子商务应用水平，鼓励和扶持移动电子商务等新兴业态发展；搭建商务服务业公共服务平台，培育一批本土高端商务服务品牌，形成功能完善、服务规范、与国际接轨的商务服务体系。

（3）优化提升现代物流业。加快物流基础设施与物流配送体系建设，广泛推动物联网、车联网等技术的应用，提高现代物流的信息化普及程度和集成化管理水平，提供高附加值的物流服务和综合性解决方案。

## 三、实施现代服务业创新发展的"五大工程"

现代服务业的创新发展需要实施以下"五大工程"。

（1）科技创新工程。以提高现代服务业创新能力为目的，健全科技发展支撑体系，推动技术、模式、管理、组织创新，持续开展理论、政策、创新路径研究，逐步提高现代服务业科技创新能力。

（2）企业成长工程。以促进企业快速发展为目的，推动企业依托科技创新、模式创新拓展新兴领域，实现专业化发展，进一步树立品牌，通过产业技术联盟等整合优质资源，提升可持续发展能力。

（3）集群发展工程。以集群化发展为目的，充分发挥龙头企业的带动作用，围绕重点领域形成贯穿产业链上下游的产业集群，加快形成优势互补的现代服务业科技发展格局。

（4）示范试点工程。以树立科技发展标杆为目的，充分发挥示范带动作用，推广先进模式，扩大优势领域的影响力，进一步提升北京在国家现代服务业科技发展中的战略地位。

（5）国家技术转移集聚区建设工程。以提升区域技术转移能力为目的，充分发挥北京创新资源集中、中关村先行先试、中关村西区国际技术转移活跃三大优势，在中关村西区建设国家技术转移集聚区，重点从载体建设、服务提升、资源整合等方面打造全新的技术流通与转化格局，为全国创新服务体系建设树立标杆、探索经验与路径。

# 四、落实现代服务业创新发展的保障措施

为有效促进北京现代服务业发展，提升科技创新能力，我们提出以下保障措施：形成协同联动的工作机制；积极争取财税金融政策的支持；加快培育市场环境；加强人才培养和引进；加快推进国际化发展；加强监督、统计监测和宣传。

# 建设全国科技创新中心
## ——政府治理与改革篇

# 第三十一章 关于进一步创新首都城市精细化管理机制的若干建议[①]

**内容概要：** 当前，首都城市精细化管理水平在全国领先，但是，精细化管理的整体格局尚未形成，面临的形势也日益严峻，政策体系还有待进一步完善。本报告主要从首都城市精细化管理政策体系存在的问题着手，提出创新"1＋5＋1"的首都城市精细化管理体制机制的对策建议。

当前，首都城市精细化管理的任务已经明确，城市管理水平在全国处于领先地位，近年来也取得了显著成就。但是，应该承认首都城市精细化管理的政策体系还不完善，整体格局尚未形成，面临的形势也日益严峻。具体来说，还存在十个方面的问题，即重建设轻管理、重硬件轻软件、重地上轻地下、重经验轻标准、重预案轻预警、重集中统筹轻分层响应、重单兵作战轻部门联动、重行政命令轻制度建设、重政府管制轻公共参与、重安全保密轻信息公开。解决这些问题的难点在于信息集成难、资源整合难、应急联动难和条块结合难，深层次的原因是认识不足、规划缺位、标准滞后、缺乏统筹和体制不顺。基于以上分析，在总结国内外先进经验的基础上，我们提出了创新"1＋5＋1"的首都城市精细化管理体制机制的建议。

## 第一节 一个创新点：建立首都服务机制

把提高城市精细化管理水平作为履行首都职责、提高"四个服务"（为领导服务、为部门服务、为基层服务、为群众服务）水平的重要基础性工作，进一步树立现代管理的理念，注重体制机制创新，确保"四个服务"任务的高水平落实。

### 一、创新与中央单位和驻京部队的合作机制

要把提高服务效率、优化发展环境放在第一位，及时掌握服务需求，全面提高服务工作水平；要突出抓好重点战略合作项目，通过高端制造业、现代服务业等领域重大项目的落实，推动首都产业结构优化升级；要更加关注民生服务工程，创新规划方案，完善配套设施，为中央单位和驻京部队创造更好的工作生活条件；要积极探索与中央单位合作"走出去"的有效方式，把"文化走出去""工程走出去""创意走出去"作为下一

---

① 本章由北京国际城市发展研究院连玉明研究员主持完成。

步发展的重要内容。

# 二、创新整合和利用国际化资源机制

第一，编制整合和利用国际化资源计划。对首都国际化资源的整合和利用进行自下而上的统一计划，将各地各部门利用国际化资源的年度计划纳入其中，进行统一部署和综合协调，让一方资源多方受益，实现首都资源各地共享，分散资源综合利用。创造条件建立国际化资源信息库，为市委、市政府整合和运用国际化资源做参谋，为各方面利用国际化资源进行咨询和推荐。第二，创新国际活动统筹规划管理机制。建议统筹培育和引进国际品牌活动，规范管理各类国际会展活动；根据国际会展活动发展的需要制定各种准入政策、扶持政策，并制定各类国际会展标准，推动北京国际会展活动与国际标准接轨，提升北京国际会展活动的水平和世界影响力，打造北京国际会展活动品牌。第三，创新外籍人员服务机制。建议设立全市的外籍人员服务中心，吸纳与外籍人员管理服务密切的行政机构入驻，特别是颁发经商、雇工等行政许可的相关部门；建设外籍人员管理、生活服务的平台，开放中外文化交流的场所，提供各种政策咨询（包括投资咨询）的窗口，提供外籍人员表达诉求的渠道，搭建外籍人员之间相互交流的桥梁。

# 三、成立政府公共服务委员会

按照"政事分开、管办分离"的原则，逐步将全市事业单位划归政府公共服务委员会统一管理。一是取消政府部门举办事业单位的职能，压缩所属事业单位人、财、物等方面的内设机构和行政编制，加强其社会管理的业务力量；二是将原来由事业单位承担的行政职能回归政府部门管理；三是将政府部门作为购买公共服务的代表，采取合同外包、招投标、民办公助等形式，与事业单位或其他社会主体建立契约式管理模式，逐步实现多元社会主体参与公共服务提供，实现公共服务资源由部门内配置向全社会配置的转变。

# 四、建立管理绩效民主考评机制

建立以公众满意为核心价值追求的绩效综合管理模式。构建科学合理的政府绩效评估指标体系，将绩效管理与城市战略规划、公共预算改革结合起来。依托数字化城市管理平台，构建区、街、社区三级联考机制，采取分级考评、互相考评、强化整改、社会监督评议和媒体公示的办法，确保城市管理的长效机制落实到位。

## 第二节　五个支撑机制：政府管理机制、市场运作机制、社会参与机制、应急管理机制、区域联防机制

城市精细化管理是一项系统工程，需要通过突破体制机制障碍，充分调动政府、市场、社会三方作用，形成跨界、跨区域的联动联防，才能最终形成城市精细化管理的长效机制。

# 一、政府管理机制

### （一）突出规划先行，从源头上优化城市精细化管理的空间布局

以城市总体规划修编为契机，修编完善城市绿地、水系、交通、环卫、给排水、管线等专业系统规划，对园林绿地、集贸市场、停车场、环卫设施、交通设施和各类管网建设实行规划超前控制，并制订专项规划和近期建设计划，确保垃圾中转站、公厕、专业市场、停车场等涉及公众利益的城市基础设施的建设。同时，加大规划监督和规划执法力度，严格把好规划控制关口，坚决杜绝单位或个人擅自更改规划、影响规划执行的行为，充分发挥规划对城市精细化管理的指导和调控作用。

### （二）推行"大部制"改革，实现城市管理的统筹协调

在东城区"大城管"试点基础上，对需要整合的职能以及职能交叉重叠的部门进行撤并，设置一个综合性的机构专门进行城市管理，用来协调环境卫生、交通、园林绿化、社会治安等方面的工作。

### （三）理顺"条块"关系，逐步下移城市管理重心

按照"两级政府，三级管理，四级网络"的原则，着力健全市、区、街道或乡镇三级综合执法管理网络。基层按照"条块结合，以块为主"的原则，实现城市管理重心下移，强化城市街道（乡镇）一级的综合管理职能，并增加执法人员以扩大力量。首先，明确市部门和区（县）的城市管理工作责任，理顺市部门和区之间的工作关系，进一步形成"条块结合，以块为主，责权统一"的属地化城市管理模式，将市政、环境卫生、户外广告、房屋拆迁、物业和住宅装修及废品收购点、洗车点、修车点管理等方面的权利下放到区（县），理顺和加强园林绿化、城市亮化、房产、违法建筑查处等方面工作。其次，要进一步理顺区（县）、乡镇与街道、社区的关系，将管理重心放到社区、基层，整合基层行政力量，尝试在街道层面整合各类基层力量。例如，逐步将各类协管员划归街道统一管理，相应人头费从部门划拨到区县、乡镇的街道，由街道统筹管理使用基层管理力量。在社区层面将分散在各部门的城市管理职能集中统筹起来，整合社区治安、消防、交通及网格管理员等人员，明确相应职责，试行一岗多责，建立统一的信息报送

系统，实现信息共享，人员联动。

## （四）完善城市管理协调运行制度，建立部门协作机制

第一，制定出台城市管理行政许可告知和责任追究制度，建立执法部门与规划、市政、建管、园林等管理部门之间的案件移送制度和执法联动机制，建立城市管理行政审批部门与执法部门信息联系制度、配合协作制度、相互监督制度等，提高城市管理的效率。第二，成立城市管理治安警察支队，健全各项配套制度，建立配合顺畅、反应迅速、保障有力的城管公安联动机制，依法处理城市管理执法过程中妨碍执行公务、危害城管执法人员人身安全、暴力抗法及其他违法行为，为城管执法提供强有力的保障。第三，积极探索一岗多责巡查监督机制，整合巡查力量，将城市管理范畴的执法、市容管理、环卫、爱卫、园林绿化、数字化城管等巡查力量进行整合，以块为主，建立街道城市管理综合巡查队伍，对各街道办辖区内影响市容环境的行为进行巡查。

## （五）构建规范化的标准体系，实现全过程的精细化管理

第一，进一步完善城市建设标准。有明确建设标准的，要根据工作实际，细化标准，落实责任。没有明确建设标准的，要对接特大城市和相关专业规划的要求，精心制定、完善建设标准。第二，进一步完善城市管理标准。各城市管理相关部门应按照内部分工有序、岗位责任明确、绩效指标合理的标准，对本部门职能任务和管理事项细化分解，形成工作项目有分类、完成任务有时限、效能评估有依据的行业、专业管理标准体系和管理手册。各区县、街道和有关乡镇各部门、各科室要对其延伸到社区服务站的各项工作任务、工作要求、服务流程和办理时限等进行统一规范。第三，进一步完善作业标准。环境卫生、园林绿化、道路维修等现场作业要制定明确、量化、严格的标准，在本专业内实施统一的操作流程、技术规范、行业守则和作业指标，做到作业程序清楚、责任明确、人员到位、监督有力，确保安全高效作业。第四，要建立标准评价体系。以标准和规范为依据，制定城管责任目标、市容市貌、城管执法、市政设施、物业、园林绿化、环境卫生、清理违法建筑、排水、路灯等多方面综合检查考核办法，建立评价考核工作制度，完善城市管理奖惩机制，形成监督评价工作体系。

## （六）加强城市精细化管理的投资保障

逐步提高政府在城市运行管理方面以及体制基础建设方面的投入，特别是在强调管理责任下移的同时，按照"费随事转"原则，利益机制相应下移，确保管理重心下移的实际效果。建立以政府为主体的多渠道资金投入机制，包括接受社会捐助、企业捐助、市民捐助及国外方面的资助。

# 二、市场运作机制

## （一）采取多种模式推进市场化

北京城市管理的市场化可采取下列几种模式：一是公有公营模式。对于关系北京未来发展的完全缺乏竞争性的纯公共产品，主要由政府投资建设，由公有企业（包括国有、地方和集体企业）实施企业化管理，也可以通过服务合同或管理合同形式允许民营企业准入设施运营。二是公有私营模式。通过租赁或授权合同方式，将公有的公共环境基础设施运营和进行新投资的责任转让给民营企业，所有设施运营的投资、管理、盈利和商业风险都由民营企业承担。三是用户或社区自助模式。经社区成员同意，公共环境设施可自主建设，由社区组织管理，专业公司实施，费用由用户或社区成员负担。

## （二）健全城市管理市场化管理机制

制定市政府向社会组织购买服务目录，建立由独立第三方负责的社会组织评估机制，将评估结果作为社会组织承接政府职能和购买服务资质的主要标准。对依据目录提供公共产品和服务的企业，由政府回购其公共产品和服务。建立和完善清扫保洁、绿化管养、爱卫消杀等相关企业达标考核、淘汰制度，将企业考核成绩与经费挂钩，对保洁或管养质量高的给予奖励，对管理不到位的坚决淘汰。重点培育一批专业水平高、市场信誉度好的企业，作为保持和提高全市绿化、环卫保洁等城市管理水平的支柱力量。

## （三）提供必要的政策和资金扶持

在消除体制性障碍、加快推进和完善垄断行业改革、深化行政审批制度改革、放宽市场准入、享受同等待遇、改进服务和监管等方面出台系列政策和措施，为非公经济和社会资本进入城市基础设施领域提供法律保障和政策支持；对社会资本从事公用事业提供必要的资金补贴和奖励。

# 三、社会参与机制

## （一）建立以居民为核心的参与体制

建立居民参与群众性组织的制度、居民志愿参与社区服务的制度、居民与社区各类组织之间沟通协调的制度；建立全程化的参与机制，在城市规划、城市建设、城市管理的每一个环节充分发挥公众参与的积极性，建立社会市民与管理部门之间上情下达、下情上传的交流机制；成立由人大代表、政协委员、市民代表组成的城市管理监督团，建立起覆盖全市的城管社会监督网络；及时完善修改相关政策规定，强化社会舆论监督，对市民关心的热点、难点问题和重大的城市建设、管理方面的决策，要建立公众听证制度，使政府决策和管理更加顺民心、合民意，使市民从决策、执法到监督全过程参与城市管理。

## （二）成立城市管理智囊团和行业协会

聘请国内外城市管理方面的专家组成首都城市管理工作智囊团，为首都城市管理工作出谋划策；建立健全全市风景园林、清洁卫生、有害生物防治、灯光管理等行业协会，充分发挥行业协会在服务企业、沟通行政主管部门、规范企业行为、提升企业管理质量等方面的作用。

## （三）培育和发挥社会组织的作用

建立社会组织孵化基地，加快培育一批有影响力的社会公益组织；积极构建社会组织"枢纽型"工作体系，基本实现社会组织服务管理全覆盖；大力培育发展社区社会组织，建立社区社会组织与社区居委会、楼门自治会"服务、协调、管理、预警"四位一体的配合协作机制，引导社区社会组织参与网格管理。

# 四、应急管理机制

## （一）建立城市危机预测和预警系统

重新评估防灾减灾对一座2 000万人口的超大城市的重要性，加强对城市灾害的战略研判。着手对可能发生的各类灾害、安全事件等进行系统的评估，制订周密高效的应急预案。合理划定应急部门，建立完善的分级响应机制，使各部门各司其职，有统有分地开展应对工作。提高灾害监测预警预报和信息管理能力，健全监测网络，强化预测预报，实现信息资源的整合与共享，根据灾害等级，发布不同重要等级的预警。

## （二）完善应急联动处理机制

完善城市应急联动处理机制关键要在"三个整合"上下功夫：一是实现组织整合，建立健全应急联动组织体系。在目前"两级政府、三级管理、四级网络"的城市管理体制下，形成市级、区县及专业队伍建设三级组织网络。二是实现信息整合，使各有关部门共享信息资源。搭建全市统一的综合危机管理信息平台，建立应急处置预案数据库，建立无线集群网络及应急管理维护机制。三是实现资源整合，实现公共安全资源快速、高效、统一调度。在组织整合与信息整合的基础上，实现"测、报、防、抗、救、援"六位一体；建立统一、规范、科学、高效的应急指挥体系，分工明确、责任到人、优势互补、常备不懈的应急管理体系，以及信息共享、机制优化、防患于未然、科学预防的应急防范体系。

### （三）加强地下空间和地下管网的建设管理

逐步树立统一规划、统一建设、统一管理的理念，创新地下空间和地下管网的建设管理体制机制。一是开展地下设施建设规划的编制，并纳入城市总体规划修编过程。制定地下管道建设的系统专项规划，利用北京城市总体规划修编契机，将其纳入城市总体规划体系之中，尽可能做到科学规划。在规划过程中要收集、整理、保存好基础资料，以期永续利用。在目前的管线规划中要立足现实，特别注意与旧城改造和新区开发及道路建设相结合。二是探索管线工程统一建设的新模式。针对地下管线多家投资、重复建设的问题，梳理城市管线种类，对电力、热力、供水、排水、通信等管道实行统一规划、统一建设，建成后统一维护。对用途相似的地下管线，采用租用的方式避免重复建设。三是进一步理顺地下管线管理体制。明确市发展和改革委员会、住房和城乡建设委员会、规划局、市政公用事业局等部门职责，规范地下管线工程建设规划许可等制度。明确报建单位须提交的申报管线沿线待核实的地下管线普查资料，包括提供可供今后地理信息系统（geographic information system，GIS）共享平台使用的电子格式，为城市地下管线建设提供数据支撑和技术服务。四是加强相关标准和制度建设。要标准、规范先行，要高起点规划、高标准建设。例如，对缆沟的位置、走向、深度、宽度、材质、防渗性、防火、防水及使用、维护办法等应制定具体标准；对地下综合管网系统的规划、建设、扩容、维护、使用、对外服务等也要制定相关的制度和办法，避免随开随挖。五是创新"综合地下管线动态管理系统"，打造信息共享平台。开展地下管线普查工作，绘制地下管线综合图和专业图，强化工程档案管理。每年安排专项资金用于市区相关主干道地下管线工程的普查建档工作，并实施动态管理。在此基础上，针对管线数据变化快、信息量大、空间性强的特点，必须将先进的 GIS 技术、多媒体技术、数据库技术、网络通信技术与地下管线工程档案管理实际相结合，实现管线档案的现代化管理，保证档案的完整性、准确性和系统性。

### （四）加强对群众的防灾减灾教育

要以城乡社区为前沿阵地，动员社区中的每个家庭及成员积极关注各类灾害风险，使其积极参与防灾减灾和应急管理救援，增强防范意识、提高应对技能。各级各有关部门要以防灾减灾日宣传教育活动为契机，结合各自实际，着力提高全社会防灾减灾意识，完善防灾减灾宣传教育长效机制。一是要深入开展宣传教育活动。各级部门要认真制订宣传方案和提纲，大力宣传开展防灾减灾活动的重要意义，强化防灾减灾意识，面向城乡社区，全方位、多角度地做好防灾减灾宣传工作，努力形成全社会共同关心和参与防灾减灾工作的良好局面。二是要切实加强防灾减灾的知识和技能培训。要深入城乡社区、学校、厂矿等基层单位和灾害易发地区，广泛普及防灾减灾法律法规和基本知识，重点普及各类灾害基本知识和防灾避险、自救互救等基本技能。三是要积极推进预案建设和演练。制定和完善基层防灾减灾预案，组织政府机关、企事业单位、学校、社会组织、社区家庭等开展各类形式多样、群众喜闻乐见的防灾减灾活动，组织开展防灾减灾业务研讨和应急演练。

# 五、区域联防机制

## （一）建设城乡一体的城市精细化管理体系

按照统筹城乡发展的要求，将城市和农村纳入一个体系，整体规划，系统安排，分步实施，形成一个完整的、全方位的公共环境体系，防止将市区的污染转移到农村地区，走城市建设与环境建设相统一、城市发展与生态容量相协调的城市化道路。将城乡城市精细化管理作为实现可持续发展的基本要求，从加强农村垃圾密闭化管理、提高垃圾无害化处理水平入手，加大市级财政投入，加快推进郊区农村环卫设施、公厕改造和垃圾密闭化设施建设，深入研究农村生活垃圾处理方式，认真制定农村环卫设施规划和管理标准，积极探索农村地区环境卫生管理长效机制，全面加强城乡精细化管理工作。

## （二）建立完善跨城市的联防联控协调机制

需要在更大范围内建立起区域不同城市之间的联防联动体制机制，共同解决需要跨城市才能解决的人口调控、水资源管理、生态环境等城市管理难题。例如，在大气污染方面，应将山西、内蒙古和山东等地纳入京津冀区域防控范围，实现华北大区域的联防联控，推进区域大气污染防治等领域法律、规划、标准和总量减排体系建设，加强执法联动，统一编制区域环境保护规划，实行区域大气污染总量控制制度。完善区域环境等领域的监测及预警网络，建立统一的区域大气环境监测合作机制，为各方环境质量等领域监管提供统一的工作平台。建立重污染天气预报预警体系，提高监测预警的提前量和准确度，同时，各地政府应尽快制订完善应急预案，确定相应的应急措施。当区域性重污染天气发生时，按国家规定及时启动应急预案，减少重污染的危害。

# 第三节  一个技术支撑体系

以管理信息化为主攻方向，积极采用新技术对管理设备和管理手段进行信息化改造，改变依靠大量人力、物力投入的管理模式，以现代科技手段降低管理成本，提高管理效率；整合现有各自独立的管理系统，避免重复建设，避免信息无法共享，实现信息资源的快速整合利用，及时掌握城市的现状，及时处理城市管理中发生的问题，提高效率，优化决策，实现城市管理由粗放向精确的转变。

# 一、构筑"数字城市管理"体系

深入拓展信息化城市管理平台功能，将其扩大和延伸到城市管理的各个方面。实现市级平台与市级部门及公共服务企业的联网对接，加快做好地下管网综合管理系统、城市公共设施应急指挥系统、北京市问询服务系统的建设工作。采取积极有效的手段，将现代科技和广大市民的积极性有机结合起来，实现城市公共环境建设和管理的信息化、标准化、精细化，及时发现和处理各种问题，确保城市公共环境始终保持良好状态。

## 二、进一步拓展数字化城管功能

充分发挥数字化城市管理平台的作用，逐步建立起覆盖全社区的城市管理网络，将城市管理监督延伸至社区一级，消除城市管理盲点。进一步升级和拓展数字化城管平台，建立覆盖绿化、环卫、景观、灯光等市容环境的综合管理平台，包括城市绿地监管系统、环卫爱卫监管系统、广告景观监管系统、灯光照明监管系统。利用数字化城管的量化考核机制，加强对各责任单位案件处置情况的考核评价，为城市管理综合考核提供精细、准确的考核依据。

## 三、建立信息采集、处理与预报系统

信息采集、处理与预报系统是城市管理体系建设的基础与平台。建立数字城市管理信息系统，为城市管理各项信息的搜集、整理、发布和传输提供可靠保障。建设智能化城市管理系统，为城市管理提供大容量、高速度、安全、稳定的信息管理平台。与新闻信息系统连接，为公众提供适时、快速、便捷的城市公共环境信息服务。建立城市管理监控和处理系统，实施严格的城市管理报告制度、信息搜集和反馈制度，及时准确地对城市管理中出现的问题进行分析、监控、防范和处理，实施包括大气、生态、水、公共交通环境等在内的全方位的城市管理预报。

## 四、数字城管信息采集的市场化

要推进数字城管信息采集的市场化，对市容环境问题进行有效监督、检查和督办，采取市场化的运作方式，划拨专项经费，通过招标引进公司，由专业信息采集员对市容面貌、环境卫生、公共设施、道路交通和园林绿化等情况进行巡查，发现问题后及时上报并督促解决，改变过去管理部门既是"运动员"又是"裁判员"的情况。

# 第三十二章　北京技术创新行动计划——首都科技创新管理模式的全新探索[①]

**内容概要：**《北京技术创新行动计划（2014—2017 年）》不但是加快构建"高精尖"经济结构的重要抓手，而且是政府科技创新组织方式的重大改革。本报告从《北京技术创新行动计划（2014—2017 年）》产生的背景、制订和实施过程中所体现的改革思路、组织机制方面的创新等角度介绍了政府在科技创新管理模式方面的探索和实践。

2014 年 4 月 14 日，北京市政府正式印发《北京技术创新行动计划（2014—2017 年）》。5 月 6 日，《北京技术创新行动计划（2014—2017 年）》新闻发布会在北京市人民政府新闻办公室新闻发布厅举行。

《北京技术创新行动计划（2014—2017 年）》是北京市深入实施创新驱动发展战略，落实《中共北京市委关于认真学习贯彻党的十八届三中全会精神全面深化改革的决定》和《中共北京市委北京市人民政府关于深化科技体制改革加快首都创新体系建设的意见》（京发〔2012〕12 号）的重要举措，回应了社会各界对深化科技体制改革和科技支撑首都城市可持续发展的关切。

《北京技术创新行动计划（2014—2017 年）》紧紧围绕国家重大战略需求和首都城市战略定位，准确把握科技创新的发展目标、实现路径和重点任务，深化科技体制改革，充分发挥市场配置资源的决定性作用，更好发挥政府作用，加快以企业为主体的技术创新体系建设，不断提高自主创新能力，促进科技成果产业化和新技术新产品的推广应用，为推动首都城市可持续发展和服务民生重大需求提供科技支撑。

《北京技术创新行动计划（2014—2017 年）》初步确定了首都蓝天行动、首都生态环境建设与环保产业发展、城市精细化管理与应急保障、首都食品质量安全保障、重大疾病科技攻关与管理、新一代移动通信技术突破及产业发展、数字化制造技术创新及产业培育、生物医药产业跨越发展、轨道交通产业发展、面向未来的能源结构技术创新与辐射带动、先导与优势材料创新发展、现代服务业创新发展 12 个重大专项，借鉴国家科技重大专项组织模式，按照"成熟一个、启动一个"和动态调整原则，先期启动实施一批市场需求迫切、技术创新基础较为成熟且需要进一步创新政府组织管理机制的重大专项。

---

① 本章由北京市科学技术委员会供稿。

# 第一节　适应新形势和新需求，行动计划应运而生

党的十八大提出实施创新驱动发展战略，并强调科技创新是提高社会生产力和综合国力的战略支撑，必须摆在国家发展全局的核心位置。党的十八届三中全会提出了全面深化改革的总要求、总目标和总原则，绘就了新时期改革的宏伟蓝图，进一步明确了深化科技体制改革，建设国家创新体系的重点任务。

当前，从全球范围看，科学技术越来越成为推动经济社会发展的主要力量，创新驱动是大势所趋。即将出现的新一轮科技革命和产业变革与我国加快转变经济发展方式形成历史性交汇，为我们实施创新驱动发展战略提供了难得的重大机遇。实施创新驱动发展战略是首都转变经济发展方式的根本所在，是抢占发展制高点，赢得主动、赢得发展、赢得未来的首要任务。北京作为首都，科技智力资源密集，有基础、有条件、有责任在创新驱动发展上做出表率。因此，北京必须通过实施创新驱动发展战略实现服务国家战略和首都科学发展的有机统一。

近年来，北京以增强自主创新能力为核心，在加快中关村国家自主创新示范区建设、促进科技与经济社会发展紧密结合、提高创新体系整体效能等方面取得了显著成效。但是，以企业为主体的技术创新体系还有待完善，企业的创新动力、研发实力及承接创新成果的能力还相对薄弱，政府在科技创新方面的规划、组织、统筹、协调和服务等职能亟待加强。同时，首都经济社会发展中出现了人口增长过快、交通拥堵、环境污染等"城市病"。

为了解决上述矛盾和问题，北京必须立足首都城市性质功能，深化改革，全面实施创新驱动发展战略，加快转变经济发展方式，提高首都发展的质量；必须准确把握科技创新的战略定位、发展目标、实现道路、重点任务，充分发挥市场配置资源的决定性作用并更好地发挥政府作用，强化政府组织管理改革创新，积极探索市场经济条件下举全市之力协同创新的实现方式，加快推进技术创新、商业模式创新和制度创新，实现"北京科技"向"首都科技"的转变。

2013年年初，北京第十四届人大常委会将首都科技创新体系建设情况作为重点审议内容，建议市政府启动《北京技术创新行动计划（2014—2017年）》的编制工作，明确《北京技术创新行动计划（2014—2017年）》的重点领域，提出一批社会发展和产业发展领域的重大项目，并明确项目从提炼设定到组织实施过程中政府科技管理改革的方式方法。为此，作为牵头单位，北京市科学技术委员会联合市有关部门、区县启动了《北京技术创新行动计划（2014—2017年）》的编制工作。

2014年2月，习近平总书记在北京视察工作时强调，要明确城市战略定位，坚持和强化首都全国政治中心、文化中心、国际交往中心、科技创新中心的核心功能，深入实施"人文北京、科技北京、绿色北京"战略。中央为新时期北京的建设和发展指明了根本方向，科技创新中心作为首都核心功能也首次予以明确。北京亟须扮好科技创新引领者、高端产业增长极、创新创业首选地、文化创新先行区和生态建设示范城五种角

色，变科技优势为发展优势，推动首都创新驱动发展。

在上述形势和背景下，《北京技术创新行动计划（2014—2017 年）》应运而生。《北京技术创新行动计划（2014—2017 年）》与《"科技北京"行动计划（2009—2012）——促进自主创新行动》既一脉相承又突出重点。《"科技北京"行动计划（2009—2012）——促进自主创新行动》重点实施"2812 科技北京建设工程"，到 2012 年年底，《科技北京行动计划（2009—2012 年）——促进自主创新活动》完美收官，八项主要指标超额完成，全市科技工作取得了新的重要进展，为首都经济社会发展提供了重要支撑。《北京技术创新行动计划（2014—2017 年）》站在新的起点上，立足首都新时期城市战略定位，坚持需求导向，聚焦首都技术创新薄弱环节，以实施一批重大专项为重点任务，推进政府科技创新组织方式改革，既是对市委市政府深化科技体制改革、加快首都创新体系建设意见的落实，又是改革红利和创新活力充分释放的重要举措，更是全面推进技术创新支撑城市可持续发展和服务民生重大需求的重要抓手。

## 第二节　加快转变政府职能，推进科技创新组织方式改革

《北京技术创新行动计划（2014—2017 年）》的核心是推进政府科技创新组织方式改革，并将改革精神贯穿其研究制定、组织实施的全过程。《北京技术创新行动计划（2014—2017 年）》整个制订思路很好地贯彻和落实了党的十八届三中全会提出的健全技术创新市场导向机制，建立产学研协同创新机制，健全技术创新激励机制和完善政府对基础性、战略性、前沿性科学研究和共性技术研究的支持机制等精神，并体现了首都特色。

《北京技术创新行动计划（2014—2017 年）》编制过程充分体现出"坚持需求导向、强化组织协同、加强开放研究、全社会广泛参与"的改革精神。在市委市政府统筹协调和市有关部门、区县的积极参与下，成立由主管市领导担任组长的《北京技术创新行动计划（2014—2017 年）》编制工作领导小组，全面负责《北京技术创新行动计划（2014—2017 年）》的制订和完善工作，领导小组办公室设在北京市科学技术委员会。

深入开展需求调研，从需求和技术供给两方面梳理凝练重大专项。需求方面，重点征集凝练城市建设与管理、社会发展及民生等领域需求；技术供给方面，重点征集凝练发展迅速、能够占领该领域世界前沿，具备前瞻性、引领性的重点技术和产品。此外，北京市科学技术委员会还在网站首页开通了"北京技术创新行动计划需求调研"问卷调查，面向社会各界广泛征集需求意见与建议，最终共收集到 50 余家市有关部门、16 个区县、部分市人大代表和政协委员，以及上千家企业、高校、科研院所等提出的约 3 000 条需求建议和技术供给建议。

在组织架构方面，《北京技术创新行动计划（2014—2017 年）》将建立由该计划领导小组、重大专项组织单位、重大专项项目承担单位组成的三级组织管理体系。其中，行动计划领导小组由市委、市政府主管领导担任组长，市有关部门、区县政府主管领导为成员，负责重大专项的顶层设计、重大事项的决策和组织协调。

重大专项组织单位由市有关部门和区县政府组成，负责落实重大专项实施的相关支撑条件、研究提出重大专项实施方案、制定配套政策、确定项目承担单位及支持方式、组织对项目的监督检查、支持相关科技成果的推广应用。重大专项项目承担单位由具有较强科研能力和配套支撑条件的企业、高校、科研院所及产业技术创新联盟等各类创新主体组成，负责具体项目实施，是责任主体。

在组织机制方面，《北京技术创新行动计划（2014—2017年）》将完善重大专项决策、组织、监督评估全过程管理机制。在组织阶段，重大专项组织单位明确企业、研究机构参与重点任务的准入条件，采取定向委托、择优委托、招标等方式遴选项目承担单位，明确项目承担单位的权利和责任，并将形成技术标准作为重大专项考核的重要指标；将知识产权管理纳入重大专项实施全过程，支持开展知识产权检索、分析、申请、预警、保护和维护等，提升知识产权的运用和商用化水平。

与此同时，《北京技术创新行动计划（2014—2017年）》建立了决策、执行、监督相对分离的全周期监督评估机制，加快建立第三方评估机制，由具有相应资质的第三方专业机构对重大专项执行情况、组织管理、保障条件、经费管理、预期前景等进行独立评估；对重大专项组织单位，重点考核评估专项实施方案制订与推进、组织协调、配套政策措施制定及落实、支持成果转化和应用示范等方面的情况；对项目承担单位，重点考核评估项目执行、经费管理、履行义务、重大成果报告及信息反馈等方面的情况。

探索后评估制度，对重大专项验收当年及随后三年的效益和影响等进行科学评估。此外，《北京技术创新行动计划（2014—2017年）》将探索建立科技报告制度，将重大专项的立项结果、进展成效、动态调整、评估结果等信息及时向社会公布。

## 第三节  强化分类管理，加强政策创新

《北京技术创新行动计划（2014—2017年）》首次实质性地提出分类管理理念和具体实施措施，根据科技重大项目创新阶段特点，将重大专项项目划分为政府直接组织开展、政府支持开展、政府鼓励开展三类，并根据创新链布局变化和项目进展情况进行动态调整。

政府直接组织开展的项目是指具有战略性、前沿性和较强的公益性，尚不具备市场化条件或短期经济回报具有不确定性，需要政府汇聚资源协同攻坚的项目。此类项目将以政府直接组织为主，充分发挥政府规划布局、区域协调、政策联动和组织推进等作用，通过体制机制创新，将各种要素组合起来搭建平台，采取直接委托与招投标相结合的立项组织方式实施。

政府支持开展的项目是指具有技术基础，产业化目标较为明确，但市场基础薄弱，风险较大，所属领域产业链仍不完善的项目。此类项目将由政府引导并鼓励企业、金融机构等加大投入，通过竞争性项目、政府采购新技术新产品、科技成果示范推广等方式给予支持。

政府鼓励开展的项目是指产业化目标明确，市场基础好，所属领域符合首都资源禀

赋特点和发展定位，但产业亟须转型升级或向高端、集群化发展的项目。此类项目将通过政府竞争性项目招投标、共性平台搭建、后补助、股权投资等鼓励方式和政策措施营造发展环境。

政府在实施《北京技术创新行动计划（2014—2017 年）》过程中将重视正确处理其与市场的关系，加快转变职能，加强政策、标准等的制定和实施，加强市场活动监管，加强各类公共服务提供。重点针对出现的新情况、新问题、新需求，加快研究新的创新政策。

一方面加快供给侧政策研究，包括完善投融资政策、创新人才机制、优化空间布局、营造有利于创新的生态环境等。其中，在投融资方面，《北京技术创新行动计划（2014—2017 年）》将健全多元化投入体系，鼓励多种方式筹措实施资金，积极吸纳央企、市属国有大中型企业及民营资本等社会资金。在创新人才机制方面，《北京技术创新行动计划（2014—2017 年）》将把人才培养和团队建设作为项目立项、实施、考评的重要指标，完善以科研能力和创新成果等为导向的科技人才评价机制，探索建立灵活多样的创新型人才流动与聘用方式。在营造有利于创新的生态环境方面，《北京技术创新行动计划（2014—2017 年）》将鼓励社会资本投资兴办孵化机构，引导孵化机构提升产业培育能力，培育和发展要素市场，完善技术市场运行机制。

另一方面，《北京技术创新行动计划（2014—2017 年）》更加重视研究面向市场和技术需求侧的政策，重点是培育新技术新产品应用的市场环境，加强消费政策对企业和产业创新的激励和支持。例如，《北京技术创新行动计划（2014—2017 年）》将加大市、区县两级财政资金对新技术新产品的采购力度，研究制定促进公共服务部门和国有企业采购新技术新产品的政策；严格执行节能、环保产品优先采购政策；研究节能环保等领域的新技术新产品消费扶持政策；积极推行新能源汽车租赁、合同能源管理、现代废旧商品回收利用、电子商务等新型商业模式，发展商业性的增值服务新业态等。

## 第四节　实施 12 个重大专项，全面提升自主创新核心竞争力

重大专项是《北京技术创新行动计划（2014—2017 年）》的抓手和载体。重大专项的选择，坚持"战略性、战役性"两手抓，既抓战略性的重大专项总体布局，又抓战役性的组织部署，抓好重点任务的实施。

重大专项的遴选、设置遵循以下几方面原则：一是坚持突出创新导向，积极开展基础性、战略性、前沿性科学研究和共性技术研究，加大科技创新储备，积极培育先导技术和战略性新兴产业。二是坚持围绕城市可持续发展和重大民生需求，突破一批关键共性技术和重大公益性技术，在破解城市发展难题的同时培育具有竞争力的产业。三是坚持技术创新市场导向机制，发挥市场对技术研发方向、路线选择、要素价格、各类创新要素配置的导向作用。四是坚持与国家科技重大专项、国家重大科技工程和存量科技资源、现有计划规划的衔接配套，提升重大专项整体效能。

在发展目标上，重大专项要确保短期内能够实现且可考核，可预计其在未来 3～5

年的技术研发和应用前景；在科技作用上，要突出科技支撑引领，将关键共性技术突破、重大战略产品研发和科技惠民目标紧密结合，带动新兴产业加快发展和传统产业转型升级；在组织方式上，要体现政府统筹组织，相关部门、主体间协同创新，社会广泛参与，明确负责实施及推广的主体。

在前期需求调研基础上，《北京技术创新行动计划（2014—2017年）》确定了两类共12个重大专项。第一类专项紧密围绕大气污染治理、交通管理、应急管理，着力以技术创新支撑解决首都可持续发展的重大问题和人民群众关心的热点难点问题，同时培育和带动相关产业发展，包括首都蓝天行动、首都生态环境建设与环保产业发展、城市精细化管理与应急保障、首都食品质量安全保障、重大疾病科技攻关与管理等。例如，专项一"首都蓝天行动专项"将重点组织实施大气污染成因与预警预报研究、能源清洁高效利用、新能源和清洁能源汽车推广应用、重点污染源防治技术研究与示范等任务。又如，专项五"重大疾病科技攻关与管理专项"将重点组织实施十大疾病科技攻关与管理、生命科学前沿技术和首都特色学科创新研究等任务，力争到2017年，形成10项以上有国际影响力的创新性成果、30个处于国内领先地位的优势学科，制定100项诊疗技术规范和标准。

第二类专项紧密围绕产业发展的高端化、服务化、集聚化、融合化、低碳化，着力以技术创新引领产业转型升级、高端发展，构建"高、精、尖"的产业格局，包括新一代移动通信技术突破及产业发展、数字化制造技术创新及产业培育、生物医药产业跨越发展、轨道交通产业发展、面向未来的能源结构技术创新与辐射带动、先导与优势材料创新发展、现代服务业创新发展等。例如，专项七"数字化制造技术创新及产业培育专项"将重点组织实施数字化增材制造（3D打印）创新及产业培育、机器人及自动化成套装备创新及产业培育等任务。力争到2017年，推动数字化增材制造产品在航空航天、船舶、医疗器械与健康服务、大众消费和创意设计等领域得到广泛应用；机器人及成套装备在汽车制造、物流搬运、养老健康、文化教育等领域得到广泛应用；北京数字化制造产业集群式发展，形成"北京创造"品牌。

# 第三十三章 加强科技法制建设，保障和推动科技创新①

**内容概要**：科技法制是营造创新创业环境、支撑和引领创新驱动发展的重要手段。本报告梳理了近年来北京科技法制建设的探索与实践，总结了北京科技法制建设的主要体会，提出了完善科技法制的相关建议。

党的十八届四中全会提出要全面推进依法治国，建设社会主义法治国家，强调更好地发挥法治引领和规范作用。为进一步坚持和强化首都全国科技创新中心的核心功能定位，必须大力推动科技法制建设，积极营造良好的创新创业环境。

## 第一节　北京科技法制建设探索与实践

科技法制是营造创新创业环境、支撑和引领创新驱动发展的重要手段。近年来，北京深入贯彻落实《中华人民共和国科学技术进步法》《中华人民共和国促进科技成果转化法》《中华人民共和国中小企业促进法》《中华人民共和国专利法》等国家法律法规及《〈国家中长期科学和技术发展规划纲要（2006—2020年）〉若干配套政策》等中央文件精神，结合北京特色和优势，为科技创新营造了良好的法制环境。

### 一、构建科技创新政策体系和工作体系

加快推动科技创新政策体系建设。近年来，特别是从2009年以来，北京以服务国家创新战略与促进首都经济社会发展为导向，贯彻落实国家科技创新相关法律法规，重点围绕创新型城市建设、"科技北京"建设、中关村国家自主创新示范区建设、全国科技创新中心建设，形成了由《北京市技术市场条例》《北京市专利保护和促进条例》《北京市科学技术普及条例》《北京市实验动物管理条例》《中关村国家自主创新示范区条例》《北京市促进中小企业发展条例》等9部地方性法规，《北京市科学技术奖励办法》《北京市自然科学基金管理办法》等4部政府规章，以及300余项规范性文件构成的具有首都特色的"广覆盖、全主体、多层次、分阶段"的科技创新政策法规体系，既全面覆盖科技创新从研发到成果的全链条，从人才、资金到技术的全要素，从企业、高校院所到中介机构的全主体，又推动了科技政策向创新政策的转变，进一步强化了科技创新

---

① 本章由北京科学学研究中心课题组完成，王涵、王健、杨博文、曹爱红、王艳辉参加了课题研究工作。

对经济社会发展的支撑和引领作用，形成了全社会关注创新、支持创新、参与创新的良好氛围。

积极构建全链条工作体系。北京注重加强科技立法规划与顶层设计，特别强调法规政策出台前的需求调研与专题论证，积极构建"研究—制定—宣讲—实施—评估"的全链条科技法制工作体系，实现了政策调研、政策制定、政策实施与评估的有机结合。例如，2010 年《北京市科学技术奖励办法》新一轮修订前，进行了大量的需求调研与专题论证，修订后，通过北京科技政策法规宣讲团加强法规的宣贯，构建了"宣讲政策—了解政策—用好政策—跟踪反馈政策—参与研究制定新政策"的增值服务链。2011 年，北京市科学技术委员会及时启动了后评估工作，通过制定科学技术奖实施细则、评审工作行为规范、重大科技创新奖评审规则，完善了各类成果推荐条件和评定标准、评审程序和规则，加大了社会对科学技术奖的监督力度。

与此同时，专家记名投票、评审专家计算机遴选、信息屏蔽等手段的运用，使评审工作"步步有流程、事事有规范、处处有监督"，连续五年实现了北京市科学技术奖评审工作的零投诉。

## 二、深入推进中关村国家自主创新示范区建设

加强对中关村建设的法律保障。中关村国家自主创新示范区起源于 20 世纪 80 年代初的"中关村电子一条街"。1988 年 5 月，国务院批准成立北京新技术产业开发试验区（中关村科技园区前身），由此，中关村成为我国第一个高科技园区和我国经济、科技、教育体制改革的试验区。建设一流科技园区需要通过立法创建良好的法治环境，《中关村科技园区条例》2001 年 1 月 1 日起正式施行，采用了"非禁即可"的立法原则，从风险投资、人才引进、知识产权保护等方面进行规定，激发了园区的创新活力，被誉为中关村科技园区"基本法"。2009 年 3 月，国务院做出《关于同意支持中关村科技园区建设国家自主创新示范区的批复》，明确了中关村建设成为"具有全球影响力的科技创新中心"的发展战略目标。为适应新时期中关村的快速建设与发展对立法层面定位的迫切需要，2010 年 12 月，北京市新修订颁布了《中关村国家自主创新示范区条例》。新条例一方面坚持"针对问题、解决问题"，重点突破重点难点问题，另一方面采用"先行先试"模式，适度超前立法，重点在改革针对企业设立的工商管理措施、放活对创新主体科技研发支持、强化金融对科技型企业支撑作用、解决发展空间不足问题、加强高端产业集聚效应等方面进行了突破和创新。该条例是我国第一个国家自主创新示范区"根本大法"，在法律层面为保障中关村国家自主创新示范区建设成为具有全球影响力的科技创新中心奠定了基础。

强化政策先行先试。在法律的指导下，中关村积极推进"1＋6"先行先试政策，实施有限合伙制创业投资企业法人合伙人企业所得税优惠政策等新四条政策措施。2014年 12 月，国务院充分肯定了在中关村先行先试的金融、财税、人才激励、科研经费等促进科技创新一系列政策取得的积极成效，并将 6 项政策在全国范围推广实施，4 项政

策推广至所有国家自主创新示范区、合芜蚌自主创新综合试验区和绵阳科技城。中关村还积极开展鼓励引进海外高层次人才、拓宽科技企业融资渠道、支持设立适应科技企业特点和需求的保税仓库等新的政策试点工作。试点政策的实施充分发挥了中关村对北京市和全国创新发展的示范引领和辐射带动作用。

## 三、激发企业技术创新积极性

强化企业技术创新主体地位。2003 年《中华人民共和国中小企业促进法》和 2008 年《中华人民共和国科学技术进步法》颁布实施以来，北京市为促进企业技术创新和健康发展采取了一系列措施，以政府或者部门文件的方式先后出台了一系列扶持政策，在贯彻落实国家财税优惠政策、设立专项资金、搭建投融资服务平台、建立健全服务体系、加强创业基地建设等方面做了大量探索。2014 年 3 月，北京市颁布实施《北京市促进中小企业发展条例》，从创业扶持、技术创新、资金支持、市场开拓及服务保障等方面激励中小企业创新发展。2013 年北京市出台了《北京市人民政府关于强化企业技术创新主体地位全面提升企业创新能力的意见》，实施企业研发机构建设、企业研发投入引导、企业创新环境优化三大工程来提升企业创新能力。2014 年年底，北京市又出台了首都科技创新券制度，通过创新券对小微企业和创业团队围绕科技创新创业开展的测试检测、合作研发、委托开发、研发设计、技术解决方案或购买新技术新产品（服务）等科研活动给予资助。针对国有企业，2010 年北京市发布《关于推进市属国有企业自主创新工作的指导意见》，首次提出对市属国有企业自主创新能力进行考核，提高了对市属国有企业研发投入比例的目标要求。2014 年出台的《关于全面深化市属国资国企改革的意见》要求重点国企的研发经费支出占主营业务收入比重应达到 3%。同时，北京市充分发挥市场对企业创新的拉动作用，率先实质性开展新技术新产品政府采购试点和应用推广，发布实施《深入开展新技术新产品政府采购和推广应用工作的意见》和《北京市新技术新产品（服务）认定管理办法》，推动新技术新产品（服务）的应用。2009 年以来，政府采购金额超过 350 亿元，带动社会采购超过 1 500 亿元。科技企业蓬勃发展，国家级高新技术企业累计超过 1 万家，居全国首位。

促进首都科技条件平台开放共享。北京市制定相关政策，通过经营权授权，促进科技资源所有权与经营权分离，解决了高校院所开放科技资源的服务产权问题；通过多方共赢的利益分配机制，解决了开放科技资源市场化运营和服务问题。同时，北京市建立了一套以政府财政资金为先导、市场化运营为基础、多方共赢的工作机制，采取政府购买服务的方式推动在京科技条件资源对中小企业的开放、共享，提高了科技条件资源的使用效率，探索形成了促进中央地方科技资源开放共享的"北京模式"。北京市与 25 家中央在京单位和北京市属单位共建了首都科技条件平台，引导 676 家国家和北京市级的重点实验室（工程技术研究中心），3.84 万台（套）、价值 192 亿元的科研仪器设备面向社会开放共享，首都科技条件平台服务范围已经延伸到贵州、云南、河北、天津、重庆等省市和地区，京内外 3.5 万家企业获得了首都科技条件平台提供的各类技术服务。

# 四、积极推进科技成果转移转化

充分发挥技术市场桥梁和纽带作用。1994 年北京市制定实施了《北京市技术市场管理条例》，从技术市场秩序、技术市场服务、技术市场优惠待遇、技术市场法律责任等方面做出了明确规定，使北京的技术交易活动从自发无序走向了规范化、法制化，保证了技术市场的健康发展。根据国家宏观经济政策、法制环境的变化，经济、科技体制改革的不断深入，以及技术市场发展过程中出现的许多新情况、新问题，2002 年北京市修订发布了《北京市技术市场条例》，重点突出了"三个强化"：强化对市场秩序的维护，为区域创新、科技成果转化营造良好的市场环境；强化技术交易中介服务体系在促进市场发展中的功能，增加规范中介服务的专门章节，对技术中介机构的创办条件、人员资质等做出规范，从法律地位上保障技术中介服务机构的合法权利；强化促进技术市场和技术交易的政策保障。在条例的法制保障和推动下，北京地区的技术市场得到了快速、健康发展，技术交易额在全国一直处于遥遥领先的地位，对全国技术创新的辐射引领作用显著提升。据初步统计，2014 年北京市认定登记技术合同成交额 3 136 亿元，其中，技术流向北京市、外省市和出口的比例分别为 22.8%、55.3%和 21.9%。

大力推进科技成果转化应用。北京市先后出台了《北京市人民政府关于进一步促进科技成果转化和产业化的指导意见》《关于进一步创新体制机制加快全国科技创新中心建设的意见》《加快推进高等学校科技成果转化和科技协同创新若干意见（试行）》《加快推进科研机构科技成果转化和产业化的若干意见（试行）》等政策，将科技成果处置权和收益权下放给科技成果完成机构，进一步释放了高校、科研院所及科研人员的创新活力。坚持"全链条、全要素、全社会"的工作思路，通过支持多种要素、多个环节和多元主体相互组合，形成大批有特色的专业化成果转移转化服务机构，支撑科技创新与成果产业化链条上的各个节点；集聚科技成果转化所需的资金、市场、空间、人才等多种要素；激发全社会参与科技成果转化的积极性，促进社会各相关主体协同创新，从"发现—评价—培育—推进"四个环节推进科技成果转移转化，形成科技成果转化"北京模式"。

# 五、积极营造良好创新创业环境

完善人才创新激励机制。北京市非常重视科技人才在科技创新中的重要作用，先后出台了《首都中长期人才发展规划纲要（2010—2020 年）》《关于中关村国家自主创新示范区建设人才特区的若干意见》，通过北京"海聚工程"、中关村"高聚工程"等人才吸引政策，吸引海外高端人才来京创新创业；通过北京市优秀人才培养资助、"新世纪百千万人才工程"、北京市科技新星计划、"科技北京"百名领军人才培养工程等人才培养政策，来培育高端领军人才和创新团队；研究制定（修订）《北京市科学技术奖励办法》《北京市自然科学基金管理办法》《北京市吸引高级人才奖励管理规定实施办法》

《中关村国家自主创新示范区企业股权和分红激励实施办法》等法规政策，激发科技人才创新创业的积极性和主动性。

不断完善创新创业服务体系。北京市鼓励社会资本投资兴办孵化器，培育和推广创新工场、车库咖啡、创客空间、云基地等新型孵化模式，大力培育创业服务新业态；针对企业在初创、成长、发展等生命周期对资金的不同需求，构建天使投资、风险投资、创业投资、银行信贷、多层次资本市场等全链条的科技金融政策；高度重视知识产权的保护工作，对 2005 年 10 月施行的《北京市专利保护和促进条例》进行了修订，并于2014 年 3 月起施行。新条例更加注重专利工作的顶层设计，建立全社会共同保护和促进专利的体系，形成行政部门、权利人、行业协会等相关社会主体共同保护和促进全市专利事业发展的发展格局；更加注重对发明创造、专利运用及价值实现的保护和对重点对象的专利保护，体现了将国家新形势新要求与首都经济社会发展的需要相结合的特点；积极探索知识产权司法保护制度改革，成立北京知识产权法院。

## 第二节　北京科技法制建设的体会

回顾近年来北京科技法制建设的探索和实践，我们主要有以下三点体会。

## 一、把握好政府与市场的关系

充分发挥市场配置资源的决定性作用，坚持需求导向，遵循市场规律和科技创新规律，积极营造公平市场竞争环境，完善普惠性和需求性政策。加强政府职能转变，简政放权，"退放进"相结合，减少政府对微观事务的管理，通过政府放权让利的"减法"，调动社会创新创造热情的"乘法"。充分发挥第三方社会组织的作用，形成尊重主体、各司其职的局面，从而实现政府、市场与社会的多元共治。

## 二、把握好"软"促进与"硬"支撑的关系

当前，推动科技创新的手段多为引导、鼓励与支持等宣示性、原则性的政策"软"促进方式，缺乏相应法律责任，可操作性较弱，促进科技创新的实质性制度安排亟待加强。"软"促进也需有"硬"支撑，一方面需要政府拓宽视野，增强能动性，正确把握经济社会发展客观规律，加快科技研发由单个产品攻关向支撑全产业链转变，突出科技创新推动产业发展的"硬"支撑作用；另一方面，需要改变科技立法中只注重促进与引领，忽视对科技创新主体的义务及法律责任设定"硬"手段的情况，更多地从法律制度设计上主动谋划，通过可操作的权义责法律制度构建，为创新主体提供明确的行为预期，为促进科技创新提供有力的法制保障。

# 三、把握好协同创新和立法统筹的关系

科技创新有赖于技术、资金、人才等创新资源和要素的聚合优化，有赖于创新链条多环节的有效衔接，亦有赖于高校、企业、政府部门等多主体的协同推进。创新需要协同，以集聚创新主体的优势，充分释放创新要素的活力。但是协同也意味着不同利益诉求的存在，这不可避免地存在有些主体过于强调、维护与谋取部门或区域利益，影响政策的全局性和前瞻性，影响政策的实施效果等情况。因此，协同创新需要通过立法加强统筹协调，协调各部门、各行业的利益诉求，降低政府部门的相互协调成本，避免政策冲突和利益部门化，使各主体创新激情真正实现理性奔放。

近年来，北京科技法制建设取得显著进展，自主创新能力不断提升，创新创业环境不断完善，科技创新对首都经济社会发展的支撑和引领作用越来越凸显。同时，我们也必须清醒地认识到当前科技法制建设仍存在一些不足，主要表现在与《中华人民共和国促进科技成果转化法》等上位法衔接配套的地方法规制定工作有待进一步推进；激励创新的需求性和普惠性政策有待进一步完善；执法监督检查和执法队伍有待进一步加强等。这些问题需要政府高度重视，并采取相关措施加以解决。

## 第三节　对策建议

坚持立足市情，全面加强科技法制建设，按照党的十八届四中全会要求，坚持依法行政和依法决策，加强创新政策法规体系建设，运用法治思维、法治方法，保护、激励和推动科技创新各项活动，真正把科技创新管理纳入规范化、制度化和法制化的轨道。

# 一、充分发挥地方立法权，积极对接国家上位法

紧跟《中华人民共和国促进科技成果转化法》修订进程，从市级层面加强顶层设计，统筹协调各相关委办局通力合作，加快推进《北京市科技成果转化促进条例》的调研立项和立法工作。依照上位法精神，建立全链条、全要素、全社会的科技成果转化的协同工作体系；充分发挥市场在科技成果转化中的决定性作用，强化企业在技术创新和成果转化中的主体地位，赋予高校与科研院所科技成果使用权、处置权和收益权，真正建立有利于调动各方面积极性的成果转化利益机制；对于财政性资金资助的具有市场应用前景、产业目标明确的科技项目，规定其科技成果转化实施义务，强化科技成果转化的法律责任，为科技成果转化营造良好环境等。

# 二、坚持问题和需求导向，提升固化现有做法

按照"问题引导立法，立法解决问题"的思路，以挖掘实际问题、突出前瞻立法和

首都特色为重点扎实开展立法调研；研究修订《北京市实验动物管理条例》；加快科研机构立法，深入研究市场经济体制下各类科研机构的特点、地位、作用、运行规律和相应的管理措施；加快科技中介服务机构立法，针对科技中介服务机构的法律地位、权利义务及如何对其加强引导和监督做出规定。

及时总结现有经验做法，及时把成熟、稳定的创新政策转化为法律；及时总结现有"首都科技条件平台"开放共享机制和经验，加快制定《北京地区科技资源共享条例》，使其适用于以共享为核心环节的科技资源建设、共享与维护的整个过程。

## 三、注重需求性和普惠性政策，积极营造良好创新环境

加快从特殊性政策向普惠性政策转变。改革创新政策工具，加强间接性资助，支持创新主体联合，突出需求拉动，促进包容性创新。加快制定普惠性财税政策支持创新创业，充分发挥财税政策的杠杆和增信作用，秉持用于公共领域的财政资金和政策的公平性和普惠性。例如，继续探索加大研究开发费用加计扣除政策的力度，扩大受惠面。又如，政策性贷款和贷款贴息等政策应尽量对各类企业一视同仁，不能只支持特定所有制或具备某种资格的企业。探索在中关村国家自主创新示范区试点政策成熟后，适时将试点政策扩大到全市范围内实施，探索科技计划项目适时向个人和外资研发机构开放。

进一步完善需求性政策。实施面向创新型产品和服务为导向的公共采购，以技术研发采购为主的商业化前采购政策。研究制定支持和规范社会组织承接政府购买服务的办法。通过强制性标准引导民众使用创新产品，倒逼企业开展技术创新。通过限制性规定等向社会发出"信号"，以引导消费文化。探索建立符合国际规则和产业发展的政府采购技术标准体系，建立"首购首用"风险补偿机制。积极利用首购、订购等政府采购政策扶持科技创新产品的推广应用。研究制定促进新技术、新产品应用的消费政策，发展商业性的增值服务新业态。

## 四、完善政府科技创新治理体系，推动<br>以科技创新为核心的全面创新

加强创新发展与改革的宏观管理，加强科技部门与产业、经济等部门之间的统筹协调，重点做好战略、规划、政策、布局、评估、监管等工作。加快完善创新基础制度，完善科技报告体系、创新调查制度、信用体系制度建设，深化行政审批制度改革，建立健全政府引导、市场主导、第三方社会组织多方参与的科技创新治理体系。针对制约科技创新的法律法规及政策障碍进行系统研究，推进科技创新政策的综合改革，构建以遵循科技创新和成果产业化市场规律、以激励创新创业为导向的科技创新政策体系，实现经济、社会政策与科技创新政策的协同，真正扫除政策障碍。

加强科技执法监督检查。进一步健全科技执法队伍，丰富科技执法手段，创新科技

执法方式，建立科技法规执行落实的评价考核机制，明确相关部门职责和考核指标，按照《关于法规规章实施准备和评估报告工作的若干规定》，加强对法规实施情况的跟踪、评价和反馈，推进各项科技法规的落实。进一步健全规范性文件合法性审核机制，加强对科技政策制定的主体范围、权限的法律规范，完善具体行政行为的司法审查制度，加强对科技创新政策制定程序、内容、执行过程和结果的法律监督。

# 第三十四章 社会组织在转变政府行政职能方面的作用研究[①]

**内容概要:** 本报告通过文献检索、实地调研、专家咨询等方法,梳理分析了北京社会组织发展现状及其在政府职能转变过程中的主要作用,以及存在的政策保障不够完善、发挥作用空间有限、政府职能重叠、政府扶持力度不足和社会组织自身能力有待提高等问题。从完善政策法规、加强顶层设计、加大培育和发展社会组织工作力度、加强"枢纽型"社会组织建设、强化评估评价和监督管理五个方面,提出了促进北京社会组织在政府职能转变过程中更好发挥作用的对策建议。

## 第一节 北京社会组织发展现状

当前,北京社会组织正处于高速发展时期。根据北京市委社会工作委员会的最新统计,截至 2014 年 3 月,"北京登记社会组织 8 438 个,备案社区社会组织 14 000 余个,其中 87% 纳入市总工会、共青团北京市委员会、妇女联合会等'枢纽型'社会组织服务管理,万人拥有登记备案社会组织 11.1 个"。总体上看,北京社会组织的发展数量和发展速度在全国均处于前列,与北京经济社会发展水平基本相适应,基本能够满足北京改革发展的一般需求。

## 一、北京社会组织发展总体现状

### (一)北京社会组织登记数量呈现逐年增加的趋势

2004～2012 年,北京社会组织登记数量呈现不断上升的趋势,由 2004 年的 4 613 个增加到 2012 年的 7 993 个,年均增长率为 7.11%(图 34-1)。

从社会组织的分类来看,2004～2012 年,北京社会团体、民办非企业和基金会三类社会组织的登记数量都呈现出不断增加的趋势。从图 34-2 可以看出,社会团体和民办非企业的数量相对较多,民办非企业的登记数量增长速度最快,从 2004 年的 2 078 个增长到 2012 年的 4 382 个;基金会的数量较少,2012 年仅有 219 个。

---

① 本章由启迪控股股份有限公司课题组完成,梅萌教授担任课题负责人,执笔人为杜朋、杜宏群、赵正国、孙冠楠、袁俊崧。

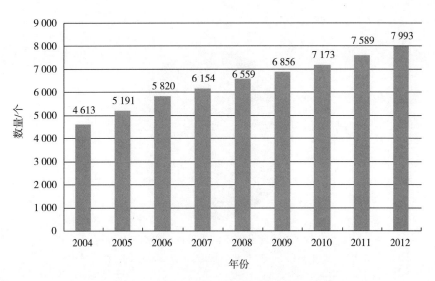

图 34-1　2004～2012 年北京社会组织登记数量

资料来源：《2012 年北京市民政事业发展统计公报》

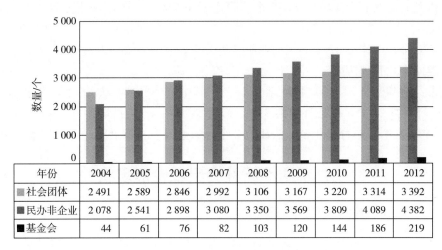

图 34-2　2004～2012 年北京各类社会组织登记数量

资料来源：《2012 年北京市民政事业发展统计公报》

## （二）2012 年北京社会组织发展情况

截至 2012 年年底，北京共有社会组织 7 993 个，其中，社会团体 3 392 个，民办非企业单位 4 382 个，基金会 219 个，各类社会组织占比如图 34-3 所示。

2012 年，全市共有社会团体 3 392 个，同比增长 2%。其中，工商服务业类 391 个，科技研究类 433 个，教育类 121 个，卫生类 132 个，社会服务类 351 个，文化类 260 个，体育类 202 个，生态环境类 59 个，法律类 43 个，宗教类 45 个，农业及农

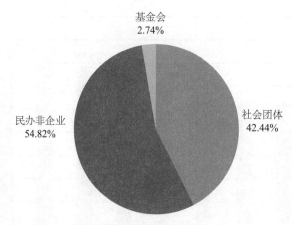

图 34-3　2012 年北京不同类型社会组织占比情况
资料来源:《2012 年北京市民政事业发展统计公报》

村发展类 634 个，职业及从业组织类 174 个，国际及其他涉外组织类 1 个，其他 546 个。

全市共有民办非企业单位 4 382 个，同比增长 7％。其中，科技服务类 194 个，生态环境类 11 个，教育类 2 571 个，卫生类 278 个，社会服务类 741 个，文化类 182 个，体育类 270 个，法律类 37 个，工商业服务类 4 个，农业及农村发展类 15 个，职业及从业组织类 4 个，其他 75 个。

全市共有基金会 219 个，同比增长 18％。其中，公募基金会 36 个，非公募基金会 183 个；科技类 21 个，生态环境类 6 个，教育类 46 个，卫生类 15 个，社会服务类 77 个，文化类 38 个，体育类 4 个，法律类 3 个，农业及农村发展类 1 个，其他 8 个。

## 二、不同性质社会组织发展现状

### （一）专项类社会组织发展现状

以北京市科学技术协会（简称北京市科协）发展建设为例，北京市科协是 2009 年北京市社会建设工作领导小组首批认定的 10 家市级"枢纽型"社会组织之一，其本身是科学技术类社会组织，同时还负责全市科学技术类社会组织的联系、服务和管理工作。如表 34-1 所示，2003～2012 年，北京市科协系统所属的学会、协会等社团类社会组织的总体数量平稳增长，学会理事会理事人数、学会专门工作委员会数量、学会所属分科学会（专业委员会）数量、学会专职工作人数、社聘人员人数等快速增加。这在一定程度上反映出北京科协系统社会组织发展方面的主要特点，即总量相对控制、结构调整频繁、涉及人数迅猛增长、组织活动日趋活跃。

表 34-1 2003～2012 年北京市科协系统社会组织发展情况概览

| 年份 | | 2003 | 2004 | 2005 | 2006 | 2007 | 2008 | 2009 | 2010 | 2011 | 2012 |
|---|---|---|---|---|---|---|---|---|---|---|---|
| 学会、协会、研究会数量/个 | 理科学会 | 29 | 28 | 26 | 26 | 27 | 28 | 28 | 28 | 28 | 28 |
| | 工科学会 | 51 | 50 | 51 | 51 | 51 | 52 | 53 | 52 | 52 | 52 |
| | 农科学会 | 12 | 12 | 12 | 14 | 14 | 14 | 14 | 16 | 16 | 17 |
| | 医科学会 | 18 | 18 | 18 | 18 | 21 | 22 | 24 | 24 | 24 | 25 |
| | 科普交叉 | 29 | 30 | 30 | 31 | 31 | 34 | 35 | 36 | 36 | 40 |
| | 合计 | 139 | 138 | 137 | 140 | 144 | 150 | 154 | 156 | 156 | 162 |
| 理事会理事人数/人 | | 7 344 | 7 360 | 7 684 | 8 094 | 8 389 | 8 866 | 9 252 | 9 760 | 10 055 | 10 391 |
| 学会专门工作委员会数量/个 | | 389 | 416 | 458 | 498 | 507 | 496 | 507 | 581 | 562 | 575 |
| 学会所属分科学会数量/个 | | 586 | 604 | 587 | 568 | 552 | 577 | 600 | 608 | 614 | 672 |
| 学会专职工作人员人数/人 | | 457 | 399 | 443 | 555 | 570 | 638 | 665 | 690 | 755 | 814 |
| 学会社聘人员人数/人 | | | | | 306 | 298 | 304 | 330 | 344 | 391 | 463 |

注：统计数据来源于北京市科协官方网站

## （二）区域社会组织发展现状

以中关村示范区为例，中关村示范区社会组织主要包括协会和产业技术联盟等社会团体、基金会和民办非企业单位。其中，各种协会类组织和产业技术联盟占据主导地位。据相关统计，截至 2013 年年底，活跃在示范区的社会组织总数已达 110 余个，其中，在市民政局登记注册的社会组织达 82 个，2013 年新增社会组织 37 个。2013 年 12 月、2014 年 1 月，中关村产业技术联盟促进会和中关村社会组织联合会正式登记注册并召开了成立大会。这两家社会组织的成立是中关村社会组织发展过程中具有历史意义的大事，它标志着中关村社会组织有了实体性枢纽组织，各类社会组织在整合发展和协同创新方面有了坚实的组织依靠。

## 第二节　北京社会组织在政府职能转变过程中发挥的主要作用

## 一、协助政府提供公共服务

政府职能转变的一个重要方向是从全能型政府转向有限型政府，而有限型政府凭自身力量根本无法满足社会日益增长的对大量化、多样化和精致化公共服务的迫切需求。数量繁多、类型多样的社会组织在北京市政府职能转变的过程中通过多种方式协助政府提供公共服务，或者是独立提供公共服务，为填补公共服务空白发挥了重要作用。

## 二、受政府委托办理专项业务

协助政府提供公共服务的社会组织多数是通用性、公益性社会组织，服务主要面向社会整体建设，服务对象主要是普通民众。还有一些专业性相对较强的社会组织，如行业协会、联席会、产业技术创新战略联盟等，其服务主要面向特定行业，服务对象主要是相关企业组织和企业家。它们除了参与政府购买的公共服务项目之外，还直接接受政府委托，具体承担政府部分业务的受理工作。

## 三、协助政府开展相关工作

现实实践中，大量社会组织虽然没有正式接受政府购买服务项目和受托办理相关业务，但也通过多种方式，不同程度地参与了政府各项工作，助力政府更好地履行和转变职能。以中关村产业技术联盟促进会为例，自成立以来，该协会积极发挥在政府与联盟、联盟与联盟及联盟与社会之间的桥梁纽带作用，推动联盟参与政府重大项目的顶层设计和组织实施，协助政府开展卓有成效的工作，如参与编写重要报告和政策文件，指导新联盟成立，规范联盟发展，组织中关村产业技术联盟示范项目征集和专家评审活动等。

### 第三节　北京社会组织在政府职能转变过程中存在的主要问题

## 一、政策保障不够完善

总体上看，社会组织在政府转变职能过程中的重要作用已经得到了普遍认识，但与此相关的政策保障还不够完善。2014年6月，北京发布《北京市人民政府办公厅关于政府向社会力量购买服务的实施意见》，明确了社会组织作为承接政府购买服务的主体，对政府职能向社会组织转移具有重要指导意义。但总体而言，与此相关的制度体系还不够完善，相应的政策措施也亟待制定出台。

## 二、政府职能体系相对完善固化，社会组织发挥作用的空间有限

经过多年探索，北京市政府各机构部门的职能分工已基本明确，各部门及其所属相关事业部门协同处理行政事务和其他服务事项的工作机制已基本建立并相对完善。政府职能一般都有相应部门负责，或者由行政机构直接负责，或者由行政机构下属事业单位负责，或者由行政机构和下属事业单位共同负责。这些机构负责相关业务多年，已经投入了一定的人力物力，积累了丰富的实践经验，不可能突然间就把相关业务转移给社会

组织，即使真正转移了，相关社会组织也很难在短期内承接好相关业务。因此，现有形势下，如果没有相应重大改革，社会组织发挥作用的空间比较有限。

## 三、政府职能重叠、不协调的现象局部依然存在，影响社会组织作用发挥

当前，北京市政府部分部门承担的职能依然存在重叠、割裂甚至是冲突的现象，这不仅制约了其行政效能的提高，也在一定程度上影响了社会组织在政府职能转变过程中更好地发挥作用。例如，同级政府部门之间职能的重叠使得社会组织在承接政府职能过程中不得不面对多头领导和指挥，直接影响到社会组织作用的发挥。

## 四、政府全方位扶持社会组织发展的工作力度不足

社会组织的健康快速发展涉及资金、人才、管理等方方面面，需要政府提供全方位的支持和帮助。和上海、广东等地区相比，北京在全方位、深层次大力扶持社会组织规范化发展方面工作力度不足。对具体如何促进社会组织规范化、科学化和高效化运营给予的关注相对较少。政府的支持不应该仅局限于放宽社会组织成立条件和笼统的资金支持，而是应当具体深入社会组织完善发展的现实实践，给予全方位、深层次的支持和帮助。

## 五、社会组织自身综合能力和专业素质还有待提高

北京社会组织在自身建设方面还存在许多问题，综合能力不强、专业素质不高的现象普遍存在，在一定程度上影响了社会组织在政府职能转变过程中的作用发挥。部分成立已久的社会组织和相关行政机构关系不清，官方色彩浓厚，运行体制僵化，公信力不高，很难充分、高效承接政府职能。部分新近成立的社会组织制度规章尚不健全，日常运作不够规范，人员素质参差不齐，受资金、场地、人才等因素严重制约，同样很难充分、高效地承接政府职能。

## 第四节　对策建议

### 一、完善政策法规，出台具体办法

建议有关部门从政府职能转变、社会组织发展、政府职能向社会组织转移三方面全面梳理现行法规政策，及时、酌情修订已有法规政策和制定新政策，并及时出台具体的实施办法，以求为相关工作的良好开展提供有力的政策保障和方法指导。例如，可以考虑研究制定《社会组织法》和《北京市社会组织中长期发展规划》，加快制定北京市各

相关部门可向外转移的职能目录和政府职能向社会组织转移的工作方案及具体实施办法。

## 二、加强顶层设计，大力推进政府机构、事业单位、社会组织三方联动的全面系统改革

建议北京市在深化行政体制改革过程中，注重加强顶层设计，从市级层面全盘规划，统筹协调政府机构改革、事业单位改革和社会组织改革三大事宜。三方面的改革缺一不可，前两者的改革可以为社会组织发展和承接政府职能创造更大空间和更多机会，后者的改革可以为社会组织承接政府职能提供基本保障和有力支撑。

## 三、加大培育和发展社会组织工作力度，对社会组织进行全方位扶持

建议从资金、税收、人才等各个方面对社会组织进行大力扶持，加大培育和发展社会组织的工作力度。应当研究从多种渠道给予社会组织（特别是那些公益性强的社会组织）一定数额的稳定的财政支持。应当制定相应的税收优惠政策，使社会组织在营业税、所得税等多个税种方面享受一定的减免政策，并切实加强监督执行力度。应当加快健全社会组织人才培养和培训体系，加快完善社会组织人才职业系列。应当着重加强各种类型社会组织孵化器（孵化基地）建设，充分发挥社会组织孵化器在综合保障、能力培养、宣传推广、专业服务等方面的重要作用。当前，可以优先考虑在中关村示范区建立产业技术联盟孵化器（孵化基地）。

## 四、继续加强"枢纽型"社会组织建设

构建"枢纽型"社会组织工作体系一直是北京市社会服务管理创新的一项重要内容，被誉为"社会组织服务管理的'北京模式'"。建议进一步健全和规范"枢纽型"社会组织工作机制，进一步提高"枢纽型"社会组织综合管理和专业服务能力。可以将中关村产业联盟促进会认定为市级"枢纽型"社会组织，并开展试点工作。

## 五、加强社会组织评估评价和监督管理工作

建议尽快建立健全评估评价和监督管理社会组织自身发展以及社会组织在承接政府职能方面的作用表现的制度体系，建立完善的相关工作机制。应当根据评估评价结果，相应调整承接政府职能的社会组织目录，及时改进社会组织承接政府职能的工作方式。应当加大对部分社会组织违法行为和不当行为的监督查处力度，严厉打击非法社会组织及其违法行为。

# 第三十五章　大数据时代的创新资源共享
## ——从开放政府科技数据资源开始[①]

大数据的价值，不仅是大数据技术本身，更是应用创新产生的经济社会价值。以电商平台为例，其不仅要能够帮助众多小企业实现市场份额，还要生产效率价值；而智能交通、远程医疗要给人民生活带来更多便利。

立足于互联网大数据时代服务业重构和社会管理现代化水平提升的要求，下一步北京将以应用为牵引，持续支持相关关键技术的研发及集成，大数据平台的建设、开放和示范应用，以及商业模式创新，同时不断完善发展环境，推进行业持续、健康、规范发展。

北京市科学技术委员会一直支持以互联网、移动互联网和大数据为代表的信息技术的研究和应用，并特别以重要领域的应用为牵引，面向政务、商业、医疗、金融等各个领域，多次举办对接活动，创新商业模式，提供增值服务和行业应用的解决方案，产生了一批骨干企业和代表性服务。

但在近期针对大数据发展的调研中，我发现自己受惯性思维影响，没有把自己真正摆进去。这里有一个典型案例和大家分享：首都科技条件平台——仪器设备市场化开放共享的破冰之旅。

首都科技资源：我们有什么？北京拥有丰富的科技资源，包括仪器设备、研究报告、论文、成果、专家、数据库等，但这些科技资源的状态是管理上长期条块分割、沉睡、等待、冰封……

面对这种情况，我们做了什么？首都科技条件平台作为科技创新的基础性条件，通过"所有权与经营权分离"，引入专业服务机构，约定技术服务收入在资源方、服务人员和专业机构间的分配比例等一系列制度创新，实现了对在京高校院所企业科技资源的有效整合、高效运营和市场化服务。在平台的运营过程中，我们编制仪器设备目录和服务手册、引入服务机构、制作网站并定期组织一系列对接活动，将传统与现代、线上与线下等多种服务手段相结合。我们曾经取得的成果是在高价值密度数据环境下的开放共享：自 2009 年以来共促进首都地区 606 个国家级、北京市级重点实验室、工程中心、价值 186 亿元、3.6 万台（套）仪器设备向社会开放共享，促进了 500 多项较成熟的科研成果的转移转化，聚集了包括两院院士、长江学者等高端人才在内的 8 700 位专家，形成了仪器设备、数据资料、科技成果和研发服务人才队伍共同开放的大格局。从 2012 年起，条件平台从单纯的仪器设备开放应用拓展到以测试服务为基础的联合开发

---

① 本章摘自 2014 年 4 月 13 日《科技日报》（头版）北京市科学技术委员会主任闫傲霜署名文章。

和联合研究。将技术转移和技术开发服务纳入条件平台的服务范围后，平台的服务收入实现了跨越式增长。2012 年和 2013 年每年都有超过 1 万家企业享受到首都科技条件平台的各类服务，服务合同额均超过 20 亿元。

同时，我们也看到了首都科技条件平台发展中存在的三个问题，即广泛可及性、人工智能化及双向互动性。例如，当平台对外省市开放服务后，只有一部分专业的企业会登录我们的网站，了解平台的服务内容并得到相应的解决方案。另一部分企业反映，服务网站不会用，也有的企业说要我们教会他们用。作为管理者，我知道这说明服务平台还"不好用"。

当我们回过头来，真正把自己融入大数据时代来看时，我们还有什么？我们还拥有大量政府科技数据资源，如技术成果、高新技术企业名录、技术交易数据、新技术新产品、设计创新中心、大学科技园、科技企业孵化器、工程中心和重点实验室等数据，而这些数据资源还在沉睡中。

现在我们想做什么？我认为目标应该是"三起来"，即数据活起来、信息连起来、成果用起来。从整体上看，我们的解决路径包括智能化的增值服务，商业活动的增信服务，线上线下供需对接服务。公众关心什么，希望参与什么，创新主体在想什么、有什么、能够做什么，这些互动都可以通过大数据平台、互联网平台得以实现，同时成果可以作为政府决策的重要参考。政府和社会的数据资源开放共享，使小数据成为大数据、成为价值高寿命长的数据。同时，以共建开放平台、共建研究院，共建发展基金等形式，实现市场对数据资源的配置，实施公众参与的创新行动。

我们共同启动建设首都科技大数据平台，按照策划一个、上线一个，测试完善一个、面向市场运行一个的步骤实施。具体解决方案由有意愿参与解决的企业提出，以企业为主体，兼顾决策、投入、研发、应用和收益的各个方面。我们还将联合相关主体共建北京大数据研究院（至少包括一个研发创新平台和一个应用体验中心）以及北京大数据发展基金。我们的理念是创新从我做起、改革从我做起、服务从我做起，共建属于全社会的大数据应用平台。

# 第三十六章　服务于首都创新驱动发展战略的创新政策体系研究[①]

**内容概要：** 本报告梳理总结了新的历史背景下首都实施创新驱动发展战略所具有的优势、劣势、机遇和挑战；分别从国际标准、国家战略、地区比较等层面探讨了新形势下北京创新驱动发展的定位和创新政策体系的完善方向；通过调研，梳理分析了北京市创新政策体系的现状特征；从政策制定、实施、监督评估、统筹协调、法治化等方面提出了进一步完善的建议。

## 第一节　首都实施创新驱动发展战略的新形势

在世情、国情、科情深刻变革的历史背景下，首都实施创新驱动发展战略的形势是优势和劣势并存、机遇和挑战同在（图36-1）。

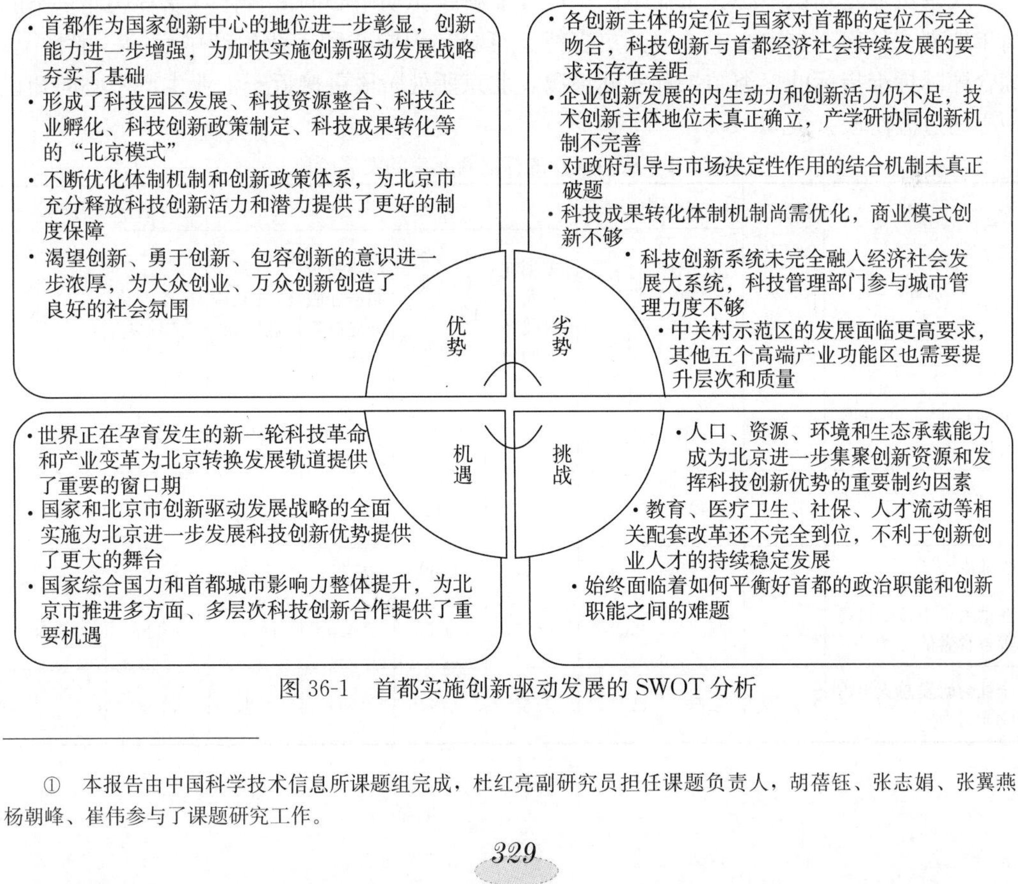

- 首都作为国家创新中心的地位进一步彰显，创新能力进一步增强，为加快实施创新驱动发展战略夯实了基础
- 形成了科技园区发展、科技资源整合、科技企业孵化、科技创新政策制定、科技成果转化等的"北京模式"
- 不断优化体制机制和创新政策体系，为北京市充分释放科技创新活力和潜力提供了更好的制度保障
- 渴望创新、勇于创新、包容创新的意识进一步浓厚，为大众创业、万众创新创造了良好的社会氛围

**优势**

- 各创新主体的定位与国家对首都的定位不完全吻合，科技创新与首都经济社会持续发展的要求还存在差距
- 企业创新发展的内生动力和创新活力仍不足，技术创新主体地位未真正确立，产学研协同创新机制不完善
- 对政府引导与市场决定性作用的结合机制未真正破题
- 科技成果转化体制机制尚需优化，商业模式创新不够
- 科技创新系统未完全融入经济社会发展大系统，科技管理部门参与城市管理力度不够
- 中关村示范区的发展面临更高要求，其他五个高端产业功能区也需要提升层次和质量

**劣势**

- 世界正在孕育发生的新一轮科技革命和产业变革为北京转换发展轨道提供了重要的窗口期
- 国家和北京市创新驱动发展战略的全面实施为北京进一步发展科技创新优势提供了更大的舞台
- 国家综合国力和首都城市影响力整体提升，为北京市推进多方面、多层次科技创新合作提供了重要机遇

**机遇**

- 人口、资源、环境和生态承载能力成为北京进一步集聚创新资源和发挥科技创新优势的重要制约因素
- 教育、医疗卫生、社保、人才流动等相关配套改革还不完全到位，不利于创新创业人才的持续稳定发展
- 始终面临着如何平衡好首都的政治职能和创新职能之间的难题

**挑战**

图36-1　首都实施创新驱动发展的 SWOT 分析

① 本报告由中国科学技术信息所课题组完成，杜红亮副研究员担任课题负责人，胡蓓钰、张志娟、张翼燕、杨朝峰、崔伟参与了课题研究工作。

由图 36-1 可知，首都实施创新驱动发展战略的优势表现如下：首都作为全国创新中心的地位进一步彰显；科技园区发展、科技资源整合、科技企业孵化、科技创新政策制定、科技成果转化的"北京模式"为推进创新驱动发展提供了有效经验等。劣势表现如下：创新发展水平与国家对首都的定位和要求还有差距；以企业为主体的技术创新体系尚未完全确立；政府引导与市场决定性作用的结合机制不够完善；促进科技成果转化的体制机制尚需进一步优化，对商业模式创新的重视不够等。机遇如下：世界正在孕育发生的新一轮科技革命和产业变革为北京转换发展轨道提供了重要的窗口期；国家和北京市创新驱动发展战略的全面实施为北京进一步发展科技创新优势提供了更大的舞台。同时，北京在未来一段时期内的人口、资源、环境、生态矛盾更加突出，尤其是城市人口规模过快增长给资源平衡、环境承载、公共服务和城市管理、生态保护等都带来了严峻挑战。

## 第二节　首都创新驱动发展的定位、发展阶段分析

## 一、从国际标准看北京所处阶段和发展方向

北京更像是知识中心、工业生产中心和非科技驱动中心的混合体，或者说北京不能简单地划入任何一类中心中，但其更多特征符合知识中心和工业生产中心的一般情况。综合国际标准指标的聚类结果和实际情况，北京所处阶段更接近于工业生产中心向知识中心的过渡阶段（表 36-1）。

表 36-1　从 OECD 的标准看北京的发展阶段

| 指标 | 北京 | 知识中心 | | 工业生产中心 | | | | 非科技驱动中心 | |
| --- | --- | --- | --- | --- | --- | --- | --- | --- | --- |
| | | 知识密集型城市或首都区 | 知识和技术中心 | 美国拥有典型科技特征的州 | 知识密集型国家中的服务和自然资源密集地区 | 中等技术制造和服务提供型地区 | 传统制造业区域 | 反工业化的地区 | 基本部门密集型地区 |
| 人均 GDP（2000US $ PPP）[1] | 22 994 | 60 966 | 42 559 | 43 799 | 41 174 | 30 770 | 30 074 | 24 070 | 16 429 |
| 人口密度/（人/平方千米） | 1 232 | 3 494 | 225 | 51 | 112 | 245 | 131 | 111 | 99 |
| 失业率/% | 1.27 | 8.30 | 5.40 | 5.20 | 3.80 | 6.90 | 4.20 | 11.00 | 7.50 |
| 劳动人口中接受过高等教育者的比例/% | 39.37 | 32.85 | 26.97 | 17.79 | 29.54 | 26.9 | 14.77 | 23.88 | 18.59 |
| 全社会研发总支出占 GDP 比例/% | 5.76 | 2.73 | 4.14 | 1.60 | 1.32 | 1.54 | 1.21 | 0.83 | 0.53 |

续表

| 指标 | 北京 | 知识中心 | | 工业生产中心 | | | | 非科技驱动中心 | |
|---|---|---|---|---|---|---|---|---|---|
| | | 知识密集型城市或首都区 | 知识和技术中心 | 美国拥有典型科技特征的州 | 知识密集型国家中的服务和自然资源密集地区 | 中等技术制造和服务提供型地区 | 传统制造业区域 | 反工业化的地区 | 基本部门密集型地区 |
| 商业研发支出占全社会研发总支出的比例/% | 39.63 | 48.08 | 74.44 | 58.75 | 50.09 | 62.94 | 65.31 | 35.04 | 33.24 |
| 每百万人口的 PCT 专利申请量/项 | 131 | 126 | 292 | 97 | 101 | 77 | 69 | 22 | 4 |
| 第一产业从业人口所占比例/% | 5.17 | 0.00 | 2.18 | 3.16 | 3.80 | 3.08 | 4.79 | 6.67 | 19.09 |
| 公共部门从业人口所占比例/% | 31.78 | 34.14 | 35.72 | 39.47 | 36.57 | 32.82 | 24.62 | 29.82 | 23.58 |
| 制造业部门从业人口所占比例/% | 14.33 | 10.16 | 13.71 | 9.57 | 14.17 | 17.46 | 24.89 | 17.25 | 20.26 |
| 高技术和中高技术制造业部门占制造业从业人口比例/% | 22.3 | 40.2 | 49.1 | 43.1 | 30.0 | 39.7 | 35.3 | 27.3 | 20.0 |
| 知识密集型服务业从业人口占全部服务业人口比例/% | 41.79 | 54.90 | 56.00 | 54.00 | 56.00 | 49.20 | 43.70 | 42.90 | 41.00 |

1）指以 2000 年为基期、美元为单位的购买力评价法测算的人均 GDP

资料来源：《北京统计年鉴 2012》《OECD 科学技术和工业记分牌 2013》

## 二、从国家层面看北京科技创新的战略定位

从国家层面看，北京具有全国科技创新中心的战略定位，其具体内涵可概括为科技创新引领区、高端经济增长极、创新创业栖息地、文化创新先行区、生态建设示范城[①]、开放创新主枢纽（图 36-2）。

## 三、从地区比较看北京创新驱动发展的战略定位

在科技创新上，北京是领头羊，而上海和深圳是中坚力量；在新兴产业发展上，深圳与北京更突出尖端产业部分，而上海突出的是新兴产业的大规模发展，深圳与北京的

---

① 引自 2014 年 4 月 17 日《人民日报》（13 版）北京市科学技术委员会主任闫傲霜署名文章。

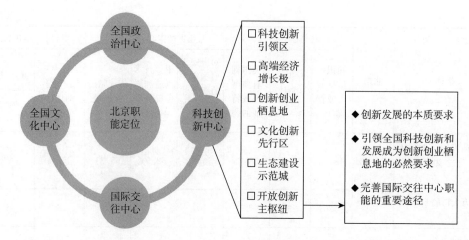

图 36-2　北京作为全国科技创新中心的内涵关系图

竞争会更加激烈；在创新创业上，三市的定位雷同，这需要各地通过营造政策和环境来塑造差异（表 36-2）。

表 36-2　从地区比较看北京与沪深等城市在创新战略定位上的区别

| 城市 | 战略定位 | 具体内涵 |
|---|---|---|
| 北京 | 全国科技创新中心/世界科技创新中心 | 科技创新引领区、高端经济增长极、创新创业栖息地、文化创新先行区、生态建设示范城、开放创新主枢纽 |
| 上海 | 具有全球影响力的科技创新中心 | 科技研发重镇、新兴产业发展基地、创新创业沃土、科技惠民典范、科技开放前沿 |
| 深圳 | 具有世界影响力的国际创新中心 | 国家自主创新示范区、科技体制改革先行区、开放创新引领区、创新创业集聚区、战略性新兴产业先导区 |
| 武汉 | 具有广泛影响力和国际竞争力的国家创新中心 | 高新技术创造中心、新兴产业生成中心、科技改革示范中心、高端人才集聚中心、创新文化培育中心 |
| 南京 | 具有国际影响力和竞争力的中国人才与科技创新名城 | 长三角科技创新中心、国家创新型城市 |
| 广州 | 具有国际影响力的华南科技创新中心 | 国家创新型城市 |
| 西安 | 具有国际影响力的科技创新高地 | 全国科技人才创新创业高地、国家重要战略性新兴产业发展高地 |
| 重庆 | 长江上游技术创新中心 | 创新型城市、区域技术创新中心 |
| 天津 | 国家高水平创新型城市 | 我国自主创新高地、高水平研发转化基地、北方产业创新中心 |
| 成都 | 中西部创新驱动发展引领城市、国际知名的区域科技创新中心 | 全国知名的创新之城、创业之都和创新发展引领区 |
| 杭州 | 我国高新技术研究开发及产业化的重要基地和区域创新中心 | 科技创新高地、国家创新型城市 |
| 苏州 | 国家创新型城市 | 高新技术研发基地、科技成果转化基地、国际先进制造业基地 |

## 第三节　北京创新政策体系的主要现状特征

### 一、创新政策的制定主体分布广泛

据不完全统计，截至 2013 年年底，北京市 585 件创新政策的牵头部门涵盖 50 个管理部门中的 30 个，若纳入参与部门则更多。从其中发布政策较多的部门来看，其包括北京市政府办公厅、北京市科学技术委员会、中关村科技园区管理委员会（简称中关村管委会）等十多个部门。

### 二、创新政策的工具手段涵盖全面

北京市的供给面政策、环境面政策、需求面政策已形成较为完整的政策体系。上述创新政策涵盖了科技创新的全部环节，运用了目前常见的所有创新政策工具，其中，相对而言，供给面和环境面政策更为系统而成熟，需求面政策则仍处于发展完善过程中（图 36-3）。

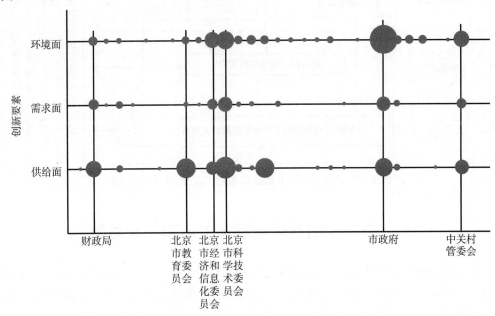

政策部门

图 36-3　创新政策的工具手段示意图

注：图中圆圈大小代表政策的多少

# 三、科技园区政策体系健全

中关村管委会成立后，北京市有关部门出台了一系列政策工具和手段，具体政策涉及面非常广，从宏观的环境政策到微观的针对中小型创新企业、创新中介机构、创新人才、创新基地等的政策，都体现出中关村科技园区已基本完成政策体系的构建，并成为全国各地科技园区竞相学习的对象。

## 第四节　对策建议

北京完善创新政策体系的建议及其结构示意图见图 36-4。

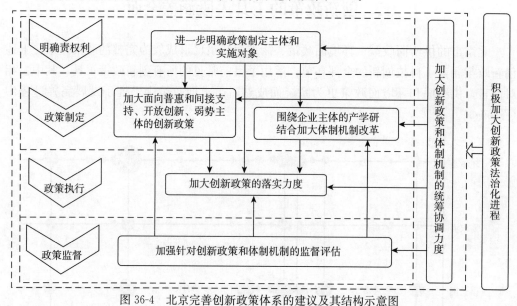

图 36-4　北京完善创新政策体系的建议及其结构示意图

## 一、进一步明确政策制定主体和实施对象

扩大创新政策制定主体的范围。除人民代表大会和政府机关等官方部门外，企业、高校、科研院所等创新主体，以及半官方民间组织、非政府团体、外资机构等社会力量也应该被纳入，共同构成新的创新政策制定和制度改革主体体系（图 36-4）。

调整政策和体制机制改革措施的实施对象。实施对象所涵盖的具体适用类别上应更广泛，以使大多数政策和体制机制都适用于不同归属的国内外机构，形成普适性政策和体制机制。对于一些需要加强引导和扶持的实施对象，需制定专门激励引导政策和体制机制，以进一步激发这类机构的创新活力。

## 二、围绕企业主体的产学研结合加大体制机制改革

进一步深化科技成果转化体制机制改革。支持科技人员以专利、非专利技术出资共同创办企业，个人最高可获注册资本70％及以上的股份；转化职务科技成果取得的收益中，高校和科研院所可按70％及以上的比例奖励个人并免缴扣个税；制定灵活的国有科研院所专利付费和激励制度；重新评估和改革国家科研院所和高校的专利申请程序及合作研发协议签订办法，简化专利转让申请手续。

切实解决新兴创新机构发展面临的体制困境。鼓励新型创新机构通过与高校联合设立学科和专业、接收博士（后）参与技术研究和实习、创办专业技术院校等，提供共性技术和开展产业化前的各种中试和企业孵化，培养产业技术研发人才和高技能人才，提高承接全球产业链高端转移和开展自主创新的能力。

加快现代高校和科研院所的制度建设。推动高校和科研院所人事制度改革，取消高校和科研院所行政级别，提高市属高校和科研院所的对外开放程度。在绩效评价基础上，对面向国家和北京市目标的固定人员费用、科研经费、设备费、运行费等实行年度一揽子拨付。

大力发展创新领域的特色新型智库。充分发挥中央智库的优势，大幅加大软科学研究计划的经费支持力度，鼓励软科学研究人员不搞应付差事式研究，提出真知灼见。对软科学研究的经费资助规定应与硬科学研究区别开来，突出智力成本在软科学研究经费支出中的主体地位。

## 三、加大面向普惠和间接支持、开放创新、<br>弱势主体的创新政策

丰富后补助为主的企业创新研发支持政策手段。对由企业实施、符合国家和北京市战略需求、企业先行投入和组织研发、产业化目标明确的项目，在组织专门论证并通过后，采取财政后补助等方式给予支持。调动各方积极性，建立财政资金与社会资金搭配机制，财政资金与社会资金的出资比例原则上应达到1∶1以上。

创新科技金融税收等政策，助力中小企业创新发展。支持互联网金融发展，支持天使投资等新兴科技金融业态发展，通过制定政策、搭建平台、财政补偿、行业自律等多种方式，发展天使投资机构。

重点加强对青年科技创新创业人才的扶持政策。系统地对青年科技创新创业人才队伍关心的社会保障、职业发展两类核心问题进行全面部署，加强全市范围内的教育资源统筹、住房保障、社保与医保跨区域统筹、薪酬制度改革、创新创业经费资助等，大幅提升创新创业人员的整体收入水平，大幅缩小不同学科领域科技工作者的收入差别。

积极完善知识产权和标准化政策。建立综合性知识产权运营中心，分类建立支柱产业和战略性新兴产业知识产权数据库、知识产权法律规则信息库、全球知识产权运营服

务机构信息库等。建立重大投资项目和大型展会知识产权审查机制、知识产权侵权预警机制和风险防范机制。完善北京知识产权法院，支持高校建立知识产权学院，合作培养各类知识产权人才。

加强联盟政策的制定，依托联盟统筹全国优势创新资源。制定支持联盟发展的专项扶持政策，给予在京的国家级联盟优先组织实施北京市重大科技项目、联合开展重点领域专项规划制定、联合开展政策制定、联合制定标准等的优先地位。对在京联盟的日常活动给予部分经费支持，鼓励联盟就北京市的创新驱动发展提供政策建议。

# 四、加大创新政策的落实力度

落实研发费用的税收抵扣等政策。完善企业研发费用税前加计扣除政策，取消研发领域限制，将企业购买科研院所和高校技术的支出纳入研发费用加计扣除范围，对小微企业的研发投入给予现金税收返还，加大落实企业研发设备加速折旧、高新技术企业税收优惠等政策力度。

进一步加大对相关政策和体制机制改革措施的宣传力度。市科学技术委员会应牵头建立一个政策宣传和交流的互动平台，供政策制定者、政策实施对象、政策研究者和其他关心北京市创新政策的人士对北京市的创新政策内容进行交流和答疑解惑。

进一步做好北京市政策与中央政策的协同执行。北京市有关部门在政策制定和实施过程中，可与中央部门在政策的实施安排、操作流程设计、执行经验和信息共享等方面进一步做好沟通与衔接，提高执行效率。

对实施效果较好的政策和体制机制予以常态化。充分利用中关村国家自主创新示范区先行先试的优势，鼓励中关村管委会及各类机构在北京市支持下开展政策创新，及时将其中试行效果良好的政策和措施在全市范围进行推广实施。

# 五、加强针对创新政策和体制机制的监督评估

每五年完整评估一次综合性政策和体制机制改革文件。对《北京市中长期科学和技术发展规划纲要》《"科技北京"行动计划（2009—2012）——促进自主创新行动》《"十二五"时期科技北京发展建设规划》等综合性政策和体制机制改革文件，有关政府主管部门应在执行期末或者中期组织或者委托第三方机构进行综合评估，评估结果必须向市委、市政府和市人大汇报，后者需提出政策进一步实施和完善体制机制的指导意见。

对新实施的创新政策和体制机制同步开展监督评估。今后凡是要出台的新政策和体制机制改革措施，必须同步出台监督评估方案或安排，在项目颁布实施前要向社会公示，接受社会反馈的意见或建议并做出有效处理。政策制定和体制机制改革部门在政策和体制机制改革措施实施后，应依据监督评估方案，定期对其实施情况进行自评估，在必要的情况下向市政府或市人大作综合汇报。

组织开展对标监测、分析与评价。委托相关研究机构，挑选国内若干省市和国外若

干城市为对标对象，定期就北京市创新制度、创新政策和创新环境进行对标监测、分析与评价，及时跟踪国内外在创新政策上的新态势和新动向，准确寻找北京市在创新驱动发展方面的不足，提出完善北京市创新政策的建议。

加强同政策实施对象的直接交流反馈。北京市科学技术委员会应联合其他有关部门，依托前述建议的北京市创新政策宣传和交流互动平台，针对北京市各类创新主体，建立固定化的在线沟通交流渠道，及时将新发布的创新政策及权威解读发送给他们，并鼓励他们沟通反馈政策内容及其实施过程中出现的问题、提出完善建议和意见。

## 六、加大创新政策和体制机制的统筹协调力度

加强京津冀三地创新政策的统筹协调。在京津冀领导小组专门设立统筹协调与创新相关的制度、政策、环境的办事机构，重点就京津冀地区的创新驱动发展重大政策和措施进行协调，确保三地之间的政策相互衔接、互相促进。

加强财政资金使用的统筹。北京市应进一步从创新链的角度统筹和合理安排科技、教育、产业、社会发展等各方面的资金，为此，市人大可在预算工作委员会中设立专门的创新相关预算评估审查工作组，对市政府每年提交的各部门与创新相关的预算进行专项评估和审查，提出改进和优化的一般性建议。

从创新系统的角度全面梳理已颁布的创新政策。委托第三方机构对全市创新相关政策进行综合评价，确定需修改、废除、整合的创新政策，确保所有政策与北京创新驱动发展战略保持高度一致。

## 七、积极加大创新政策法治化进程

充分结合十八届四中全会精神，将创新法治化进程融入创新政策和体制机制建设之中。在决定制定创新政策和改革体制机制前就全面引入法治化程序，依据合法的、科学的手段对原有政策和体制机制进行评估，提出评估意见和改进建议给市人大常委会，待市人大常委会相关机构提出实施意见以后，再着手按照合法程序进行政策完善和体制机制改革，待征求意见稿正式被市人大通过后以具有法律效力的文件发布实施。

通过立法有效保护政策创新者的大胆尝试和积极探索。北京市应推动制定科技进步条例，明确政策创新的风险以及依法应予保护的创新政策制定者的政策创新权力和免责范围，允许其犯错误和改正错误，真正让其大胆探索并勇于尝试。

# 后 记

首都科技发展战略研究院自 2011 年成立以来，以打造科技创新战略研究高端智库为目标，始终致力于搭建首都科技发展战略研究平台，探索服务和利用首都科技智力资源的体制机制，为率先实现创新驱动的发展格局、促进全国科技创新中心建设提供战略决策支撑。《首都科技创新发展报告》是首都科技发展战略研究院的年度品牌研究报告，也是首都科技发展战略研究领域政府部门、研究机构、专家学者的智慧结晶。

《首都科技创新发展报告 2014》不仅凝聚了首都科技发展战略研究院研究人员和各课题组的劳动和汗水，还得到了政府和社会各界的广泛支持。北京师范大学、北京市科学技术委员会、北京市科学技术研究院等单位领导给予了鼎力支持。国务院研究室、国务院发展研究中心、科技部、国家统计局、中国社会科学院、中国科学技术发展战略研究院、北京市委研究室、北京市政府研究室、北京市统计局及其他相关委办局与有关部门的领导和专家提出了许多宝贵意见和建议，在此一并表示感谢！

同时，感谢社会各界对我们工作的关注、鼓励和支持，也欢迎关心首都科技创新发展的领导、专家和企业家提出宝贵的意见与建议。衷心希望能以此研究为纽带和平台，凝聚更多有识之士关注首都科技创新和发展，共同推进全国科技创新中心建设，更好地服务首都科学发展和创新型国家建设。

首都科技发展战略研究院

2015 年 2 月